U0459211

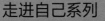

走进自己系列

Neurosis and Human Growth

自我的挣扎

神经官能症与人性的发展

[美] 卡伦·霍妮　著

霍文智　译

北京理工大学出版社

BEIJING INSTITUTE OF TECHNOLOGY PRESS

版权专有　侵权必究

图书在版编目（CIP）数据

自我的挣扎 /（美）卡伦·霍妮著 ; 霍文智译 . — 北京 : 北京理工大学出版社 , 2019.1

ISBN 978-7-5682-1503-9

Ⅰ . ①自… Ⅱ . ①卡… ②霍… Ⅲ . ①病态心理学－研究 Ⅳ . ① B846

中国版本图书馆 CIP 数据核字 (2018) 第 258168 号

出版发行／北京理工大学出版社有限责任公司
社　　址／北京市海淀区中关村南大街 5 号
邮　　编／100081
电　　话／（010）68914775（总编室）
　　　　　（010）82562903（教材售后服务热线）
　　　　　（010）68948351（其他图书服务热线）
网　　址／http：//www. bitpress. com. cn
经　　销／全国各地新华书店
印　　刷／三河市金元印装有限公司
开　　本／710 毫米 × 1000 毫米　1/32
印　　张／10　　　　　　　　　　　　　　　责任编辑／刘永兵
字　　数／261 千字　　　　　　　　　　　　文案编辑／刘永兵
版　　次／2019 年 1 月第 1 版　2019 年 1 月第 1 次印刷　责任校对／周瑞红
定　　价／49. 90 元　　　　　　　　　　　　责任印制／李　洋

图书出现印装质量问题，请拨打售后服务热线，本社负责调换

目录
CONTENTS

目录
CONTENTS

目录
CONTENTS

导论
道德进化

　　神经症在人性的发展中有着特殊的形成方式，而这个形成过程相当耗费人的精力，因此是一个非正常过程。在人性方面，与正常的发展进程相比，神经症发展进程的某些方面有点儿不同寻常。人们对神经症的认识还非常狭隘，与实际情况相去甚远。神经症患者在某些方面的表现或许与正常人相背离。在一切顺利的情况下，人们的主要精力必定会用于挖掘自身潜力，而在神经症的状态下，人们通常会依据个人的爱好、能力、特质以及具体情境而做出一些改变：或是更加强悍，或是更加软弱；或是更加自卑，或是更加自负；或是更加盲目，或是更加谨慎；或是更加外向，或是更加内向。当发生了这些改变时，个体的非凡天赋就会被激活。但无论个体的发展方向如何，都是他的既定的潜能的发展。

　　在内心压力的影响下，人有可能表现出与真实的自我完全脱节，他会将主要精力用于听从"内心的指引"，尽力把自己塑造得更加完美。产生这种现象的原因在于，外在的一切都不能实现他的理想形象，他不能满足于自己所拥有的和有能力拥有的，甚至理应拥有的品质，当然，有些完美会超过他的期待，这倒是个例外。

　　在本书中，我将详述神经症的发展进程。人们往往对神经症更感兴趣，而对病态方面的理论和临床研究则没有多大兴趣。我们还要关注一个涉及基本道德的问题，因为这个问题关系到人们的欲望、动力以及对完美的追求。只要从真正意义上对人性的发展进行过探究，无论哪位学者都会认识到，一旦自负成为刺激性因素，人们就会在自以为是和追逐完美的驱使下暴露出很多缺点。而要想保证不做出违背道德的行为，就需要在内部构建一个严格的控制机制。对于这种控制机制的必要性和价值，人们各有看法。我们姑且这样认为：从人类的自发性行为来看，"内部控制"还是能够产生一定的限制作用，这和某些宗教的教义是一致的。既然如此，我们是否就可以不再努力追求完美、创造完美了？假如根本不存在"内部控制"，那社会生活和人类的道德是否就要出现危机，抑或有被毁灭的可能？

这个问题是如何提出来的？怎样去解决这个问题？关于这些，我不想进行讨论。在我看来，问题的关键在于，人们对人性的"特质"有着不同的信仰。

广义上对人性的解释有很多分歧，对道德问题的解释主要集中在三种观点上。

第一，有些人（如弗洛伊德等人）认为人性本恶，抑或人的行为受原始本能的激励，因此必须靠外力加以限制。这样看来，道德规则的目的是在非自发性状态下产生的，抑或是对自然状态加以引导或抑制而产生。

第二，在有些人看来，人性的善恶都是与生俱来的，他们所认定的道德目的也一定是与众不同的，而且他们坚信"能够最终获胜的必定是与生俱来的人性之善"，比如，诚实、意志、理智、慈悲能够滋养、引导和强化人性的高尚美德，这与伦理观点和宗教观点相一致。他们所强调的并非是对邪恶采取压制或对抗手段，而是积极地引导人们生活于幸福之中，也就是体现了一定的积极因素。但这些积极因素依赖某种外部辅助，在一定程度上也依赖理性和意志观念方面的引导，从本质上讲，它所产生的效应还是对"内部控制"的抵制。

第三，假如我们认定遗传性是驱使人类实现自身潜力的进化动力，那么，我们就要面临一个道德层面的新问题，而这个问题所涉及的观点与上述两种观点截然不同。这种观点并非把善良视为人类的本质特征，在它看来，对善恶的认知构成了人性之善的根本前提，此外还表明，积极实现自我是人类的一种本能，也是人类构建价值观的基础。例如，人类的自身潜力是不可能全部被挖掘出来的，除非人们都能努力进取，在社会生活中保持足够认真的态度，并且严格要求自己。当然，假如每个人都沉溺于雪莱所说的"对自我无知的膜拜"中，抑或认定自己犯下的错误是他人造成的，这样的话，人们就会故步自封、停滞不前。所谓成长，从真正意义上讲，就是对自己负责，同时也对他人负责。

可见，我们收获的是"进化的道德"。我们来看以下问题，从中能够发现人们需要抛弃抑或需要加强的道德标准：从人类的进化和人性的发展来看，对待道德，人们所表现出的特殊态度究竟是起到了破坏性作用，还是发挥了引导性作用？这个问题的答案与精神疾病呈现出的内涵有着一致之处。原本人们都是充满了力量，但在种种压力下，人们的力量失去了建设性，乃至滋长了破坏性。但我们只要相信主观意志仍然在努力成为现实，就无须压抑自由，无须从内部限制自身的言行，也无须将一切都做到尽善尽美。人性中显然存在一些负面因素，而严格的规则能够对其进行清理，但从人类发展的角度来讲，所谓规则也有负面的影响。事实上，我们并不需要这些严格的规则。对于人类发展所面临的困难，我们知道如何应对，甚至有着更为有效的策略——在成长中不断地成熟起来，纠正坏的习性，正确地认识自己，只有如此，才能将那些恶习抛弃掉，才能培育出善良的习性。当然，认识自己并不是我们最终的目标，而只是人类发展进程中需要借助的力量罢了。我们可以从中发现，研究自我不仅是基本的道德责任，而且也是基本的道德权利；从人类发展的深度和广度来讲，了解自己也是人们的愿望之一。

假如能将人类心理上的疾病障碍清除掉，就会换来健康和自由的成长，人们才有可能去关爱他人，年轻人的发展和机遇也不会再受到任何阻碍。假如一个人年纪轻轻就在成长过程中遭遇了挫折，那么年长的人就有责任去尽力帮扶他，使其自我价值得以实现。无论如何，人们都应该以"实现自我价值"为目标，不管是为了自己，还是为了他人。

关于心理障碍方面的问题，本书将做翔实的论述，我期待着它们能对人们身心的健康发展有所帮助。

卡伦·霍妮

第一章

渴求荣誉的天性

对于儿童来讲，只要没有智商缺陷，那么无论成长在何种环境下，都会自然而然地学会社交礼仪，并且掌握某些独特的技能。但并非所有技能都可以迫使孩子通过学习来掌握。种子播下后，它的生长潜力会适时表现出来，人类无力也无须强迫每粒种子都长得枝繁叶茂。同样，对于人类来讲，每个个体都会适时展现出自己的潜力，并且丰富和拓展自己的技能——发展自身爱好，丰富情感世界，头脑越发清晰，渴望实现目标。开发自身资源与培养意志力同步进行，以自己独特的方式与他人沟通，这样，才能发挥出自身的天赋和潜力。在这个过程中，人们能够迅速而准确地为自己的生活目标和价值观做出定位。简言之，所有这些都坚定了人们"实现自我"的目标。我写作本书的目的就在于此。关于自我，人与人之间的区别非常大，但对于人类成长来讲，个体的"真我"才是其基础（后面提到的人格发展，都是具有以下意义的成长：符合个人天性和天赋潜能的，自由、健康的发展。）。通过本书，你可以明白，一个人最关键的内涵力量就是"真我"。

借助外界的力量来开发潜能是不可能的，只有人类自身才能做到这一点。人类的发展需要适宜的环境，犹如种子播下后要在适宜的条件下才能发芽生长。人们要想充分地展现自己，那么友好温馨的氛围便是必要条件，在这样的氛围下，人们才会消除恐惧感，摆脱枷锁，感受到自由。在人类的成长过程中，友好和关爱是不可或缺的，人们的基本需求得到满足后，还需要在引导和鼓励下实现自我价值。当然，我们也要考虑他人的想法和感受，而艰难困苦可以令人们意识到他人的存在，因此，在成长过程中，必然充满了矛盾和障碍。如果能和真正的自我一起成长，那么就能够在关爱与矛盾中给予包容和理解。

在日常生活中，有很多因素对儿童的成长不利，使其不能决定自己的发展方向。其中，有一个因素表现得最明显，即家长对孩子的全面掌控。家长们对待孩子的态度往往由个人的情绪决定，他们根本不去理会孩子的需求和感受，一味地将自己的意愿强加给孩子，甚至在他们眼里，孩子的纯真表现是不正常的。有些家长在孩子面前表现得过于虚伪；有些家长对孩子漠不关心，采取放任的态度；还有些家长则对孩子过于苛责，甚至采取恫吓的手段；更严重的是，有些家长对孩子野蛮粗暴，或是溺爱，乃至放纵，在子女多的家庭，则对某个孩子过于偏爱，表现形式不一而足。

对孩子健康成长不利的因素还有很多。在孩子的成长过程中，所有这些因素都形成了一道道障碍，值得注意的是，这些因素都不是单独存在的，往往会给孩子的成长带来多重的负面干扰。这样一来，就会造成孩子团队意识差，缺少归属感，甚至缺少安全感，产生恐惧心理。我们称这种心理为"基本焦虑"——当人们自认为身处敌对环境中时，就会感到非常的无助，而如果一个孩子感受到这样的压力，就无法自然地以真情实感与人沟通，甚至会建立心理假想敌，并且与之抗争。他们会下意识地寻找可行的办法来应对这个假想敌，他们内心的基本焦虑会在这样的过程中得到缓解和释放，而不是被激活或加剧。在不同情境、不同性格的前提下，孩子会以不同的态度来体现这种下意识行为，例如，以争吵来体现抗拒，依赖身边权势最高的人，自我封闭，断绝与外界的交流，甚至在冲动中与他人疏远。从原理上讲，这些行为意味着他会选择性地接纳、疏远或是拒绝他人。

　　而正常的人际关系不仅包括接纳、疏远和拒绝，还包括了其他一些能力，例如，对自己意见的坚持、情感方面的需求和付出、对他人意见的遵从，等等。然而，当孩子处于基本焦虑中时，他只会感到处境危险，这些现象在他身上就会表现得特别突出甚至极端。例如，当一个孩子处于焦虑恐慌中时，假如他的行为为人们所称赞，从此，他就会对这种行为产生依赖，并且将其合理化，甚至变得放纵。当然，在一些特殊情境下，孩子也会形成叛逆、冷漠的性格，对自己的真情实感以及不恰当的态度会毫不在意。可以说，孩子的基本焦虑越是强烈，其态度就越是倔强和盲目。

　　当孩子处于以上情境中时，他们会将上述态度全部表现出来，而不只是表现出个别态度。在与他人的冲突中，他们将接纳、疏远和拒绝合而为一，形成一种基本冲突。他们为了化解冲突，会适时做出调整，还会选择一种自认为最有效的应对手段，但也不外屈服、攻击或是漠视。

　　要想解决"神经性冲突"，就绝不能把肤浅的表象视为第一目标。因为，神经性冲突不仅关系到人际关系，而且还会对整个人格造成影响，它决定了神经症未来的发展进程。儿童自身会有一些正常需求，对外界事物会表现出一定的敏感和自我克制，而且还会形成道德价值观。例如，一个性格温顺的孩子会在群体中表现出对他人的依赖和顺从，还会竭尽所能地多做好事、为他人着想。与此相反的是，一个极具攻击性的孩子则会更重视自己是否强壮、是否有能力对抗他人。

　　然而，从总体功效上来讲，与第一种解决方案相比，我们即将探讨的神经症的解决方案则更为稳妥，且更为完整。例如，一个女孩性格非常温顺，对所谓的成功人士表现出盲目的崇拜，并且会表达自己的满足感，但却不敢表达自己的想法和希望帮助他人的意愿。例如，8岁时，有一次她把自己喜欢的玩具悄悄地放到街上，希望那些穷人家的孩子拿去玩；11岁时，她天真地祈求得到某种救赎，幻想着自己被喜爱的老师惩罚；但到了18岁，当同学们策划对老师实施报复时，她竟然也参与进来。在学校里，她总是表现得默默无闻，但时而又会率先违反校规。当她对牧师的一些行为感到不满时，就会对宗教失去兴趣，甚至转而对其进行嘲讽。

造成"人格统合作用"涣散的原因有两个：其一是因为个人的人格不成熟；其二是因为早期的解决方法是将个人与他人相统一。因此，对人格的统合还有待加强。

至此，我们所描述的人格发展并非单一的形式，它有着各种各样的进程与结果，因为不同的不适宜环境会表现出不同的特点。一般来说，在这样的发展进程中，个人的内在力量和"凝聚性"会遭到破坏，同时，人们又渴望能够轻而易举地进行弥补。虽然这些需求相当混乱，但我们依然可以对其进行区分。

当一个人与他人发生矛盾后，无论他多么及时、积极地去解决，他的人格仍然是割裂的、不完整的，因此有必要进行精准且稳固的"人格统合"。

他的大部分人格不能起到建设性作用，由于种种原因，他无法再发展真正的自信；由于过于谨慎、分裂和早期导致"偏向发展"的解决方案，他的内在力量已经消耗殆尽。他急需重新建立自信，哪怕是自信的替代品。

当独处的时候，他不会觉得自己是懦弱的，只是感到与他人相比，自己的生活郁郁寡欢、不切实际且毫无意义。能帮助他的只有"归属感"，只要有了"归属感"，他就会感到虽然自己有不如他人的地方，但这并不会给他造成严重障碍。然而，由于竞争是社会生活的常态，因此，他依然会从根本上产生孤独感，与他人形成对立关系，对他来说，只有发展一种急切的需求，才能提升自己以便超过他人。

非但如此，他甚至开始脱离自我。这样一来，不仅使其真我的发展会受到阻碍，而且，由于需要有策略地应对他人，因此他不得不将自己的真实想法、心愿和情感一笔勾销。一旦"安全"成为主要目的，他就会觉得安全感是最重要的，而思想、感情等其他因素都不重要了，事实上，他的思想和情感已经被压抑得一塌糊涂。他的情感和心愿也已经不再起作用，他无法再支配什么，而沦为被支配者。总而言之，在这种自我分割下，他变得懦弱，内心充满了恐惧，精神越发混乱。他不知道自己是谁，也不知道身在何方。

"脱离自我"的现象成为一个根本诱因，对其他损伤产生了激化作用。如果一个人深陷"自我生活中枢"而不能自拔，我们可以对可能出现的所有情况进行大胆的设想，由此可以更加准确地理解上述内容的意义。当患上这种病症后，人们会产生一些心理冲突，但还不至于忐忑不安。他们的自信心（如其本意需要一种对自我的认可）会受到伤害，但还不至于支离破碎，在社会交往中虽然会有障碍，但内心依然与他人维持关系。一般来说，脱离自我的人都有某种需求（其实，他所需求的东西是不存在的，这种东西也不可能成为真我的替代品），希望以此支撑自己，形成一种自我感，即"个体的统一感"。这能够让他发现生活的意义，忘掉被削弱的人格，找回掌控感和存在感。

假如他依然生活在适宜的环境中，"内在条件"未发生改变，那么对他来说，上述需求就不再有任何作用，使他满足的方法或许只有一种，那就是"幻想"，他的所有需求都可以从幻想中得到满足。在他的潜意识中，幻想又能逐渐创造出理想的形象。在这个过程中，他赋予自己无上的力量，成为英雄、情圣，甚至神灵。

自我理想化必然伴随着自吹自擂，这会带来一种优越感，仿佛自己高人一等，所有人都重视他、有求于他。但这并不等同于盲目自负，对任何人来说，自我理想的形象都源于以往的幻想、特殊的经历、自身的需求以及天性。如果幻想出来的人格特征不符合现实，那么就无法将幻想与现实统一起来。从初始阶段开始，"基本冲突"的解决方法就已经被他理想化，他有自己独特的方式，例如，他会把顺从理想化为善意，把攻击理想化为领导力，把冷漠理想化为独立，把自己理想化为英雄，认为自己英勇全能，认为自己的爱是高尚圣洁的，并且对自身明显的缺点加以修饰或掩藏。

这是一种矛盾倾向，它会转化为以下几种处理方式之一。

其一，如同喜欢在感情中占据主导地位的人，对他来说，软弱是不光彩的，他幻想出来的理想形象如穿着铠甲的武士一般，内心温柔而外表强悍。对于这种方式，人们在私下里可能颇有赞许，但只有心理分析才能解读其实质问题。

其二，为了避免障碍性冲突的出现，矛盾倾向在受到赞许的同时，还会在他的意念中被孤立起来。患者把自己幻想为英雄、救世主，能够对抗邪恶、拯救人类；或者把自己幻想为智者，能够洞悉世间一切。所有这些都来自个人的主观感受，这种方式并不矛盾，也没有冲突。对此，史蒂文森在他的著作《化身博士》（史蒂文森的代表作。故事中，主人公杰科尔喝下自己配制的药剂，使得自己在善良与邪恶之间日夜交替。后来，杰科尔和海德成为心理学中双重人格的经典形象。）中已有提及。

其三，冲突的目标或许会提升，因此，矛盾冲突就会起到优化复杂人格的作用，呈现为实际的才能。我在《我们内心的冲突》中讲过此类案例，一个有天赋的人，将其顺从的倾向转化为基督式的美德，将其对抗的倾向转化为精明的领导力，将其离群索居的倾向转化为哲学家般的智慧。此时，这三种冲突立刻就有了美感，且浑然一体。

对那些完美形象，他不再暗中向往，而是转为实际的模仿，在不知不觉中实现了角色的转换，将理想的形象转化为理想的自我。对他来说，理想的自我比真我更真实，其主要原因并不在于理想的自我有多大的诱惑力，而在于它可以及时满足他的所有需求。这种转换表现为一种内在的过程，从外部并不易察觉。它呈现出奇妙的进化过程，在生活中是可以有所感受的。这个过程只会发生在无法辨认真我的人身上，而不会发生在宠物狗身上，让它发现自己其实是一只猎犬。对于普通人来说，正常的过程应该是尽力实现真我，但此时，他却抛弃了真我，一心追逐"理想的自我"。而理想的自我支配着他的一切——想干什么、能干什么、是否能干成，他借助理想的自我对自身进行判断，并以此作为标准，就像用仪器测量自己一样。

　　我认为，"自我理想化"应该被称为"普遍的心理疾病的解决方案"，也就是说，这种方案不仅能够用以解决个人冲突，而且，在特定的时期也能满足内在的需求。此外，这个方案能够帮助人们摆脱情感的痛苦（比如失落、焦虑、自卑以及分裂等），同时还能使人们在工作和生活中获得成就感，而后者就是一种飞跃性发展。显然，人们一旦发现这样的解决方案，就会努力坚持以便维护自己的生命。精神医学有个名词叫作"强迫症"（待我们深入了解这一解决方法后，再来讨论"强迫症"的真正含义。），以此来定义这种现象是非常恰当的。如果对心理疾病进行观察，我们会发现，在这种疾病易发的环境中出现"强迫症"的概率非常高，因此，自我理想化也会随之呈现高发的态势。

　　我们可以根据"自我理想化"的两大优点来对人格发展的趋势进行讨论。在这个发展进程中，必然会出现对真我的放弃，这会对未来的发展造成深远的影响。向着"理想的自我"而努力，就意味着"自我实现"的方向发生了转移，于是就会出现"革命性效果"。这种转变将贯穿个体人生的全部过程。

　　在本书中，你将看到，很多转移方式都具有塑造人格的作用。它们可以避免自我理想化始终停滞于内在的过程中，而能够与个人的生活完美地融合在一起。一旦实现了这一点，这个人就会希望或被驱策着进行自我展示，也就是将自己理想化的一面展现出来，还会以行动加以印证。这时，他人的思想行为和人际关系的影响不再对他形成制约。自我理想化由此形成一种更为普遍的驱动力，我用"探求荣誉"这个词来命名这种驱动力，以此对它的范畴和本质加以概括，当然，它的核心没有改变，依然是自我理想化；此外，还存在着其他一些因素，只是每个人在强度和感觉上各有不同而已，但有一个共同之处，就是对完美的需求，以及对"凌云壮志"以及"报复性成功"的需求。

　　"理想的自我"以"对完美的需求"为基础，其目的就是塑造理想的人格，萧伯纳作品中的皮格马利翁（希腊神话中的塞浦路斯国王，是一位雕刻家，他雕刻出了自己心目中完美女性的形象，并爱上了她。）

就是一例。但是，神经症患者并不满足于美化自己，他还要将自己修饰成理想中的圣人，在这个过程中，他依靠"应该与禁忌系统"达到目的。这个过程非常重要，又非常复杂，所以，我将在本书的第三章再做具体论述。

在"探求荣誉"的构成因素中，"凌云壮志"居于首要地位，这是一种追寻外在成就感的驱动力。这种驱动力的存在是一种非常普遍的现象，它促使神经症患者在任何事情上都追求成就感，但一般来说，他会选择在特定时间内更容易获得成功的事情，因此，这种"凌云壮志"在一生中会表现出内容的多变性。例如，上学时，他认为不取得第一名就是一种耻辱，并对此难以忍受；长大后，他渴望与最漂亮的女孩约会；年龄再大一些，他希望成为有钱人，还希望在政坛有所作为，甚至为此感到困扰。在这些变化中，自我欺骗很容易潜滋暗长。在一段时间内，一个人希望成为战场上的英雄，或是体坛上的健将，但在另外一段时间内，他又希望成为圣人，为人们所景仰，这些志向或许很快就会消散，又或许他发现这些成就并不是他真正想要的。只不过，他还没有意识到自己仍然在追寻成就，只是方向有所改变。当然，他需要对自身进行分析，找出自己改变方向的原因。为什么我会对这些变化如此重视？原因在于，它们能够说明这样的事实：一个心怀"凌云壮志"的人，一般来说并不在意自己做了什么，他更关注的是自己所做的事情是否能够带来成就感。这体现了一种"不相关性"，如果忽略了这一点，就不可能对那些变化做出正确的解释。

一些特别的"凌云壮志"有着特定的界限范围，但很少引起关注。它在神经症患者身上会有如下表现：他会在意自己是否善于领导和决策，是否擅长人际关系，是否拥有高级头衔，是否扮演着举足轻重的社会角色，自己的著作是否广为流传，是否有能力将自己装扮得出众，等等。根据个人的不同情况，凌云壮志的具体内容也会不同。简言之，他追求的是权力或威望的提升，渴望获得人上人的高贵感，渴望收获名誉和众人的赞赏乃至狂热的追捧。

与其他极端的驱动力相比，"凌云壮志"所带来的驱动力是非常现实的。我们可以通过以下论述来证明这种观点：具有这些特征的人会将"优越感"视为自己的终极目标，并为此竭尽全力。而这样的驱动力也并非现实，因为在它的驱使下，人们的确有可能获得自己渴望的荣誉和利益。然而，从另一方面来看，当获得了更多的金钱和荣誉后，他们会发现，这并没有让他们获得满足感，试图用荣誉来缓解的内在压力依然存在，他们如同受到冲击一般，内心因此不再平静，安全感缺乏，生活情趣完全消弭。但这样的结果绝不是一场"意外"，而是必然会发生的。说得更准确些，所有对成就的追逐都与实际相脱节，都是不真实的。

我们正处在一个充满竞争的社会，因此，从现实的角度看，前面所论述的观点似乎难以服众。人们都希望自己有个完美的形象，并认为这种愿望是与生俱来的，也是很正常的。但即便如此，我们也不能因为追逐成功的"强迫性驱动力"源于竞争文化，就否定神经症患者身上的问题，因为，对多数人来说，即便身处竞争环境中，由竞争带来的成就感，其重要性也要远远低于其他价值观特别是成熟价值观。

而"探求荣誉"的最后一个因素，即为了获得"报复性成功"而产生的驱动力，要比其他因素更具破坏性。它与"现实的成功"的驱动力或许有着密切联系，但它真正的目的在于侮辱他人、压迫他人、征服他人，或者为了争夺权力而凌驾于众人之上，又或者视他人的痛苦为自己的乐趣。换个角度讲，获得成就感的内驱力或许就是一种幻想，在人际交往中也会出现"报复性成功"的需求，这会使人产生降服、受挫、击败他人等冲动，对于这些冲动，人们是无力掌控的。我们称这种冲动为"报复性驱动力"，因为它的出现是为了将孩提时代受到的耻辱洗刷干净，在神经症发展末期，这种冲动会表现得越发明显，有可能导致"报复性成功"的需求成为"探求荣誉"中的一部分。关于这种驱动力的强度以及人们对它的"感知"，每个人都是截然不同的。对于这种需求，多数人要么完全没有意识，要么只有短暂的感受；但它有时会成为生活的主要动机，甚至公然显露出来。从人类近代史来看，希特勒就是一个经典案例，曾经的耻辱经历使他幻想凌驾于所有人之上，并以此作为自己的奋斗目标。从这个案例中，我们不难发现，他的需求在急剧膨胀，形成一种恶性循环，在他心目中只有"胜利"和"失败"的概念。因为对失败充满了恐惧，所以他要求在战争中必须取胜，而随着每一次的胜利，他的野心会更加膨胀，并且难以容忍那些不肯屈服的人和国家。

　　类似的案例还有很多，在现代作品中我们就可以举出一例：《注视火车驶过的人》这本书讲述了一个执业者的故事，这位执业者为人正直，但家庭和工作中的一些琐事始终都在困扰着他。除了尽职尽责，他没有任何杂念。然而，有一天，他所在的公司破产了，原因是老板使用了欺诈手段，然后又败露了。得知真相后，他的价值观瞬间崩溃。他明白了老实本分的下等人与拥有一切的上等人之间的差距是可以消除的。他忽然感到，自己也能"强大"和"自由"起来，也能拥有一位迷人的女主人，就像老板太太那样。从此，他开始变得狂妄，以致当他向老板太太表示亲近却遭到拒绝时，他竟然起了杀心，并且将她杀死。案发后，警察对他展开追捕，他也产生过恐惧心理，但与警察决一胜负的心理最终占了上风，甚至想以自杀来拼个鱼死网破。

　　"报复性成功"的驱动力，大约只在非常"疯狂的壮志"中表现明显，这是由其自身的破坏性决定的；在"探求荣誉"中，它的表现则非常隐秘，往往是在暗中进行。通过分析我们发现，这种驱动力表现为企图获得支配地位来击败他人、侮辱他人的需求。那么，如果将更具破坏性的"强迫症"消除，对成就的探求是否就会变得无害呢？如果是这样的话，人们就可以按照自己的意愿行事，并将其视为正当行为。

　　"探求荣誉"的倾向是一种特殊的"综合体"，对此必须进行深入的分析和理解。但我们对这些倾向的本质，以及它所产生的重大影响，都了解得不多；要想深入探讨，只有将它视为"连贯实体"的一个组成部分。阿尔弗雷德·阿德勒是第一位将它视为"综合体"的精神分析学家，并且指出它对神经症的研究具有非常重要的意义。

　　"探求荣誉"是一种"综合体"与"连贯的实体"，对此已有多种事实予以证明。首先，上述的多种个人倾向会同时发生在一个人身上。其中的某种因素或许会占据优势，被人们加以赞许，认为他有理想、有抱负，但其实这是一种不够准确的说法。然而，这并不意味着各个因素之间会出现不平衡的现象，并不是某个因素突出了，其他因素就会弱化，一个胸怀抱负的人会为自己塑造出高大的形象，而只会幻想的人同样渴望获得现实的强权，只不过后者只有在自己的自负与他人的成就发生冲突时才会突显出来（在占优势的倾向的影响下，个人的人格或个性往往表现出很大的差异，所以，大部分人容易把这些倾向看作单独的实体。弗洛伊德将与此相像的现象视为分立的"本能驱动力"，这些驱动力各有来源和特征。当我第一次试图列举神经症的强迫性驱动力时，我同样把它们当作了单独的神经症倾向。）。

　　其次，与这种现象相关的所有个人倾向，彼此之间都有着密切的联系。可见，纵观人的一生，占据优势的倾向不是固定不变的，而是会经常发生改变。他会把迷人的幻想转变为现实中的一个完美形象，甚至转变为永恒的爱人。

　　最后，这些倾向具有两种共同特征——"幻想性"和"强迫性"，我们可以从整个现象及其影响来了解这两种特征。在前面的论述中，我们对此虽然稍有谈及，但还是有必要加以更透彻的阐述。

　　"强迫性"来源于"自我理想化"（"探求荣誉"的全部过程便是这种发展的最终结局），是一种病态的解决方法。我们称其为"强迫性"的驱动力，旨在说明这种驱动力违背了自然的意愿和动力，与真我背道而驰。为了避免为焦虑和负罪感所掌控，避免由于冲突而造成的伤害，或避免被拒绝等，他必定会不顾真实的意愿和情感，而固守"强迫性"的驱动力。也就是说，"自然的"和"强迫的"之间的差别在于，前者体现了"我想要的"，而后者则体现了"为避免危险，我必须做的"。虽然他自认为兑现"凌云壮志"与"完美无缺的标准"是他"想要的"，但实际上，他是"被驱使"着去追逐它们。他已经深陷"荣誉的需求"中。由于他没有察觉"想要"和"被驱使"之间的差异，所以需要制订一个标准，以此对这两者加以区分。其中，最突出的表现就是他被驱使着追求荣誉，而对自身以及自身的兴趣毫不在意。举例来说，一个10岁的女孩子，她非常渴望在班级里拿第一名，为此，她拼命学习，宁可双目失明也在所不惜。我们有理由相信，会有更多的人为荣誉而浪费时光，无论这些人是真实存在的，还是故事里虚构出来的。约翰·加百利·博克曼在去世前曾怀疑自己是否有能力和有必要完成自己的使命，这一情景包含了一个真实的"悲剧元素"。如果我们的牺牲是为了自己以及大多数人所认定的有价值的事业，那么这种牺牲虽然具有悲剧性，但也是非常有意义的。但如果我们沉湎于幻想，并因此浪费宝贵的光阴，那就是一种悲剧性的浪费——生命所蕴含的价值越高，浪费掉的时间也就越多。

探求荣誉的驱动力的强迫性与其他强迫性驱动力有一个共同标准，就是无法分辨善恶。如果一个人在探求中对自己真实的意愿熟视无睹，他就会设法使自己成为人们关注的中心，让自己魅力四射、鹤立鸡群，而不管此时的情境是否需要他这样做。无论如何，他总是要争得头筹，为此他会使尽浑身解数。在他的眼里，真理是不存在的，在争论中取胜的必须是他。他的思想与苏格拉底的观点大相径庭，苏格拉底认为："无疑，我们并不是为获胜而争论，而是为真理而论战。"但是，对神经症患者来说，真理是微不足道的，盲目追求"霸权"的"强迫性"使得他蔑视真理，而无论这些真理是关系到自己、别人，还是事实真相。

"探求荣誉"与其他强迫性驱动力有着相同的特征，即"贪欲"。当有不自觉的力量驱策他时，这种贪欲就会彰显出来。例如，他在工作中取得了一定的业绩，受到人们的赞许，他为此得意扬扬，但这种情绪是暂时的，稍纵即逝。对他来说，体验到成功的滋味是困难的，这或许至少能够让他为将来的失望和恐惧做好思想准备。但无论如何，对于权力、女性、财富乃至成功的欲望总是没有止境，难以满足。

另外，我们从驱动力遭遇挫折后的反应中也能感受到它的强迫性。

主观的重要性越大，达到目标的需求就越急迫，而一旦遭遇挫折，反应也就越强烈。我们以此测量驱动力的强度。虽然它总是捉摸不定，但"探求荣誉"的确是最强有力的驱动力。这就如同魔鬼附体一般，他为自己创造了一个怪物，而怪物又将他一口吞噬。这样看来，遭遇挫折后反应强烈也是必然的结果，这样的反应可以在对死亡和屈辱的恐惧中表现出来。在大多数人看来，这样的恐惧无疑是失败的象征。一旦认定自己失败，就会为惊恐、担忧和失望的情绪所笼罩，他们不仅会对自己恼怒，还会迁怒于他人，但从实际情况看，这些情绪与造成它们的原因相比，都是不成比例的。例如，我们在分析恐高心理时，发现它表现为由幻想的高度坠落时产生的恐惧感，当他建立起来的优越感受到挫折时，这样的恐惧感就会油然而生。在睡梦中，他会感到自己正站在高山之巅，脚下不稳，随时有坠落的危险，他绝望地攀着岩石，并且对自己说："当下最重要的事情就是把握生命的每一分钟，因为对于现实，我已经无法超越。"他会在言语中特意炫耀自己的社会地位，就更深层的意义而言，"无法超越现实"其实只是他的错觉。在他的信念里，自己是万能的，就像神一样，所以根本无法超越。

在"探求荣誉"的所有因素中，"想象"是第二种固有特征，它居于非常重要的地位，作用巨大且独特。在"自我理想化"的过程中，它是不可或缺的。因此，"探求荣誉"的整个过程都会充满幻想。在现实中，一个人无论取得了怎样的成就，无论怎样一步步地接近目标，其中总会伴随着"想象"，以致他会将想象出来的事物视为现实。对于外界，他往往会无条件地全部接受，但对于真实的自己，他却不能接受。就像沙漠中的旅人，当他被饥渴折磨得快要倒下时，突然看到了海市蜃楼的美景，他就会不顾一切地朝它奔去。海市蜃楼是一种幻觉，但就是这"想象"的美景，驱散了他的忧愁。

事实上，"想象"对正常人的精神和智力也会产生影响：当我们被他人的喜怒哀乐所感染时，就会想象相同的情形有朝一日也会发生在自己身上；当我们对未知的情况充满了渴求、期盼、恐惧乃至坚信不疑或另有所求时，"想象"就会预告可能出现的情况。"想象"是把双刃剑，它在有些时候是有益的，但在另一些时候又是有害的。就像它在梦中的作用，或许能使我们更接近真我，或许能使我们远离真我。"想象"对我们的实际生活也会产生影响，可以使我们的生活更丰富多彩，也可以使我们的生活变得更乏味无趣，我们可以用这些差异来衡量"神经症式的"想象与"正常的"想象之间的区别。

神经症患者为自己拟订了庞大的计划，他们幻想充分，对自身无限夸大。如果对这些现象进行分析，我们就会发现，与正常人相比，他们的"想象力"确实更为丰富，因此也更容易迷失方向。这并不仅仅是我个人的观点。这种想象力在神经症患者中存在差异，如同在正常人中也存在差异一样，然而，神经症患者是否天生就比正常人的想象力更丰富，对此我无法证实。

尽管这种观点基于正确的观察方法，但结论却是错误的。对于神经症患者来说，想象的确是非常重要的组成部分，但其中的差别在于功能性因素，而非性质因素。神经症患者和正常人都会想象，但神经症患者能从中得到满足，而正常人却不会。这种现象在"探求荣誉"中表现得更为突出，就像我们所了解到的，"强烈的需求"推动了这种探求的发展。事实在想象中被扭曲，精神医学称之为"如意想法（wishful thinking）"。这个术语虽然已经确立，但仍然不够确切，因为它过于狭隘，只包含了"想法（thinking）"，而没有包含"如意的（wishful）"观察、信仰，特别是感觉。而且，这种想法和感觉并不是由欲望所决定，而是由需求所决定。这种需求会激发强大的冲击力，它能丰富人的"（非建设性的）想象"，而且让这种想象在神经症患者中拥有权力和韧性。

想象力在"探求荣誉"中发挥的作用可以通过白日梦予以呈现。一个十几岁的孩子可能会天真地幻想自己成为伟人，一个性格腼腆的大学生可能会幻想自己成为体坛明星、天才或唐璜。这种幻想不会随着年龄的增长而消失，例如，包法利夫人对浪漫的爱情始终充满幻想，沉湎于极致的完美与神奇圣洁的梦想中。这样的幻觉时而令人害羞、沉醉，甚至出现虚拟的对话场景。而有些人的情况可能更为复杂，他们会幻想遭受残暴和堕落，以体验屈辱感或高尚感。在通常情况下，白日梦并非精心编造的故事，而是与日常生活场景相伴而生。例如，一个女人在日常行为中，总会把自己和一些电影情节相联系，仿佛置身其中，在照顾孩子时，她感到自己非常温柔，是个好母亲，而当她弹钢琴时，又会沉浸在钢琴家的角色中，当她梳妆打扮时，会觉得自己魅力无穷，像个明星。通过观察一些案例，我们发现，有些人对白日梦的反应非常明显，这导致他会像沃特·迷迪那样，长期生活在两个世界中。也有一些人对于"探求荣誉"缺少白日梦，他们会发自内心地认为自己没有幻想的生活。这当然是错的，毋庸置疑。因为他们也会对可能出现的灾难忧心忡忡，这同样源于对灾难的想象。

对于想象来说，最严重的后果还不是白日梦，当然，白日梦也是非常重要的，但人们通常都很清楚自己是在做白日梦。换句话说，人们可以借助幻想去体验那些不曾发生或不可能发生的事情，至少自己知道白日梦是虚幻的、不真实的。相比较而言，对事实进行精致而广泛的歪曲，在此基础上又固执地夸大曾经的成就，这才是"想象"的严重后果。"理想的自我"激发了他的活力，激励他继续努力，与此同时，他还要将自己的需求包装成美德乃至更正当的期待，以此来展示"理想的自我"。他在现实中会表现得非常真诚和体贴。所以，他的论文中一旦出现独到的见解，他就会被尊为伟大的学者，他的潜力也得以成为实实在在的成就。"正确"的道德观使他成为品德高尚的人，甚至是明辨是非的人。同时，他还要避免出现所有阻碍性的反证，为此，他必须付出额外的努力来维护自己的想象。

"想象"还能改变神经症患者一贯的信念。他需要对他人进行分类，以善或恶作为划分标准。"想象"还能改变人的情感，他需要感到自己是安全的，因此，"想象"就会全力以赴去消除痛苦和灾难。他需要深刻的情感，包括信念、慈悲、痛苦和爱，因此，他会真切地流露出这些感情。

我们已经知道，在"探求荣誉"中，"想象"会引发内在或外在事实的扭曲，那么，在这里，我们就遇到了一个问题：神经症患者的"想象"究竟有多大的跨度？毕竟，真实感受对他们来说还是存在的，还没有完全消失，那么他们与精神病患者的区别在哪里，他们之间有什么不同？想象即便有某种界限，也是模糊不清、不可辨识的。只能说，精神病患者会武断地将自己的心理过程视为唯一的事实，而对于神经症患者来说，无论出于什么原因，他们所关注的仍然是外在世界，以及自己在其中所处的地位，所以，他们依然具有比较完整的定向力（这种差异是由各种复杂的因素导致的，这些因素非常值得探究。其中最重要的一个因素就是：是否如精神病患者那样从根本上抛弃了真我，并且更加彻底地转向"理想化自我"。）。从表面上看，他们都过着正常的生活，没有明显的障碍，但"想象"飞跃的高度却是永无止境的。于是，在"探求荣誉"中，"想象"会成为一种空想，而空想的空间又是无穷无尽的，这是神经症患者最大的特征。

"探求荣誉"的驱动力具有这样一个特点：对于外在世界，他们追求比人类所具有的还要高的知识、智慧、品德乃至权力，他们的目标是绝对的、毋庸置疑的、不受任何约束的、无穷无尽的。在"探求荣誉"的过程中，神经症患者为驱动力所掌控，除了绝对的勇敢、绝对的胜利和绝对的神圣外，他们不会关注任何其他事物。由此看来，他们与虔诚的宗教徒之间有着明显的区别：在虔诚的宗教徒心中，只有上帝才是全能的；而在神经症患者心中，自己才是全能的。对于这一观点，他们有着神秘的信念，此外，他们对自己的论据理直气壮，认为自己的见解是完美的，认为自己理所当然是全能的天才。于是，贯穿本书的"魔鬼协定"便开始出现了。浮士德就是一个典型案例，他虽然学识渊博，但并不满足，在他看来，自己必须全知全能。

沉湎于追求"无限"，源于"探求荣誉"的驱动力背后深藏的强烈需求。他们迫切地需要"绝对"和"终极"，以此来抗拒那些妨碍想象力脱离现实的桎梏。对可能性的幻想以及对"无限"的向往是人类所具有的特质，但除此之外，我们还要承认人是有局限性的，要认识到生存的必要性条件等具体的现实问题，只有如此，我们才能拥有理想的生活。如果一个人的思维与情感全都集中在对可能性和"无限"的幻想上，那么他就会对现实的事物和环境失去应有的感知，并且丧失生活在世上的能力。他难以忍受自身的一切需求以及"人类的缺陷"。他对完成事业所需的基本条件一无所知，头脑中充满了妄想，要把一切不可能的事情变成现实。他的思维过于抽象化，使人无法理解。他的知识变成了"残酷性的知识"，导致了人类"自我"的浪费，如同建造金字塔所造成的巨大浪费。在他眼里，所谓人性是个不可捉摸的东西，他因此变得敏感善变，并且完全丧失对他人的感觉。此外，如果一个人总是以狭隘的眼光看待事物，不能超越现实的局限，那么他的胸襟就是狭隘的，他还会因此感到自卑。从人性的正常发展来看，来自这两方面的问题都非常突出，不能只满足于解决其中一个问题，而是要将两方面的问题都解决好。对于"有限"、法律以及必需品，人们有着固有的肤浅认知，并且由此形成一种禁锢的观念，防止自己陷入无限的幻想中，避免"在可能性中挣扎"（关于这一哲学性问题，我基本引用了丹麦思想家祁克果在《致死的疾病》一书中的观点。）。

在"探求荣誉"中，如果对"想象"严加禁止，那么就会产生负面效果。这并不意味着他们无法了解需求且加以遵循。对于神经症患者来说，在未来的发展中，将会产生奇特的趋势，它给人一种感觉，即要想获得安全感的话，最好的选择就是限制自己的生活；在他们看来，"在幻想中迷失"有一定的风险，要设法避免。他们摒弃了所有属于幻想的东西，并且厌恶抽象的事物，而对看得见、摸得着的现实存在的事物或者可以直接使用的东西则过于依赖。虽然对于这些事物所持的立场各异，但从本质上来讲，任何一个神经症患者都不认为"自己所期待的以及自信能够获得"的那种能力是有局限性的。他强烈地渴望实现理想，因此他要消除所有的"禁锢"，在他眼里，那些东西都是无关紧要或根本就不应该存在的。

当他为荒唐的想象所掌控，就会对一切真实的、有限的、现实的乃至终极的事物产生恐惧感。因此，他会表现出这样的倾向：对有限的时间、真实的财富以及预示着终结的死亡充满仇恨。即使对于明确的意愿和观点，他也充满了憎恶，因此，他无法轻易地做出承诺或决定。有案例可以佐证以上说法：一个病人很喜欢在月光下翩翩起舞，她渴望看到自己舞蹈时散射出的神秘莫测的光芒，如同磷火在闪耀；但当她在镜子中看到自己的容貌，就会感到非常恐惧，这并不是因为她长得丑陋，而是因为镜中的影像把她从幻想拉回到现实，她发现自己并不在幻想的境界中，而是非常现实地以原有的模样存在着。她感到自己如同一只飞鸟，但翅膀却被钉在木板上，当这种感觉袭来，她便想要努力挣脱，脑海中甚至会产生打碎镜子的冲动。

病态的发展并不总是这样走极端，但每个神经症患者——即使表面看上去很正常——只要产生了幻觉，就会非常抵触用实证对其加以限制，因为这样做会让他精神崩溃。对于外在的法律和规章制度，每个人各有不同的态度，但对于自我制订的规则，神经症患者往往持否定态度，他非常抗拒了解心理问题的原因和结果，以及彼此相关的因素之间的必然性。

对于抗拒的事物，他会用各种方法加以排斥。他会忘记某些事情，可能是因为它们本来就是无关紧要的，属于偶发事件，是环境的产物，也可能是因为别人激怒了他；在这些"必然的"事情面前，他感到无能为力。他不会像奸商那样为了私利而算计，他有自信选择对自己最有利的方式，以此来衬托他人的愚昧。我还从未见过公然抗拒现实却不因此而感动的人，就像哈维所说："我与现实抗争了二十年，现在，我终于胜利了。"还有一位病人曾经这样说过："如果不是因为现实，我永远都是对的。"

"探求荣誉"与正常的努力之间存在着非常鲜明的差别。表面上看，它们很相像，只是程度有所不同而已。与正常人相比，神经症患者似乎只是心怀更远大的抱负，更在意权威、权力以及成就感，具有更为崇高的道德标准；他们似乎只是更为自傲，认为自己比任何人都重要。但事实上，谁也不会斗胆划出一条分界线，并且说："此线标志着正常人的终点，同时也是神经症的起点。"

神经症患者的驱动力和正常人的努力之间存在着很多相似点，因为这些相似点在人类的特殊潜能中有着共同的来源。由于对智能的开发，人类获得了超越自身的能力，与动物相比，人类可以开动脑筋进行想象和规划。在很多方面，人类可以扩展自己的能力，人类的发展史就证明了这一点。就个人生活而言，这种说法也是正确的。对于个体的生活、创造力、潜力和道德等，人类还无法划出明确的界限，因此，即使确立目标，也难免会出现过高或过低的偏差。而"探求荣誉"之所以能够得到发展，恰恰源于这种不确定性的存在。

神经症患者的驱动力和正常人的努力之间也存在差别，主要表现为两者的推动力不同。正常人努力奋斗的动力来自人类的天性以及用以扩展天赋的潜能。在理论上和治疗上，我们坚信"自然成长的动力"。

在《我们内心的冲突》这本书中，我曾经讲到，对我个人来说，人类的发展潜力和欲望是一定的。对此还请参阅库特·戈德斯坦的《人性》一书中的论述。但他并没有区分"实现自我"与"实现理想化的自我"，其实，这种区分对于人类来讲非常重要。即便经验在不断出新，但这种观念的影响力还在，要说变化，那就是这种观念得到了更为翔实的阐述。现在，我更加坚信：在"真我的活力"的激励下，人们会向"理想化的自我"迈进。我在本书首页对此已经有过论述。

另外，最基本的区别在于"探求荣誉"的动力来自"对实现理想自我的需求"，其他各种区别也是由此扩展出来的。"自我理想化"带有强迫性，是一种病态的解决方法，所以，由此扩展出来的一切驱动力都带有强迫性。当沉湎于幻觉中时，神经症患者无法了解"有限性"，因此便会"无限"地追逐荣誉。由于荣誉是他的首选目标，所以，对于正常的学习和工作程序，他毫无兴致，甚至不屑一顾。他有登上顶峰的志向，却又不愿为此付出艰辛，虽然他会高谈阔论成长与进化，但根本不明白它们的真正意义。最终，他只有选择将"真我"抛弃，才有可能实现"理想化的自我"，这就需要进一步地扭曲现实，并辅以"想象"的作用（在实现理想自我的过程中，想象是个好帮手）。因此，在人性的发展进程中，他多少会对事实丧失兴趣，对真假的辨别能力也随之丧失，换个角度讲，这是一种损失，也是由于这个原因，他才会无法辨别自身和他人身上存在的真情实感、信念、奋斗与此类情感的替代品（潜意识的伪装），并且将关注的重点从"实质"转向"外表"。

可见，在"探求荣誉"中，神经症患者的驱动力和正常人的努力之间的区别是：正常人的努力源于"自发性"和"有限性"，具有成长的感觉，具有实质性和真实性；而神经症患者的驱动力则恰恰相反，它表现为"强迫性"，对"有限性"持否定态度，只关心荣誉的最终结果，具有表面化的特点，是一种虚假的幻想。综上所述，正常人不可能专注于实现"真我"，神经症患者不可能完全受到驱策而去实现"理想的自我"，二者之间的区别就在这里。神经症患者也会有实现真我的意愿，如果患者缺少这种意愿，我们就无法在治疗中帮助患者实现人格的发展。然而，尽管在这方面，正常人与神经症患者的区别只表现在程度上，但正常的奋斗与强迫性的驱动力（表面上有相似点）的区别，却属于实质上区别，而不仅仅表现在量上（本书中，我所提到的"神经症患者"指的都是"神经症的驱动力"战胜了"正常的奋斗力"的人。）。

我认为，对于"探求荣誉"所引发的神经症过程，最好的象征就是在"魔鬼协定"故事中观念化的内容。有些人为精神或物质烦恼所困扰，成了魔鬼的目标，魔鬼用权势引诱他们，而权势的获得，需要以出卖自己的灵魂乃至下地狱为代价。无论一个人的精神世界是富有的还是贫乏的，他都有可能为这种诱惑所吸引，因为这种诱惑代表了两种强烈的愿望：对"无限"的渴望以及摆脱烦恼的需求。宗教中的精神领袖——佛陀和基督都曾有过关于这种诱惑的经历，但由于他们"自我"

的基础非常牢固，对诱惑的辨别能力非常强，因此能够对诱惑加以抗拒。还需要注意的是，"魔鬼协定"所约定的条件清楚地表明了神经症发展过程中要付出的代价；按照象征性的说法就是，如果抄近路去实现无限的荣誉，那么必然会导致"自闭"和"自虐"的结果。一旦踏上这条道路，那么最终将会失去灵魂，也就是丧失了真我。

第二章
神经症患者的内在需求

在探求荣誉的过程中，神经症患者在无限的幻想和无穷的可能性中迷失了自己。表面上看，他像身边的家人和周围的其他人一样正常地生活，正常地工作，正常地娱乐。但他并不清楚自己正生活在两个世界中，一个隐秘，一个公开，至少不清楚其中的程度。对于这两种截然相反的生活状态，他无力协调和兼顾，引用一位病人所说的，就是："生活很可怕，因为太现实。"

神经症患者不愿直面现实中的自己，但"现实"是残酷的，它早已将患者强行一分为二；他也许有着非凡的天赋，但本质上还是普通人，有着普通人的缺点，在成长过程中也会遇到困境，与其他人没什么不同。对他来说，一个小时同样相当于六十分钟，不会多也不会少；在等待出租车时，他也要像别人一样排队；老板对待他也会像对待所有员工一样。

神经症患者所感受到的轻视和侮辱，可以用他儿时经历过的小事作为适当的象征物。例如，有个三岁的小女孩，很喜欢幻想，总幻想着自己是童话中美丽的女王。有一次，她遇到一位熟识的老人，老人跟她开玩笑说："啊呀！你的脸蛋真难看！"女孩听后，内心非常懊恼，以至终生难忘。这样的人总会沉浸在多疑、痛苦和矛盾中，感到非常困扰。

她应该做些什么？应该如何说出自己的感受？说出来后又会产生怎样的影响？或者应该如何排解？在她看来，如果有必要扩大自己的权利，而自己又对此无能为力，那么一定是这个世界有问题。因此，她并不解决自己的幻想，而是对外界另有所求，她认为自己有权维护自己的意愿，让自己的命运受到尊重；她要享有更好的待遇，每个人都必须迎合她的幻觉，否则，她就会认为自己遭到了不公平的待遇。

神经症患者总是认为自己应该得到别人的尊重、关注和照顾。他所需要的"尊重"范围很广，有时会表现得非常明显。其实，他的需求不仅限于"受到尊重"，而"受到尊重"只是其中的主要部分，他认为，自己在禁忌、恐惧、冲突以及解决方法上的需求，都应该得到尊重和满足，至少也要得到尊重。此外，在他看来，不管自己想什么、做什么，都应该有一个好的结果。事实上，这意味着他觉得精神疗法不应该用于他身上，所以，他无须做出改变，而且解决问题也与他无关，他的生活不应该受到他人的干扰。

德国的精神分析家哈罗德·舒尔茨·亨克是第一位发现神经症患者隐秘要求的现代分析家，他把这种要求称为"巨型要求"，且认为在神经症中，它的作用非常大。对于他的观点，我进行了反复的研究，发现我的观点与他存在着很多分歧。我认为，"巨型要求"这个说法不妥，很容易给人造成误解，以为患者提出的要求在内容上是"过度的"。从很多案例可以看出，患者的要求的确是"过度的"，而且不切合实际，但从一些个案来看，它们又显得合情合理。人们把关注的重点都放在了患者要求的内容是否"过度"上，其实，这会造成难以分辨自己和他人看似合理的要求。

有这样一个案例。一个商人因为火车的发车时间与他认为合适的时间不相符而大为恼火。他有个朋友，认为对得与失不必太在意，在他的朋友看来，他的要求过于苛刻。而商人觉得没有得到朋友的理解，于是就对朋友口出恶言。在他看来，他很忙碌，而火车应该满足他的需求，这个要求并不过分。

　　他的要求确实不算过分，谁都希望火车的发车时间能够满足自己的需求。但现实的问题是，我们谁都无权干涉火车的发车时间。这里体现了一个重要现象：如果一个人将自己合理的需求变成了一种要求，但这种要求与实际不相符，因而没得到满足，人就会有一种挫折感，就会受到打击，并且认为自己有权表示愤怒。

　　要求与需求存在着明显的差别。但如果内心的情绪将需求变成了要求，那么神经症患者就无法意识到两者之间的差别，甚至会回避这种差别。虽然他的需求合情合理，似乎并不过分，但实际上，他是在提出要求——即便那些东西并不属于他，他也认为自己有权得到。例如，有个人因必须缴纳停车费而恼火，当然，谁都不愿意多花钱，对此我们也能理解，但要停车就必须交费，这是规定。他虽然也清楚要守规则，但看到有人蒙混过关不交费，自己便感到了不公平。

　　神经症患者的"需求"逐渐变成了无理的要求，这种无理体现在他假设的权利和资格是不现实的。也就是说，把神经症患者的需求作为一种要求，这本身就是"过度的"。不同的患者有着不同的需求，因此，其要求的内容也会具有不同的细节。通常来讲，患者认为自己的所有需求都应该得到满足，也就是说，他要求满足他所有的神经症的特定需求。

　　当说到一个富有需求的人时，我们往往首先会想到他都需求些什么。我们不难发现，神经症患者的主要需求是人际关系。但如果只在这一方面加以限制，那么就无异于低估了神经症患者的需求范围，因为，它们还会导向人为的制度，甚至超越人为的制度，直接融入生活本身。

　　从人际关系来看，一个患者的举止可能显得非常怯懦，但其内心或许有着全面的需求。对于这种需求，他自己并不了解，因此，他会苦恼于自身弥漫的惰性，以及无力开发自己的智力，对此，他会这样讲："我应该得到这个世界的帮助，我不该为那些问题所困扰。"

　　例如，一个对自我怀疑感到畏惧的女人同样有着广泛的需求。她认为自己的所有需求都有权得到满足。她会这样讲："我爱的男人必须爱我，他敢不爱我吗？"这样的要求在宗教术语中可以找到来源："我会得到我所祈求的一切。"从这个女人的情况看，她的要求具有负面影响。一旦失望，对她来说就是一种巨大的打击。于是，为了避免被"打击"，她会隐藏自己的所有需求，不去冒这样的风险。

那些对权势有需求的人，不允许别人猜忌和质疑自己，他们认为别人有义务服从他们。有些人为了掌控他人，将生活游戏化，在游戏中，他们有权操纵他人，而他人却无权操纵他们。有些人害怕面对冲突，于是，他们认为自己有权回避冲突。如果一个人习惯于剥削他人，那么用公平交易的原则来要求他，他就会恼怒，认为这是对他的不公。如果一个自负的人冒犯了他人，那么他会要求得到谅解，因为他觉得无论自己做了什么，都有权得到谅解。与此类似的是，一个脾气非常暴躁的人会认为自己有权被宽容对待。如果一个人将爱情视为所有问题的解决手段，那么他总会要求对方在感情上要专一，要有奉献精神。如果一个人对名利毫不在意，那么他会认为自己有权不被打扰，即便是在紧急时刻。事实上，"不被打扰"的潜台词就是不去努力，也不需要别人对他有什么指望，这样他就能够避免犯错误或挨批评，即便经历教训对他有利，他也不为所动。

从以上案例和观点中，我们可以看出神经症患者对于人际关系的需求。一般来说，在关系到非人格情形或制度层面的时候，带有否定因素的需求就会占据上风。例如，他会认为得到制度所赋予的权益是合情合理的，如果没有得到，就会认为这对他是不公正的。

我也曾遇到过一次冲突事件，它使我注意到自己潜意识中隐藏的需求，所以，对于这次事件，至今我依然心存感激。记得那次是从墨西哥访问回来，因为机场排队购票的人太多，所以我没有赶上飞机。排队购票这个规定是正确的，我也是赞成的，但意外状况一旦发生在自己身上，还是会令我非常气恼。乘火车去纽约需要三天，在这三天里，我的心情一直很差，而且感到身心疲惫。但我还是为自己化解了情绪——乘飞机有可能出事故，没买到机票或许是上帝的保佑，这样一想，心情就好多了。

我突然发觉，自己的坏心情是毫无理由的。我对自己的内心感受做了一番梳理，发现自己有两种"需求"：一是希望自己是个例外；二是希望自己能有好运。也就是从那时起，我对乘火车旅行的看法有了转变，之前对整天坐在车厢里感到疲惫，而从那之后，这种感觉没有了，甚至开始喜欢上了这样的旅行。

任何人都能够从对他人及自身的观察中得到更多这样的感触，我对此坚信不疑。举个例子，对大部分人来说，无论驾车还是步行，完全遵守交通规则似乎是难以做到的，因为人们的潜意识中对这些规则存在逆反心理，总认为自己不必遵守它们。还有些人因为透支的账目被银行监督而感到恼火，认为银行太过"无礼"。又如，对考试的担忧以及对考砸了的担忧，也是出于对"免考"的要求。此外，在观看演出时，发现演员的水平很差，于是感到生气，也是因为感觉自己没有享受到应有的待遇。

这种对"例外"的要求，也会与精神或身体的自然规律有关。一个原本很聪明的神经症患者，一旦了解到自己精神问题的实情，就有可能突然变傻，这个现象令人费解。对此，我可以列举出一些显而易见的因果关系：要想成功就要付出努力，想要自立就要敢于承担。也就是说，自负的人容易受到伤害；不懂得自爱的人容易对爱有所猜忌，不相信自己能够得到爱。我们将这些因果关系告知神经症患者后，他们有可能产生疑惑，不愿接受，甚至产生逃避的想法。

神经症患者变傻的原因有很多，首先，我们要清楚让他们了解这种因果关系的目的，即让神经症患者面对"内在改变"的重要性。当然，改变任何神经症患者的因素都是非常困难的。此外，就像我了解到的那样，多数神经症患者非常抵触去了解自己应受制的需要。单从字面看，神经症患者就会对"规则""必要""限制"等词汇感到非常不安。神经症患者的内心认为一切都会如愿以偿。而施加在他们身上的必要性会使他们回到"现实"中来，在现实生活中，患者不会高人一等，只会成为普通人的一员，接受自然规律的制约。他们需要从生活中剔除那些必要性，而这种需要就会变成要求。分析表明，这种现象可以表现为患者认为自己有权超越"改变的必要性"。因此，在潜意识中，他们回避事实真相——要想自立且不受伤害，或是赢得他人的爱与信任，首先就要改变自己内在的态度。

在通常情况下，大部分的犹豫不决也源于对生活的隐秘"需求"。在这个范围内，对无理性要求的猜忌必定会消失。这无疑会粉碎神经症患者高人一等的感觉，他需要直面现实，认识到对于命运来说，我们能做的非常有限，因此生命也很短暂，且充满了风险。神经症患者虽然感到自己是全能的，但死亡、意外等危险因素随时都会将他的幻想摧毁。我们所能做的，只有尽量避免有可能导致死亡的风险，但事实上，我们能做到的，只有尽量避免与死亡有关的财产损失，至于生命的消亡，则是避免不了的。对于生命中的风险，神经症患者同样提出了很多要求：他不能被伤害，要有好运相伴，要像救世主一样可以拯救全人类，要过上轻松舒适的生活，等等。

与源于人际关系上的需求相比，这些与生活相关的需求显然不会受到保护。而具有这些需求的神经症患者只会做两件事，对于任何有可能在自己身上发生的事情，他都持抵触的情绪，此时，他会倾向于不顾一切——当他感冒发烧时，即使是在隆冬时节，他也会坚持出行，对可能加重的病情毫不在意，好像衰老和死亡都与他无关。而一旦遭遇不幸，他就会感到毁灭般的打击，并因此而惊恐，这不幸可能根本不值一提，但足以摧毁他的雄心壮志。也许他会走向另一个极端，从此小心谨慎地生活。如果他的雄心壮志无法再成为他的后盾，或者他的要求没有得到满足，那么任何事情都有可能发生，对他来说，这意味着失去所有可以依赖的事物。但这并不能说明他已经放弃了所有要求，他只是不想再承受打击罢了。

还有一种对待生活和命运的态度，看上去似乎合情合理，但问题在于我们能否认识到隐藏在这种态度背后的要求。很多患者遭遇了一些特殊的困难，他们因此而苦恼，于是在情绪上就会直接或间接地表现出愤怒。例如，当他们谈论起朋友的时候，会说某人也患有神经症，但是在社交场合却表现得游刃有余；某人对与女人交往很有经验；某人比自己更加努力，或者更会享受生活，等等。这样的言谈并无特殊性，也许更好理解。毕竟每个人都有各自的困难，都会觉得如果没有这些难处，他的生活会更好一些。但神经症患者和他所羡慕的人相处时的反应，却表明了一个更为严重的过程。或许他会突然转变态度，变得非常冷漠或沮丧。如果对这些反应进行分析，我们会发现，这种困扰源自一种固执的要求，即他不应该有任何问题。在神经症患者看来，他的天赋有权胜过他人；此外，他不仅有权拥有毫无问题的生活，而且还有权拥有电影人物般的才能，例如，像查尔斯·卓别林一样睿智而谦逊，像斯赛宾·特雷西一样勇敢而仁爱，像克拉克·盖博一样矫健而强壮，他想要将这些才能集于一身。"我本来不该是现在这个样子"，这是一个过于无理的要求，也不可能实现。这个要求会体现在很多方面，例如，当看到有人运气或天赋比他好时，他就会嫉妒、愤怒；当对某人心怀崇敬之情时，他就会对这个人的行为进行效仿；他要求精神分析师使他具备所有这些他认为合理却又自相矛盾的才能，等等。

这种对于最高品性的要求所蕴含的意义很不明确，它会导致不满和嫉妒心的产生，对分析工作也会造成实际的阻碍。对神经症患者来说，受到任何神经症的困扰都是不公平的，如果再让他从自己身上找原因，那么势必会加重这种不公平感。也就是说，神经症患者认为，他无须通过痛苦的"改变"来解决问题。

关于"神经症患者的要求"的种类，我们还没有进行全面的研究。因为所有神经症患者的"需要"都能随时转变为"要求"，所以，要想对"要求"进行全面分析，就必须对个案进行讨论。然而，有些时候，即使通过简单的研究也能发现其特性。下面，我们就试着根据其共性做一个更为翔实的分析。

首先，神经症患者的"要求"在两个方面具有不切实际的表现，其一是对权利的要求只存在于幻想中，其二是对"要求"能否实现毫不在意。他们在很多问题上都有这样的表现，尤其是，他们天真地渴望自己不会患病、不会衰老、不会死亡。至于其他问题，他们也有类似的要求。例如，一个女神经症患者非常好客，她认为自己邀请客人时，客人必须接受她的邀请，如果被拒绝，她就会不问青红皂白地恼怒起来。一位学者认为自己的工作应该是简单易行的，因此，他非常讨厌写论文和做实验，无论这些工作有多么重要，或者即使知道完成这些工作必须全力以赴，他也不愿为此付出辛苦。一个贫穷的醉汉认为自己有权得到人们的无私帮助，如果人们没有及时帮助他，或者在帮助时表现得不情不愿（不管事实是否真的如此），他就会认为这是对他的不公。

以上案例表明了神经症患者的要求的第二个特征——"以自我为中心"，这个特征非常明显，以致在他人眼里，神经症患者会显得天真幼稚，就像一个被娇宠惯了的孩子。从理论上讲，由这些观念可以得出一个结论：所有这些要求都具有"婴儿"的特征，在无法长大成熟的人身上表现得非常突出。但从现实的角度看，这个观点又是错误的，因为幼儿以自我为中心是因为他们在心理上还没有人际沟通的概念。一般来说，幼儿还不清楚每个人都有自己的需求，每个人在能力上都有限度，例如，妈妈累了也需要休息，妈妈手里没钱时也买不到玩具，等等。但对于神经症患者来说，"以自我为中心"的前提条件就截然不同且相当复杂了。他的驱动力是精神的需求，他为自我所掌控，为矛盾冲突所困扰，在这种境况下，他只有被迫坚持自己独特的解决办法。这两种现象表面极为相似，但实质不同。综上所述，要想取得疗效，就绝对不能指责神经症患者的要求是天真幼稚的，而是要用事实加以适度的引导，让患者自己认识到他的要求是无理的，但是，这最多只会引起他的思考，接下来还要进行进一步的治疗，否则就不会对他产生任何作用。

对于神经症患者来说，"以自我为中心"是他们的普遍要求，而且，这些要求之间存在着很大的差异，以我的经验来看，这种要求可以简化为：有时候，优先权是正确的，但我自己需要拥有绝对的优先权。

如果一个神经症患者感到身体不舒服或者想要做某件事，那么所有人都要停下正在做的事情来帮助他，当精神分析师礼貌地予以回绝时，神经症患者或是不加理睬，或是会表现出无礼的态度，甚至施加报复。神经症患者认为，当他需要和对方谈话时，对方就应该有时间跟他谈话。神经症患者与周围的世界越是疏远，对他人及他人的情感就越不能理解。就如一个时而会对现实表现出傲慢和蔑视态度的神经症患者所说："我就是一颗无拘无束的彗星，在宇宙中自由穿行。我的需求都是真实的，而别人的需求都是幻觉。"

神经症患者的要求的第三个特征就是"不劳而获"。他不愿承认自己在孤独时会想起别人，而认为这种时候应该是别人想起他。他想要减肥但又不肯控制饮食，继续不加限制地吃喝，而当看到别人比他身材好时，他还会觉得不公平。此外，他还要求有一份体面的工作，有显赫的地位，少干活就能挣大钱，特别是所有这些要求不用去乞求就能信手拈来。他觉得没有必要去了解自己到底需要什么，而只要对任何事物都有权决定是拒绝还是接受就可以了。

有的人总会找出看似合理而动听的言辞来表达自己对幸福的期盼，但他的亲朋好友很快就会发现，要想让他真正幸福起来实在太不容易了。这时就会有人提醒他，他感到不幸福是因为他的内心积攒了很多负面情绪。听了这样的提醒，他就有可能去看精神分析师。

在精神分析师看来，神经症患者对幸福和快乐的需求便是达成分析的良好动机，他也会自问：为什么这位神经症患者对幸福快乐充满期待却又不能得到？看上去，这位神经症患者有着很好的自身条件：经济富足，家庭和睦，妻子漂亮，但他什么多余的事情都不愿去做，对什么都不感兴趣，生活态度充满了消极和自我放纵。在第一次谈话中，他发现神经症患者并没有讲出自己的困难，而是急切地提出了一系列愿望。在接下来的谈话中，精神分析师证实了第一次诊断的观点——神经症患者的首要障碍来自惰性。于是真相大白：神经症患者失去了自由，无法自行开发智力，但却有着固执的要求，他认为，自己的生活应该是完美的，自己的心灵应该得到满足，自己的所有愿望都应该实现。

而另一个案例对"不劳而获"要求的特性做了进一步的说明。一位神经症患者在前一次的治疗中遇到了一些问题并因此受到困扰，于是，对他的精神分析治疗不得不中断一个星期。当他离开时，他表示希望解决这些问题，我认为这样的愿望非常合理，于是就开始探究他身上的特殊问题之根源究竟在哪里。但很快，我发现这位神经症患者并不配合，他的惰性阻碍了治疗的进行，我必须一直对他进行引导。随着时间的推移，我感觉他越来越不耐烦，因此，我直接问他是否没有耐心了，他的回答是肯定的，他不愿意在整整一个星期的时间里都被这些问题困扰，况且我也没有向他提供任何有效的解决办法。我对他说，我能够理解他的愿望，但遗憾的是，它们已经变成了无理的要求。问题能否更好地得到解决，取决于问题的难易程度，以及他是否能够很好地配合治疗。可以肯定的是，他的内心存在着一些障碍，使得他无法走向自己的目标。经过思考，他也理解了我的意思。一旦安静下来，那些无理的要求和急迫感也在他身上消失了。这时，他表现出了另一个特征：他认为问题出在我这里，我有责任解决这些问题。他为什么认为我有责任呢？当然，他并不是觉得我犯了什么错误，只不过，通过上一次的交谈，他意识到自己的报复心还在，对此，他几乎从未察觉，当时，他也没有想要打消它，只是希望把随之而来的那些困扰解决掉。他的要求没有得到满足，于是认为自己有权进行报复。从这个解释可以看出他的要求出自何处：他从心底不愿为自己负责，而且缺少建设性的利己观点。他因此而麻木，并且无法独立地解决问题，这样一来，就出现了一个新的需求——依靠他人（这里指精神分析师）解决问题，而且，他把这种需要也变成了要求。

从上述案例中可见，神经症患者的要求的第四个特征就是具有"报复性"。在神经症患者看来，自己总是受害者，很无辜，所以报复的态度也很坚决。很早就有人发现了这种特征。例如，在创伤性神经症和一些妄想型神经症中，这种特征非常明显。我们从很多文学作品中也能发现对这种特征的描述，例如，《威尼斯商人》中的夏洛克就是个吝啬的形象；再例如，易卜生笔下的海达·高布乐，当听说丈夫不能获得教授职位时，她便立刻开始变得刻意要求铺张挥霍。

在此，我想提出这样的问题：在神经症患者的要求中，报复性需求是否属于"常见的"（如果并非必然会出现）？无疑，对于报复性需求的感知程度，人与人之间存在差别，对夏洛克来说，他的需求是有意识的，就如神经症患者对我发火时，他们其实都是有意识的，但从多数案例来看，神经症患者处于无意识状态。依我的观察，在所有神经症患者的要求中，这样的需求或许是非常普遍的。由于它们出现的频率很高，因此可以作为一种规律来分析。就像前面提到的"报复性成功"的需要，我发现很多神经症患者都有报复的心理。他们有可能是过去曾经遭受打击，因为痛苦而产生报复的要求，也有可能是因为提出了暗示战斗的要求，还有可能是认为要求得到满足就是成功，相反的话就是失败，这都是报复性需求发挥的作用。

人们会如何认识自己的要求呢？一个人若是想了解自己的要求，就会发挥想象力来看待自身和周围的人，这样一来，他便感到自己和生活都是真实的。对于自己是否真的有某种要求，他已无暇反躬自问，甚至当别人提出他可能具有某种要求时，他还会大为恼火。在他看来，任何人都不应该让他等待；他不该发生任何意外，应该永远都是平安无事的；如果他要出门旅行，天空就要晴空万里；什么事都要让他顺心，一切都要无往不利。

神经症患者对自己的要求似乎都非常清楚，在他看来，这些要求就是他的特权，他完全可以公然地提出来，然而，对他人来说显而易见的事情，对神经症患者来说就没有那么明显，他感觉到的与旁人观察到的截然不同。如果一个人对自己的要求格外在意，那么他最多能够感觉到这些要求的一些表现与含义。例如，他会感到不耐烦，或无法接受不同的意见。他可能知道自己不愿意向他人求助或表示谢意，但这种感觉与知道自己有权指挥别人的感觉是完全不同的。有时他可能也知道自己行为冲动，但他会加以掩饰，认为这是自信和勇敢的行为。例如，面对一项理想的职业，他会选择坚决放弃，而且没有任何理由，也没有任何其他选择，但在他看来，这就是自信的表现。可能这只是个案，但不难看出患者的冲动，在他看来，他有权享受命运的眷顾。在内心深处，他认为自己可以长生不老。他或许知道自己有这些想法，但他并不知道这些想法已经变成了要求，并且超越了自然规律。

在其他情况下，神经症患者和未经训练的观察者对这些要求或许还没有充分的认识。对于未经训练的观察者来说，只要是正当的需求，都是可以接受的，这是出于其神经症的缘故，而不是出于其心理上的无知。例如，他的妻子向他提出某些要求，他觉得很厌烦，但同时又会幻想对妻子来说他是无可替代的。或者，一个女人因为痛苦与无助而提出了过分的要求，她明白这只是她的个人需求，因此，她非常小心，以免给他人造成麻烦——在她看来，那些愿意帮助她、保护她的人或许都在坚持着某些原则，如果没能满足她的需求，他们就会产生负罪感。

虽然神经症患者意识到了自己有什么样的要求，但他却没有意识到这些要求是不妥的，是没有道理的。其实，如果想要消除这些要求，首先就要质疑它的真实性。在神经症患者看来，只要他觉得自己的要求是重要的，他就会找出各种借口，让这些要求变得合乎情理，把它们维护得无可挑剔；并且他的内心也坚信这些要求都是公正合理的。在接受分析时，神经症患者会努力去证明自己只是专注于即将获得的事物，而精神分析治疗的目的，不仅是要看到神经症患者的要求，而且更要看到神经症患者对要求的合理化。因为，这些要求能否成立，关键要看它们形成的基础是什么，所以，基础占据了某种战略地位，例如，一个人认为，自己只要有功劳，就有权享受各种优厚的待遇，为此他就会夸大功劳，而一旦他的要求被拒，他就会严正指出对自己的不公。

要求的合理化过程往往以文化因素为基础。理由就是这样来的：因为我是个女性，因为我是个男性，因为我是你妈妈，因为我是你的老板，等等。虽然这些理由看上去都是合乎情理的，但以此为基础的要求并不适宜，可见，这些理由的重要性被夸大了。例如，在某种文化背景下，男人洗碗并不是一件有损尊严的事情，但假如有位神经症患者不想洗碗，那么他就会找出各种理由来夸大男人的尊严，认为自己不应该洗碗。

长久不变的基础就是"优越感"，于是，神经症患者就会为自己的"要求"找出各种优越的理由：我在工作中曾有过辉煌的业绩，我有权去干什么，等等。这些借口总是下意识地直接表露出来，但这种人通常非常看重他的工作、时间和规划，并且坚信自己一贯是正确的。

如果一个人认为"爱情"能够解决任何问题，"爱情"能给人带来一切，那么必然就会夸大爱情的作用。这样的夸张不是刻意的，而是来自真实的感受。但这种夸张会造成恶性循环的不良后果，对于因孤独和痛苦而提出的要求更为严重。例如，许多人因为胆怯而不敢打电话咨询，如果为了确定他们的压抑程度有多大而对其进行调查，那么就会加剧他们的压抑程度。再例如，一个女人因为过于压抑而无法操持家务，那么她会让这种压抑感愈发严重，导致夸大的痛苦成为现实。

但这并不表明我们就可以立刻做出结论，认为他人拒绝神经症患者的要求就是正确的做法，因为，无论是否拒绝，都会让问题变得更加难以解决，即无论是否拒绝，都将导致神经症患者的要求变得更为强烈。在通常情况下，只有在神经症患者能够对自己的行为负责时，"拒绝"才有可能对他有所帮助。

我们来看看神经症患者的"要求"，其出发点很有意思，即对"公平"的诉求：我对神是虔诚的，我做事勤勉，我遵纪守法，我是个好公民，我做的一切都是合理的，所以风险就不该在我身上发生，我的一切都应该是一帆风顺的，这是我的权利。世上的一切好事理应让善良的人、虔诚的人和勤奋的人来享有，而与此相悖的"无私奉献"则被摒弃。神经症患者一旦出现这种倾向，在他看来，这种公平也适用于他人，他人的行为如果不符合公平的原则，就会引发他的不满。从某种角度讲，这也是正确的，但这只能说明他的要求是建立在公平基础之上的，他的这种需求在他看来已经成了一种"真理"。

此外，对"公平"的要求也会表现出相反的一面，即要求他人在困境中能够敢于担当。一个人"自认为正确"的程度的高低，对他能否专注于应对环境起着决定性作用。假如他还不够坚定（以自觉为前提），他就会觉得所有的困境对他都是不公平的，然而，给他人强加上"报应性的赏罚"则容易得多。例如，他会认为某人之所以会失业，是因为"真的"不想工作；又如，他会认为宗教迫害的某些责任似乎应该由犹太人来承担。

在更多的人格问题上，这种人认为自己有权为了既有的价值而接受某种价值观，只要他不会因两种价值观而分心，那么这种要求或许是对的。他所认定的价值不管是否属于善意，都已经被他做了夸张处理，以致对人际关系造成的困难被忽略。一般来说，这种价值标准也表现出了不平衡性，例如，患者在接受治疗时，往往会依照自己的价值标准来配合、渴望治愈病症或让自己收支均衡。从精神分析师的角度讲，就是要使神经症患者康复。但医患之间的价值判断很难达到平衡，如果神经症患者对自身不了解或是不愿了解自身的问题，没有改变自己的意愿，那么他就难以康复。可见，对于神经症患者来说，最有效的治愈方法就是自己的努力，加上良好的意愿。如果病情反复发作，那么神经症患者就会产生厌烦心理，感觉自己被欺骗了，不再相信治疗的作用，并且会感到不公平，从而对精神分析师加以指责和埋怨。

过度夸大公平有可能是为了掩盖"报复"，但也不是必然的。如果是为了满足生活需求而提出这种病态的要求，那么神经症患者一般会对自己的优点进行夸大；要求的报复性越强，神经症患者就越会强调自己受到的伤害。而随着这种受伤感的增加，"受害者"逐渐感到自己有权要求任何牺牲，也有权拒绝任何惩罚。

要求对维持神经症患者来说是非常必要的，因此，必须坚定地维护这些要求。但这一点仅仅是从要求本身的角度来讲，对要求的维护必然会在生活中遭到嘲弄，对此无须赘言。我们将在很多场合重新探讨这个问题，在这里，我想说的是，经过多方面的观察发现，神经症患者为了让别人接受他的要求所采取的方法与这些要求产生的基础有着密切的联系。简言之，神经症患者会利用其特有的重要性来加深人们对他的印象；他会采取讨好、诱惑或承诺的方式；还会对自己的痛苦进行夸大，以此来博得人们的同情心或歉疚感；利用人们的负罪感或正义感来驱使他们为自己效劳；将自己对他人的爱进行夸大，以此换取人们对感情或虚荣的向往；他还会暴怒起来，以此威胁他人。报复型人格的要求永远没有满足之时，他利用这些要求来破坏他人，为了迫使他人屈服，他会竭尽所能地对其进行苛责。

为了使自己的要求显得更合理，神经症患者总要找出各种理由和借口，我们也能预料到，一旦这些要求被拒，就会引起他激烈的反应。他的内心虽然隐匿着一种恐惧感，但外在的表现主要是生气乃至恼怒。生气有其特殊性，因为神经症患者主观认为他的要求是合乎情理的，是公正的，而他所遭遇的挫折对他来说是不公平的。因此，从根本上讲，这种不满带有义愤的性质。换句话说，神经症患者不仅感到愤怒，而且认为愤怒是正当的，在进行心理分析的过程中，神经症患者始终都会固守自己的观点，好像真理就在他的手中。

对于这种愤怒的各种表现，我们要进行深入的探讨，而在此之前，我想先介绍一个理论，这是由约翰·杜兰德等人提出的，即以敌意应对挫折的理论，也就是说，敌意是对挫折的一种反应。但实际上，我们只需经过简单分析就能发现，这种理论是错误的。人类在面对挫折时，往往并没有敌意，这样的例子有很多。只有当挫折是不公平的，或者挫折因神经症患者的要求而被视为不公平时，才会产生敌意。这种敌意表现出愤怒和屈辱的特性，它所导致的伤害或严重后果有时会被夸大到非常可笑的程度。例如，一个人感觉自己遭到了虐待，在他看来，施虐者既残忍又卑鄙无耻，可见，愤怒的情绪影响了他的判断。在这里，我们就找到了"神经症猜忌"的源头。综上所述，神经症患者总是认为他人是阴险的，是不值得信赖的，并为此表现出不满和愤怒，便是出于以上原因。

我们可以把不满和愤怒的具体表现分为三种形式。

其一，情绪受到压抑，随后会出现身心疲倦、偏头痛和恶心等症状。

其二，情绪可以宣泄出来，人们可以感受到这种爆发，在这种情况下，神经症患者对愤怒的反应越大，就越会夸大别人的错误，接着，他会找出一种看似合理的借口，以便攻击侵犯者；此后，神经症患者的表现更为肆意妄为，他已经不再需要什么借口，而一心只想要报复。

其三，表现为陷入无助与自怜之中，神经症患者的意志消沉，感到自己被伤害得非常严重；在这种情况下，痛苦会驱使他发出责难：“他们为什么这样对待我？”

过于自负会导致缺少自我反省，于是，观察别人的反应比观察自己更为容易。当我们的大脑中出现了一些不好的念头，或是想起了某人的可恨之处，或是内心产生了一种报复的冲动时，我们真正应该做的是对自己的反应进行检讨。我们要反思自己对他人错误的反应是否合乎情理，如果这种反应是不合理的，我们就应该探究自己的内心是否存在着病态的要求。要想了解个体对挫折的强烈反应及其背后隐藏的要求，我们就必须放弃一些对特权的要求，或是熟悉那些因为压抑敌意而表现出的特殊形式。然而，即便我们可以从几个例子中发现自己的要求，也并不意味着我们就能够将其全部丢掉。一般来说，我们能够克服的只是那些非常荒谬的要求。这一过程可以让人联想到绦虫的治疗过程，即使去掉了虫体，但只要它的头还在，虫体就还会再生，并且继续消耗人的体力。从这里可以看出，要想根除所有要求，就要杜绝对荣誉的一切探求以及由探求所引发的一切行为。与治疗绦虫不同的是，在找回自我的过程中，每一个步骤都是值得尝试的。

具有渗透性的要求对神经症患者生活和人格的影响是多方面的，会造成他们强烈而广泛的不满和挫败感，因此，我们可以将其简称为性格特点。当然，助长不满情绪和挫败感的因素还有很多。在所有因素中，具有渗透性的要求表现得最为突出。无论在哪种环境、哪种形势中，神经症患者的不满情绪都会指向其自身所缺少的东西，或是令其感到困难的事情，等。例如，有这样一个男人，他喜欢自己的职业，拥有幸福的家庭生活，但却没有时间享受弹琴的乐趣（对他来说，弹琴是一件很有意义的事情），或者他的女儿体弱多病，这些因素都会让他感到无比困扰，因此，他无法察觉自己已有的幸福。再例如，一个人本来生活得很快乐，但仅仅因为在约定的时间没有收到预订的货物，这种快乐就被破坏了；一个人本来拥有一段愉快的旅行，但仅仅因为交通不便，他的情绪便受到了影响。这样的经历想必大家都有过，这样的情绪也是很常见的。人们有时会为此感到奇怪：为什么总是专注于负面的东西，却忽视了美好的一面？他们时常用"悲观主义"的理由来掩盖所有问题，但这样的解释让人难以理解，在论点上也是含糊其辞，还为自己无法忍受困境提供了说辞。

正是这种态度给人们带来了负面影响。如果我们一旦遭遇困难就认为生活对自己不公，那么我们对困难的感受就会成倍增长。我对这一点有着亲身体会。有一次，我出门旅行时乘坐的是普通客车，我发现客车的收费不合理，这让我心情很差，以致感觉所有事情都不顺心。后来，我察觉到了自己隐藏的要求，心情就好转了，虽然座位依然不舒服，行车时间依然很长，但我的心情已经不会因此受到影响了。在工作中也有这样的情况，如果工作时带有"一切都不公平"的情绪，或者认为"一切都应该更简单"，那么肯定会受累不讨好。也就是说，神经症患者的要求令我们丧失了生活的乐趣，丧失了从容的处事态度。无疑，有些经历相当重要且具有代表性，但我很少有这样的经历。一些本来微不足道的事情在神经症患者眼里就成了大灾难，导致他的生活出现很多困扰。相对来说，神经症患者会特别在意别人比他优越的地方，例如，别人的业绩优秀，别人家里人丁兴旺，别人有很多闲暇时间做自己喜欢的事情，别人的住房条件很好，别人家的草坪很漂亮，等等。

对这些想象加以描述是很容易的事情，但要想透彻地了解它们，特别是了解我们自身，就不是那么容易的事情了。别人有而我们自己却没有，这是实实在在的事情。所以，我们或许会记下以下两方面的扭曲：关于自己的和关于他人的。多数人都劝说过自己不要拿自身的短处和他人的长处去对比，对他人和自己都要全面地看待，不要用自己不如意的生活和别人的优势做比较。他们明白这些道理，但又无法将其落在实处。他们的观点之所以扭曲，并不是因为愚昧或疏忽，而是因为其潜意识中的需求是盲目的。

神经症引发了患者对他人的羡慕和冷漠。总体而言，所谓的"羡慕"并非表现在某个细节上，而是存在于整个生活中，在通常情况下，会伴随着以下的感觉：感到被拒绝的只有自己一个人，很孤独，很烦恼，很恐惧，好像受到了束缚，等等。所谓的"冷漠"并非对一切失去了知觉，而是具有更多的要求，神经症患者以此来为自己的"以自我为中心"辩护，在他看来，既然别人什么都比自己好，那么为什么他们还有更多的需求？他感到自己总是被忽视，他的需求比所有人都重要，所以他有权只考虑自己，因此，他更加坚定了自己的看法。

神经症还会引发对权利的普遍怀疑，这是一种非常复杂的现象，普遍的要求只是其决定性因素之一。神经症患者在自我的世界中认为自己拥有至高无上的权利，但这是与现实相脱节的，因此就导致他会混淆虚幻和现实。他的很多要求都是任性的，但当他去兑现这些权利时，又会非常心虚，担心这些权利得不到实现。例如，有这样一位神经症患者，他认为别人都应该帮助他，但同时，他又不敢要求我改变精神分析的时间，也不敢找我借笔来记事。还有一位神经症患者，他要求别人尊重他，一旦失望，就会变得非常敏感，但他却能容忍别人对他的欺骗。无权的感觉可能是神经症患者不满的核心，对于那些无理的要求，他可以毫不在意，但正是这些要求形成了困扰他的原因。

促使"惰性"形成的最强有力的因素就是广泛的要求，惰性可能是最普遍的神经症障碍，它以隐蔽或公开的形式表现出来。惰性不等于懒惰，懒惰是一种随意的享受，而惰性则表现为精神上的麻木。惰性不仅在行动中普遍存在，还存在于认知和思想上。根据惰性的定义，神经症患者的要求代替了对问题的处理，这就影响了他们的正常发展。从大量案例可以发现，他们对发展的抵触都源于病态的要求。神经症患者的需求为潜意识中的要求所支配，他们认为自己有权取得成就，赢得好职位，体验到幸福感，克服困难，甚至有权不经努力就获得这一切。在他们看来，实际工作应该由他人来做。如果他们的想法不能实现，就会引起他们的不满。购物、看电影等额外的事情都会令他们感到厌烦。从精神分析的角度看，人的疲劳感有时是可以迅速消除的，例如，有一位神经症患者，在出门旅行前，一想到要做很多的准备工作就心生厌烦，感到疲倦，这时，我建议他把这些准备工作当作智力游戏，他对这个建议很感兴趣，再做起来就感觉不那么疲倦了。久而久之，他逐渐能够做好每项工作并且毫无疲劳感。但这种感觉也容易消退，虽然神经症患者已有了正面的体验，但潜意识中的要求还是根深蒂固、难以撼动。

神经症患者的要求越是带有报复性，就越会增加惰性。神经症患者在潜意识中认为：他所面对的困扰都是别人造成的，他有权获得他们的补偿；既然需要补偿，他当然无须付出。显然，当一个人的生活失去了意义和情趣的时候，他就会产生这种念头。可见，他将自己对生活应负的责任推得一干二净——责任都该由他人来负，或者让命运来做决定。

为了坚持自己的要求，神经症患者在分析中会百般辩解。可见神经症患者的要求是非常主观的。他会使用多种办法来维护自己的要求，而不是仅仅使用一种方法。他最初表现为没有任何要求，所以对精神分析师指出的一切都予以否定，但此后又认为自己的要求都是合乎情理的，接着他会为自己的要求找出各种根据。最后，他会认识到这些要求是不合理的，于是便对这些要求失去了兴趣。他可能会感到这些要求对他产生了很多负面的影响。例如，他会感到自己变得容易恼怒，如果他能主动一些，积极乐观，而不是消极怠工，情况就会比现在好得多。事实上，要求在精神上约束了他，当然，他有时也不得不面对这样的事实：这些要求给他带来的好处实际上是非常微小的。在神经症患者施加的压力下，人们对他的要求或许会给予一定程度的满足，但这样得到的满足不会使他快乐。无论如何，他对生活的要求是无益的。无论他是否认为自己享有特权，心理和生理的规则对他还是会发挥约束力，他的生活也没有因为对自己完美无缺的幻想而有所改变。

认识到要求的负面影响，认识到它的危害，或许并不会对神经症患者的病情起到什么作用——精神分析师希望这些认识能够改变神经症患者的病态要求，但常常事与愿违。精神分析发现，神经症患者的要求似乎没有过去那么强烈了，但不是消除了，而是隐藏起来了。经过深入的探究，我们发现，神经症患者虽然也明白潜意识中的那些无理要求是无益的，但却固执地认为意志会产生奇迹，只要坚持就会实现，就会万事如意；如果没有实现，则是因为自己的意志还不够坚定，而不是要求本身的问题，但是，精神分析师们则要向他指出，问题就出在这些要求上。

我们看到了神经症患者的意念对事态的影响，在他看来，自己应该享有某种特权，尽管这种特权根本不存在。这种要求是非常荒谬的，有的要求就是一种幻想，可见，神经症患者的所有要求都是受潜意识中的力量所驱使，为了实现自己的幻想，就要提出更多的要求。即便神经症患者想通过非凡的业绩来体现自己的优秀，但要求的真正意义并不在于此，他只是想证明自己已经超越了心理的和自然的规则。他也经常发现人们对他的要求并不认可，法律和规则仍然在约束着他，日常的失败和烦恼也是如影随形，但他依然坚持自己应该享有一切。他坚信，只要自己坚持，他的要求就一定会实现。但结果只能表明，他始终都会受到不公正的对待——要想成就辉煌，就要用要求做保障。

现在我们清楚了，为什么神经症患者明知要求对现实生活有负面影响，却依然坚持己见。对于负面影响，他不做任何辩解，他忽视现实情况，只把希望寄托于今后的荣誉中。他就像一个幻想自己拥有遗产继承权的人，坚决维护自己的权益，而不是维护自己的正常生活。这样一来，他便对生活丧失了兴趣，生活中的美好事物他都视而不见，他只期待着将来能够实现自己的荣誉。

与那些对继承权充满幻想的人相比，神经症患者的情况则更糟，在他看来，既然要满足今后的要求，就要放弃自身和人格的成长，这是他最根本的感受。从他的认识来看，这是合乎情理的，但是，在这种条件下，他对"理想自我"的实现其实没有任何意义。只要他认定了这种目标，在其诱惑下，他所做出的选择只能是充满障碍的。也就是说，他要像其他人一样为各种艰辛所困扰，他要为自己负责，要承担起克服困难、发展潜能的责任。他在困难中会感到自己仿佛失去了一切。但是，既然选择了这条路，首先就要坚强起来，克服自我理想化中的障碍，这样才会达到健康的境地。

我们要想透彻地理解坚持性，就不能单纯地认为神经症患者的要求是试图实现自我荣誉化形象的幼稚表现，或者是神经症患者对他人满足自己要求的强迫性愿望。既然神经症患者会固守这种态度，那么正说明它在神经症的构造中发挥了不可替代的作用。我们知道，通过这种要求，神经症患者会认为自己解决了很多问题，而要求的作用就在于使得神经症患者对自身的那种幻觉将会长期存在，而且认为自己不承担任何责任，一切责任都应该由外界来承担。他将需要提升到要求的高度，以此否定自己的困扰，把自己应负的责任转嫁给环境或他人。在他看来，别人为他服务，为他提供享受，这是他的特权，困难不该降临到他的头上，身陷困境是对他的不公。例如，当有人向他募捐或借钱时，他会感到非常厌烦，但内心又觉得应该施舍给他们。事实上，他已经恼火了，因为他的要求就是不被打扰。为什么他要坚持这样的要求？实际上，募捐的请求使他陷入了自身的一种冲突中，不管出于什么理由，只要他担忧或不愿面对自身的冲突，他就会坚持自己的要求。他的要求可以从他不愿被打扰的想法中表露出来，但实际上，他是希望外界不要引起（或让他认识到）冲突的发生。在后面的内容中，我们还会讲到他为什么要摆脱责任，这对他来说为什么很重要。但是，至此，我们已经清楚，要求的作用就是能够让他避免亲自处理出现的问题，这也是神经症存在的原因。

第三章
强势的"应该"

截至目前，我们对神经症患者自我理想化的外在表现进行了探讨。实现自我理想化的途径包括：心想事成，拥有特权，不受限制，探求荣誉。神经症患者的要求与外界相关，他要维护自己的特权，他是一个特殊的个体，对一切都享有至高无上的权利。对他来说，时间、方式都不能形成限制。他的权利可以凌驾于需求和规则之上，这使他生活在一个虚拟的世界里，仿佛真的超越了一切。当他无法实现理想时，这些要求会给他提供一些外在因素作为失败的原因。

在第一章中，我们已经简要地谈过有关自我实现的问题，但当时我们谈的重点在于人类自身，在这里，我们还要继续探讨这个问题。皮格马利翁尝试着对一个人进行改造，以实现自己对于美的观念。与之不同的是，神经症患者会把自己塑造成至高无上的人物。对于这样完美的形象，他充满了自信，他还会在潜意识中提醒自己：要摒弃现实生活中的可耻行为，树立完美的形象，特别是要塑造完美的自我，要理解和忍受一切，要爱所有的人，要做有益的事情。这些只是他内心指令的一部分，而这些指令是不可更改的，我们称之为"应该的强权"。

内心的指令包含了神经症患者可以感觉到的、可以理解的、能做的以及不应该做的任何事情。我先在这里简单地举例说明一下。

他这个人应该是最完美的，他讲诚信，关爱他人，为人慷慨大方，而且正义感强，勇于无私奉献，所有这些方面他都应该是楷模。他应该是一位有情有义的好丈夫，他体贴妻子，他学问高深，是位好教师。他能接纳一切公正和不公正的事情，他应该爱所有的人，孝敬父母，关爱家人，热爱自己的祖国，所有这些他都应该做到。或者任何事情都不应该改变他的想法，他不应该依附任何人和事。他永远也不会被伤害，始终都安然无恙。他的生活应该永远都是快乐幸福的，并且还要超越这种快乐和幸福。他应该不受任何约束；他应该始终保持理性；他应该理解力强，能够预见将要发生的一切；他应该能够立刻为所有人排忧解难；他应该能够排除万难，永远也不会疲倦，永远不会生病；他应该随时能够找到工作；他应该能够在一小时内完成两三个小时的工作。

以上这些例子从大体上归纳出了内心指令的范围，给人的感觉是：这些都是可以理解的，但也是难以兑现的，而且它们所包含的自我要求相当苛刻。如果我提醒神经症患者，他的期望值过高了，对此，他也会有同感，可见，他也是很清楚的，但通常在他看来，对自我的期望值过高总比不高要好。但对自我的期望值过高，还不能显示出"内心指使"的特性。经过详细的检查，这些要求都是可以被排除的，它们通常会重叠出现，因为神经症患者对自我理想化非常执着。

神经症患者往往对实现的可能性毫不理会，这点值得关注。而所有"实现自我"的驱动力中都包含有这种无视现实的情况。这些要求也几乎都是人类难以实现的，但神经症患者并没有察觉它们有多么得荒诞不经。当有人指出这种要求很荒谬时，他就不得不对此有所认识，但这种认识是于事无补的。例如，一位医生每天工作九个小时，还有许多社会活动要参加，他再想做科研就非常困难了，对此，他有着清醒的认识，但如果真的给他减轻一下负担，过去的习惯他依然不会改变，依然没有时间进行科研活动。对他来说，时间和精力都应该是无限的，这种要求总是会将理智埋没。有一个更奇特的案例，在一次精神分析时，有位神经症患者感到非常失落。她有个朋友遭遇了婚姻问题，这个问题相当复杂，她无力提供帮助。神经症患者本人和丈夫是在社交场合偶然相识的，她本人也接受了几年的精神分析，对于婚姻关系认识透彻，但她还是无法告诉朋友是否应该继续维持婚姻，即使她自认为能够做到。

我认为她对自己的期望过于完美，这是难以实现的，人们只有将现实问题搞清楚，才能理解特定条件下与之相关的因素。我提到的问题她后来都大致明白了，但她仍然认为自己的第六感很敏锐，对所有困难都很清楚。

从本质上讲，其他对自我的要求或许还不算荒诞，但为了实现自我的目标，却表现出对情况完全无视的态度，这就真的有些荒唐了。因此，很多神经症患者都自认为是个明白人，希望尽快结束对他们的精神分析。其实，精神分析并不会影响神经症患者的智商。事实上，神经症患者的推测能力经常妨碍精神分析的进行。此时，神经症患者的率真和自我的责任感等情感因素才是最有价值的。

神经症患者非常期待成功，认为那是轻而易举的事情，这不仅存在于整个精神分析过程中，而且也存在于患者对自身神经症的了解之中。对神经症患者来说，对病态要求的认识，就像要彻底断绝他们的要求一样。因此，在进行分析时一定要保持耐心。如果带有病态要求的情感需求不能得到改变，那么其病态的要求就会继续存在，而这一点恰好被他们忽略了。对于自己的智力，他们充满自信，认为这是至高无上的特权，因此不可避免地会导致失望和沮丧。类似的情形还有，一位教师长期任教，有着丰富的教学经验，在他看来，撰写教学论文是信手拈来的事情，对此他信心满满。可是，如果他不能完成这样的任务，他就会感到非常的懊恼。他没有注意到与此有关的问题，例如，他想写什么？是否有内容可写？他的教学经验是否能够得到推广？他能否条理清晰地表达出来？即使回答都是肯定的，要想写好一篇论文，还要进行严密的构思和表述。

内心发出的指令，就像政治上的霸权主义，无视个人的心理状况，无视自身的感受，无视当下正在做的事情。举例来说，一个人不该有被伤害的感觉，但人们发现，真正做到这一点又很难。有多少人会感到自己活得很安全、很平静，完全没有被伤害的感觉？这或许只是我们的期望，要想让这个期望真正兑现，就要进行耐心的探究，探究我们潜意识中对防卫的病态要求，探究我们虚伪的自负，也就是说，对潜伏于我们人格之中使我们易受伤害的所有因素都进行一番探究。但如果一个人认为自己不该被伤害，他就不会拟订这样一个计划。他会对自己的全部弱点都予以否认，他给自己制订的规则是完全"绝对"的。

我们再来讨论另一个需求：我们应该始终保持清醒，始终都要有一颗善良的心，始终都要帮助他人，并且让罪犯改邪归正。这些需求其实也并不都是幻想。维克多·雨果在《悲惨世界》中塑造了一个牧师的形象，但真正像那位牧师一样具有美好的精神世界的人很少。我有一位患者，在她看来，这位牧师就是一个重要的象征。她觉得自己要像牧师那样，但她又无法真的像牧师那样仁慈地对待他人。当然，她有时也会表现出一点儿仁爱，但那是因为她觉得自己应该这样做，然而，她的内心却并没有仁爱的感觉。事实和她的愿望正相反，她对所有人都不信任，她担心被人欺骗，东西一旦找不到，就会怀疑被人偷走了。她还没有意识到，神经症已经使她陷入以自我为中心的境地，而表面上却装作谦逊和善良。这时，她依然不能面对自己的困扰，究其缘由，都是由自己盲目发号施令导致的。

"应该"所具有的盲目性让人难以理解，要想弄清其中的奥秘，我们就必须关注一些不太重要的目的。但从"应该"在"探求荣誉"中的源头，或者在自我理想化过程中所起的作用看，就会发现这样一个事实：认为自己是全能的，是"应该"产生的前提条件。这样看来，现存的问题自然无须考虑。

在"针对过去的要求"中，这个倾向表现得最为明显，儿童时期的经历不仅对神经症患者的治疗很重要，而且还能从中看出神经症患者当前对过去困境的态度。这些都是由神经症患者当下的需要决定的，而他人对待神经症患者的态度，是友好还是恶意，都无关紧要。例如，如果在神经症患者心目中，童年应该是美好的，那么他就会把童年的生活描绘得充满愉悦。如果神经症患者抑制自己的情感，那么他就会因为对父母有依赖感而去爱父母。在平时的生活中，如果神经症患者不愿对自己负责，那么他就会把责任都算在父母身上。这种随之产生的报复心理，有可能会显露出来，也有可能会被压抑下去。

神经症患者在很大程度上会走极端，从表面上看他很有担当，但那些责任却是荒谬的。此时，他可能会意识到这与早期的威胁和被限制的经验有关，而他认为自己的态度是客观公正的。例如，神经症患者认为父母的一些言行是出于无奈，他有时也会疑惑自己为什么没有怨恨，其实，他之所以感觉不到怨恨，恰恰就是因为"应该"在起作用，虽然他知道自己被伤害了，而对任何人来说，这些伤害都是无法忍受的，但是他不应该因此而受到任何影响，他应该有能力毫发无损地战胜伤害。他应该很早就具备了内在的力量，而且意志坚定，他应该能够应对任何困扰和伤害。然而，事实却恰恰相反，由此可见，神经症患者所做的一切都是无益的，也就是说，他原本确实可以不被伤害。他会这样讲："那真是一池虚伪和残暴的污水。"但随后，他的洞察力变得模糊了："面对这种环境，我虽然很无助，但我应该有能力克服，我应该出淤泥而不染，应该保持自身的清白。"

如果神经症患者能对自己的生活真正负责，放弃虚伪，就要认真地进行反思。通过反思，他就能发现早期生活对他产生了非常不利的影响，他会意识到，无论自己的困境是什么造成的，都对他当下乃至今后的生活造成了负面影响，所以，他现在最好的选择就是振作起来，克服这些负面影响。但事实往往不像我们想象得那样，他把所有困扰都归于幻想和毫无意义的层面上，执着地认为自己不该为这些影响所困扰。如果他能够在后期改变自己的想法，坚信早期的影响并没有完全地征服他，这就说明他已经取得了进步。

"回忆性的应该"不仅表现在对儿时生活的态度上（所谓的"应该"体现了虚伪的责任，这就导致其毫无用处）。例如，一个人坚持认为自己应该对朋友提出真诚的批评，这样才能帮助朋友，他还认为，自己要把孩子培养成人，不能让孩子患上神经症。的确，我们在这些方面有可能会失败，为此我们感到非常遗憾，但我们可以反思失败的原因，改进我们的方法。要知道，失败会导致我们的心理出现障碍，失败会给我们带来困惑，这都是不可避免的，由此也可以看出，我们确实已经竭尽全力，但对神经症患者来说，他们不会因为曾经的努力而感到宽慰，在他们看来，自己应该做得更好，应该让奇迹出现。

同样，直面当前的任何缺点错误，在所有被"应该"困扰的执着的人看来都是不能容忍的，无论是什么缺点错误，都必须立刻消除。消除困难的方法有很多种：陷入幻想越深，就越容易从困境中挣脱出来。例如，有的神经症患者认为自己拥有巨大的驱动力，能够超越王权。但到了第二天，他却承认：这件事已经过去了。他觉得自己不应该成为权力的奴仆，于是不再追求这种强权。类似的情况经常出现相反的结局，可见，追求控制和权力的驱动力，只是在神经症患者的想象中以一种魔力的面目出现而已。

对于那些困扰，有些人会尝试用纯粹的意志力来消除，这种方式有时确实能够取得异常的效果。例如，有两个女孩，她们都认为自己应该很勇敢，什么都不怕，但其中一个女孩却害怕夜里遇到小偷，为了克服这种心态，她强迫自己睡在一间空屋里，一直到克服了恐惧心理。另一个女孩则害怕浑浊的水，不敢在里面游泳，担心会被蛇或鱼伤害，为了克服这种恐惧心理，她强迫自己在一个鲨鱼经常出没的海湾游泳。这两个女孩利用同样的方法克服了恐惧心理，以此来证明强迫的必要性。但事实上，对小偷和蛇虫的担忧是人之常情，每个人的内心都潜藏着这种恐惧心理。女孩们虽然用意志战胜了恐惧，但这种焦虑心理并不会因此而消失。从表面上看，她们似乎不再害怕了，但问题并没有从根本上得到解决，焦虑只是被深藏起来了。

在进行精神分析的过程中，我们发现，神经症患者如果意识到自己的缺点，他们的意志力就会以某种方式启动，他们会尝试维持平衡，尝试与人交往，尝试更加果敢或更加宽容。其实，只要他们能以同样的方式去探究自己苦恼的内涵，找出其产生的原因，这对他们来说就是有益的。遗憾的是，他们对此并未表现出任何兴趣。这还仅仅是一个开始，要想对所有困扰进行探究，患者或许会非常抵触，这和他们力图消除困扰的狂妄激情截然相反。他们认为自己可以凭借控制意识来克服困扰，因此，耐心地解决困扰的过程就等于默认了自己的软弱和失败。当然，这种伪装的努力早晚会结束。这样看来，这些困扰是很难控制的。我们能够确信的是，困扰已经转为在隐秘状态中受到驱策，它将换一种形式出现，而且会变得更加隐秘。因此，精神分析师不能鼓励神经症患者这样做，而要对他们进行治疗。

神经症的困扰会对人为的控制进行反抗，即使是最强有力的努力也无济于事。意识对抑郁、工作中固守的禁忌以及消耗性的白日梦的努力抗拒，实在是毫无意义。人们可能会觉得，那些在精神分析中已经有所认识的神经症患者能够很清楚这个结果。但即便如此，"我能克服它"的观念依然不会改变，最终，患者只会越发沮丧，原因很明显——除了本来就有的痛楚，他还缺了全能的感觉。有些时候，精神分析师从一开始就清楚这个过程，于是就会有所防范。因此，当一个白日梦患者对他的生活是如何为白日梦所影响进行详细描述时，他必然想要了解白日梦的危害，起码也要清楚它是怎样耗损人的精力的。假如白日梦还在继续，他就会有一种歉疚感和罪恶感。认识到神经症患者对自身的要求后，我发现，要强制性地终止他的白日梦是很困难的，也是不理智的，因为，在他的生活中，白日梦依然起着重要的作用，对于这一点，我们会逐渐有所认识。当他自觉病情有所好转后，便对我说，他已下决心不再做这样的白日梦，但因为过去没有这样做，他担心我会厌烦他，可见，他已经把对自己的期望投射在我身上了。

从大量的分析案例来看，患者产生失望、暴躁或恐惧的原因，主要是由于他们感到无力尽快消除困扰，而与困扰患者的问题本身没有关系。

所以，从维护理想化的形象来说，"内心的指使"比其他方式更激进，但所有的方式都具有共同的目的，即力争快速达到绝对的完美，而不是真心要做出什么改变。患者希望将缺点清除或让它们显现出来，就像得到一件特别而又完美的东西。如同前面所举的案例，当内心的指令出现外在化，这一点就会变得非常清晰。这样一来，一个人对自己的现状及诉求都变得无所谓了，只有那些能够被他人看到的才会使他焦虑，例如，在社交场合出现手抖、脸红、尴尬的情况。

所以，"应该"对真正的理想缺少道德的诚意，我们会看到，那些为"应该"所掌控的神经症患者无法努力追求更大的诚意，但同时，他们又被驱策去渴望"绝对"的诚意，这是个非常遥远的目标，也许只能在幻想中实现了。

他们最多只能达到行为主义所认为的完美，就像赛珍珠在《群芳亭》中所描述的吴夫人。这是一个典型的女性，她似乎一直都在行动着、体验着、思考着。毋庸置疑，这种人的外在表现是虚伪的。如果他们在街上突发恐惧症或机能型心脏病，他们就会感到非常恐慌。他们会问自己：我怎么会患有这样的病症呢？他们已经能够完美地支配生活，父母为他们感到骄傲，他们也有了理想的伴侣，他们生活快乐，工作卓有成就。最后，他们必定会因此遭遇生活的困境，于是，他们的平衡感便被打破了。精神分析师在逐渐了解了神经症患者极度焦虑的精神状态后发现，只要不出现大的障碍，神经症患者就能维持正常的行为，这一点让精神分析师也感到诧异。

对"应该"的性质感受得越多，我们就越清楚地发现，"应该"与真正的理想或道德标准之间存在着质的差异，而非量的差异。这是弗洛伊德犯下的重大错误之一。从大体上讲，他将内心的指令（在他看来，这类现象具有超我的特征）视为道德的组成元素。但事实并非如此，它们与道德之间并不存在密切的关系，道德层面的完美指令在"应该"中确实地位显著，这是因为道德问题在我们的生活中占据着非常重要的地位。但我们还不能将这些特殊的"应该"与其他的"应该"相分离，我们可以看到，其他的"应该"总是由潜意识中的自我膨胀而导致，例如，"我们应该避免星期日下午的交通拥堵"，或者"我们应该无须努力就能学会绘画"。可以肯定，很多需求在道德层面都缺少借口，例如，"我应该有能力逃避所有的惩罚""我应该永远比别人强"，以及"我应该永远都有力量去复仇"。要想获得对道德完美要求的正确看法，就要专注于事情的全貌。就像其他的那些"应该"，它们都是一种自我膨胀，目的在于加强神经症患者的荣誉，而且使他变得神圣。从这个意义上讲，"应该"属于正常的道德驱动下的神经症的赝品。这种赝品"潜意识中的欺骗性"如果能被察觉（这种欺骗性是消除污点所必需的），那么人们就会发觉这些"应该"都是不道德的，都是邪恶的。要想让神经症患者具备"再定向"的能力，从幻想的世界中走出来，进入真实的世界，就有必要弄清楚这些区别。

还有一种"应该"的特性能将"应该"和真正的道德标准相区别。我们在前面已经提到了这种特性，但因为它的重要性，所以有必要再进行单独的探讨，以便更加明确。这种特性便是强制性。对于我们来说，理想也起着一种支配的作用，例如，如果确信有些责任我们要承担，那么尽管面临很多困难，我们依然会努力去完成，因为这是我们的终极目标，而且在我们看来，为此付出努力是正确的选择。因为目标、判断和决定都是我们自己的事情，所以我们才会努力去做，这会给我们带来自由和力量。另一方面，在遵循"应该"的案例中，可能也存在着一种自由，但它类似于霸权主义或专制独裁所倡导的自由。在这两个例子中，假如我们和期望的标准不相符，那么就会受到惩罚。在内心的影响下，这就意味着对失败的过激反应，是将焦虑、沮丧、自责和自毁等冲动集中起来的总爆发。从旁观者角度看，这些反应和激怒的原因无关，但和个人的感受是一致的。

还有一个例子，可以说明内心影响的强迫性。有个女人，在她固守的"应该"中，有一项"应该"是"一定要预测到所有的突发事件"，对于自己的这种远见卓识，她特别引以为傲，凭借这种预判和智慧，她保护家人远离危险。一次，她精心安排，劝说她的儿子接受精神分析治疗，但儿子的一个朋友对精神分析持反对态度，她本来想让儿子的朋友也接受分析，但遭到了拒绝，这让她出现了休克反应，而且感觉自己脱离了地面。事实上，能否为儿子的朋友提供帮助，或者那位朋友是否如她想象的那样具有影响力，这些都是不确定的事情。她的反应之所以如此强烈，是因为她对这些情况没有任何思想准备。类似的情况还有，一个女司机驾驶技术很好，但因为和前面的车辆发生刮蹭，她被警察叫下了车，于是，她突然感觉这是不可能的，虽然事故不大，她也觉得自己不存在过错，无须害怕警察，但当时还是出现了这种感觉。

对于焦虑的反应常常发生在瞬间，它以对抗的形式发挥作用，但常常被忽视。例如，一个人自我感觉是个圣贤，但他发现，当朋友需要帮助时，自己曾粗暴地对待朋友，于是他无法控制自己的情绪而去酗酒。再例如，一个女人自我感觉非常好，认为自己非常招人喜欢，但有一次，她因为没有邀请朋友参加舞会而遭到朋友的指责，于是她感到非常焦虑，瞬间几乎要晕倒，但她及时反应出对情感的需求，以此来控制住情绪。还有一个例子，一个男人没有控制住自己的欲望，想和女人发生关系，对他来说，性能力是用来感到被需求和找回自尊的手段。

对于与这些反应相关的"应该"所具有的强制力量，我们不必感到奇怪，如果一个人的生活与"内心的指使"相符，那么他就能够过得非常幸福，但如果有两个彼此矛盾的"应该"将他夹在中间，那么他的生活可能就会出现问题。例如，一个人认为自己应该是个负责任的医生，把全部精力都放在患者身上，但同时又应该是个理想的丈夫，能够满足妻子的需求，让妻子感到幸福。要想同时满足这两个"应该"是很困难的，当他意识到这一点时，就产生了轻微的焦虑，但还不算严重，因为他当机立断决定搬到乡下居住，这就意味着他甘冒风险，不怕耽误前程，放弃了进一步的职业发展。

精神分析使两难的问题得到了解决，我们发现，很多绝望情绪的产生是内心指令的冲突导致的。例如，一个女人在好妻子和好母亲这两个角色之间无法协调好关系，因为她的丈夫酗酒，要做好妻子，她就要忍受丈夫酗酒后的一切行为，这种两难的困境使她的精神几近崩溃。

可见，两相矛盾的"应该"既让人无法解决困扰，又让人无法做出取舍，因为两种需求既相对，又具有相同的强制性。例如，一位患者面临着一个选择，是和妻子度假，还是继续工作？于是他陷入焦虑之中，难以入眠。他应该做出怎样的选择呢？是满足妻子的愿望，还是满足老板的期待？至于他自己的意愿，却没有被纳入考虑的范畴中。因此，从"应该"的角度来看，对于这个问题是很难做出抉择的。

有人对"内在的暴力"及其性质的影响不甚了解，但对于这种暴力的观点以及体验方式却因人而异，这些差异分布于顺从与反抗这两个极端之间。一个人如果出现了两种不同的情绪，那么通常会有一种情绪表现得比较突出。例如，我们可以对反抗者的特征进行预测，从中判断他对生活的兴趣程度，因为这决定了他对"内心的指使"所持的态度和体验方式。对于这些差异，我们还会做深入的探讨，在此只做简单的说明，看看在"应该"和禁忌中它们是怎样发挥作用的。

对夸张型的人来说，掌控生活是非常重要的，这种人能够轻而易举地协调好自己与"内心的指使"之间的关系，总在有意无意间夸耀自己的标准，并以此为骄傲。他不怀疑它们的真实性，并努力去兑现它们。他或许会以行动做出证明，他应该拥有一切，他应该为人所羡慕，他应该拥有比他人更强的理解力，他应该永远不会出错，他应该成功地完成他想做或应该做的事情。在他看来，他所做的一切都应该符合既定的崇高目标。他自高自大，对于他来说，失败是不存在的，即使真的遭遇失败，他也不能接受这个事实。对于自己所做的一切，无论是否正确，无论是否合理，他都认为自己是对的，他发自内心地认为自己从来不会犯错，这种信念相当强势。

他沉溺在幻想中无力自拔，越是这样，就越不会有实际的行动。他坚信，不管遭遇怎样的恐惧，他都会勇敢而忠诚，但实际情况并非如此。对于"我应该是"与"我现在是"的界限，他分辨不清，当然，我们对此也可能分辨不清。德国诗人摩根斯坦是位基督教徒，他在一首诗作中就对此有所表述。有个男人被货车轧断了一条腿，在医院治疗期间，他从报纸上了解到发生车祸的那条街是禁行道，于是，他把车祸视为一场梦，他十分肯定地认为：不应该发生的事情是绝对不会发生的。如果你提出反对意见，他就会迅速地抹去界限，于是，他越发成为自己理想中的人物：一个好丈夫、一个好父亲、一个好公民，等等。

在自谦者眼里，爱情就是解决一切问题的法宝。同样，他的"应该"也是不容置疑的，他满心焦虑地尝试着兑现那些"应该"，但却发现无法办到，为此，他感到非常尴尬。在他的自我意识中，自责是最明显的元素，因为，事实证明他并不是无所不能的超人，他为此而萌生了罪恶感。

当两种内心指令之间的冲突达到了极限，他便很难对自己做出清晰的判断。当一个人出现自我膨胀的倾向时，他会无视自己的缺点；而当相反的倾向出现时，他又会走向另一个极端——他会产生罪恶感，专注于那些具有强制性的缺点，而不注意那些具有诱发性的缺点。

接下来，我们要谈谈退却型的人。在这种人看来，"自由"的概念比任何事情都更具吸引力。在三种类型的人中，退却型的人对其"内心的指使"最易抵触。在他看来，自由是非常重要的，因此，他对任何"强制"都非常敏感。当然，他的反抗方式或许显得有些被动。他所做的每一件事都是被迫的，不管是工作，还是读书，包括夫妻生活，他都处于被迫状态，这样一来，他的潜意识中就不免产生负面情绪，导致他对外界的一切都漠然视之。即便他最终完成了自己该做的事情，但整个过程并不轻松，紧张情绪始终伴随着他，其根源就是抵触心理。

对于"应该"做的事情，他会想方设法摆脱掉，他与"应该"激烈对抗，有时甚至会走极端，坚持只在高兴的时候做那些能够让自己快乐的事情。他的反抗方式是激烈的，但这种反抗的结局往往是失败。所以，他有可能会随意说谎，侮辱他人，缺乏正义感；也有可能会彬彬有礼，讲究诚信。

一个平日很谦恭的人，当遇到外部环境的限制时，也有可能会出现抵触情绪。J·P·马昆德采用一种巧妙的方式对这种抵触情绪进行分析。他认为，对这种情绪进行压制是很容易的。因为限制性的外在标准在其"内心的指使"中形成了强大的力量，所以，这种人在反抗期过后会变得反应迟钝、精神冷漠。

最后，我们要说到另一些人，他们在自责的"美德"与盲目地抗拒任何标准之间游走。你只要注意观察，就会发现这些人内心充满痛苦，而且无法排除。这种人在金钱和性的方面表现得非常无礼且不负责任。但有时候，他们又会成为道德的捍卫者。所以，当这种人（对自己没有明确的认知）因为自己的不够正直而感到绝望时，很快就会再次发现自己其实是个好人，但不久又会陷入困惑。还有一些人在"我应该"与"我不要"之间举棋不定。人们常会这样想："我应该还债。但我为什么应该还债呢？"也可能这样想："我应该规律饮食。不，我不想这样做。"这些人的自发性想法很多，但他们总是将对"应该"所表现出的矛盾态度误认为是一种"自由"。

在各种态度的发展进程中，不管哪种态度占据优势，这些态度中的很多都会外显出来，在自我与他人之间游走。这种变异与外显的特殊性以及外显的方式关系密切。一般来说，一个人希望将自己的标准绝对地凌驾于他人之上，为了达到这些标准，他还会提出一些苛刻的要求。他认为判断事物的标准应该由他制订，越是这样认为，就越是坚持己见。除了满足一般的标准外，他还有一些特殊的标准需要得到满足。如果无法得到满足，他就会轻视对方，还会感到非常恼怒。更严重的是，当他由于自己的原因而不能满足个人要求时，就会非常激动，还会将火气发泄在他人身上。例如，当他不是一个完美的情人或谎言被拆穿时，他会对那些令他感到沮丧的人产生蔑视心理，这种心理会越发强烈，甚至会激发敌意。此外，他还会认为他对自己的希望来源于他人，不管他人是否真的有这些希望，只要他有了这样的感觉，这些希望就都会转变为必须完成的任务。在分析的过程中，他会认为精神分析师要求他完成一些不可能的事情，在他看来，精神分析师会把一些建议强加给他，例如：应该保持积极的心态，应该有追求、有梦想，应该有一番作为；对精神分析师布置的任务，他应该认真对待；对于分析师的帮助，他应该心存感激，而且要将这种感激表达出来。

如果他能够确定别人对他有所企图，那么他就会有两种截然相反的反应。其一，他会揣测别人的企图是什么，同时还会强烈地希望实现他人的期待。这时，他会考虑一旦失败了该怎么办，人们对他将抱有什么样的态度，是贬损还是批评。如果他很敏感，觉得自己受到了强迫，就会认为自己被欺骗了，自己的事情受到了他人的干涉。接着，他就会产生对抗心理，甚至与人直接发生冲突。如果大家都希望收到圣诞礼物，那么他就会拒绝赠送圣诞礼物，因为这样能够让别人的希望破灭。在约会或上班时，他会故意迟到，对于周年纪念、写信或承诺的事情，他会故意忘记。他也希望和亲属聚会，觉得那是令人愉快的事情，但因为母亲叮嘱要守时，他便一气之下拒绝前往。对于别人的请求，他会表现出排斥；对于别人的批评，他置若罔闻，而且非常反感。他的自我批评有失公正，却还要执意表达出来。在他看来，别人对他的评价是不公正的。他还认为别人对他充满了猜疑，揣测他内心的秘密。如果他的抵触情绪不断升级，他就会变得张扬，同时坚信他毫不在意别人对他的看法。

通过了解"被要求"时的过度反应，可以更好地认识内心的需求。那些与我们的感觉有出入的反应，对自我分析的帮助很大。在自我分析中，有的结论可能有误，要想认识这些错误，以下案例或许能够提供帮助。我偶然认识了一位行政长官，他总是忙忙碌碌，一个朋友打电话告诉他，有一位欧洲难民作家来访，问他能否去码头迎接。这位长官曾经访问过欧洲，对这位作家非常仰慕，也和他有过会面。但因为日程安排都被会议或其他工作占满，所以他无法抽身去码头，更没有时间在码头等上几个小时。要解决这个问题，有两种方式，而且都是可行的。他可以为自己不能亲自去码头表示歉意，同时表示如有需要帮助的地方他会竭尽全力；他也可以对朋友讲："我要看看时间能否安排得开，然后再做决定。"遗憾的是，这两种方式他没有选择任何一种，而是毫不客气地表示自己很忙，不管是谁来，他都没时间去码头迎接。

此后不久，他为自己的行为感到后悔，于是立刻查找作家的地址，向作家表示如果有什么需要他会提供帮助。但他不仅感到后悔，而且还感到疑惑：难道他的内心深处认为那位作家没有他想象的那么高贵吗？可他真的觉得那位作家很高贵。难倒他不像自己想象的那样乐于助人吗？如果他真是个热心肠，那么，当别人需要他证明自己的热情时，他会感到困惑和愤怒吗？

他对自己进行了分析，发现自己没有任何错误，在他的理想世界中，他是个非常好的人，对他来说，反思自己是否真的乐于助人是非常明智的做法。但当时，他并没有表现出乐于助人，可是，他很快又否认了这种看法，因为他想到自己后来曾表示愿意提供帮助。当他思考这些事情的时候，突然冒出了另一个念头。他本应主动提出帮助别人，但事实上是别人率先对他提出了请求，于是他才做出了这样的回应。因此，他认为自己当时的做法是由于别人给他增加了一个负担，而这个负担是不平等的。如果他事先就知道作家要来访，他自然会想到要怎样提供帮助，肯定也会去码头迎接。类似的事情不止一件，他由此想起了很多。如果是别人率先提出请求，他就会感到不快。在他看来，受到逼迫或被施加负担是常有的事，但事实上，这些事情无非只是别人的请求或建议。他还想到，每当发生争论或遭到批评，他都会感到非常恼火。经过思考，他得出这样的结论：他对别人有一种掌控的欲望，他喜欢凌驾于别人之上。由于人们总是错误地认为这种反应就是一种控制欲，因此我才会在这里提及这一点。他只不过是对批评和被迫的感觉过于敏感而已。因为无论如何，他都觉得自己为别人所掌控，他不能忍受这种滋味。他觉得自己承受了太多的批评，所以对批评感到难以忍受，因此，无论是谁的批评，他都不愿再听。如此而已。对这个问题进行分析的时候，我们可以重拾他在怀疑自己是否乐于助人时所放弃的思路。总之，他之所以乐于助人，是因为他应该帮助别人，而不是因为他对别人怀有抽象的爱。他清楚自己对人的态度存在分裂性。任何一种要求都会导致他内心的冲突，可见，他的分裂性远远超出他的认知。他不接受任何逼迫，但他明白，他应该答应别人的请求，而且要毫不犹豫地答应。在解决问题时，他感到很为难，这会引发他的恼怒，这是情感矛盾的一种表现。

　　在生活中，每个人的经历不同，对"应该"的反应也不同，而"应该"对每个人的生活方式以及人格的影响也不同。这种影响存在着程度上的差异，但影响是必定存在的，而且还表现出规律性。"应该"给人带来紧张感和焦虑感，一个人要想兑现"应该"，就会表现出更强烈的紧张感和焦虑感。例如，他可能感觉自己好像一直踮脚站立，长时间保持这样一个姿势，他会非常痛苦。他可能会感到莫名的烦躁，极度的紧张不安。他可能会认为，"应该"和他所处文化环境中的期望必须一致，这时，他会感到紧张焦虑感在逐渐减少。如果感受到强烈的"紧张"情绪，他就无力参加任何活动，哪怕是自己应该做的，他也会悄然放弃。

　　此外，在客观因素的影响下，"应该"会通过特定的方式给人际关系造成困扰。最突出的表现就是对他人的批评产生过度反应。这种批评不管是预见到的，还是已经发生的，也不管是善意的，还是恶意的，对他来说都是一种谴责。他要尽力回避这些批评和责难，因为他对自己的要求已经足够苛刻了。他会因为没有达到自己的要求而悔恨，如果我们了解他此时的懊恼，就能够知道他的敏感性有多强了。在其他方面，来自外部的因素占据主导地位，对人际关系的障碍起着决定性作用，在与人交往时，是顺从他人还是抗拒他人，是态度激烈还是紧张焦虑，都源于人际关系的障碍。

　　最重要的是，"应该"会弱化人的情感、愿望、思想乃至信念的自发性——如表达情感和理解情感的能力等。用一位患者的话来说就是，这种人的行为只具有"自发的强迫性"，只能够"自由"地表达自己的感受、愿望以及自己相信的事情。我们习惯性地认为，我们只能掌控自己的行为，却不能掌控自己的情绪。在与人交往时，我们可以命令他人干什么，却不能命令他人喜欢干什么。同样，我们可以做出毫不犹豫的样子，却无法真正拥有自信，这是毋庸置疑的。如果我们还要做出证明，那么精神分析可以提供更多的论据。然而，关于情感的规则是由"应该"决定的，但想象会发挥作用，会消除"我当下的感觉"与"我应该的感觉"之间的界限。所以，我们就会像应该感觉到的或应该相信的那样去感觉和信任一切。

在精神分析过程中，如果神经症患者开始质疑自己的虚假情感，那么他会感到非常痛苦，接着会有一段时间处于迷蒙状态，但对治疗来说，这是具有建设性的。例如，一位女神经症患者总是对他人表达喜爱之情，因为她认为自己"应该"喜爱每个人。现在，她会问自己："我真的爱我的父母、丈夫和学生吗？我真的爱每一个人吗？"对于这个问题，她无法做出回答。要想解决恐惧、疑虑和仇恨等（"应该"有时也会将这些情绪掩盖）阻碍真情实感之抒发的问题，就需要让它们显露出来。患者的"求真"历程就是由此开始的，可以说，这个时期非常具有建设性作用。

"内心的指使"对欲望的压制程度之深是非常惊人的，下面是一位神经症患者在意识到"应该的强权"之后进行的描述：

"我清楚一切事物都无法激发我的热情，我甚至觉得死亡对我来说都是一种奢望，当然，我更憧憬美好的生活；我一直都在思考，是什么在困扰着我？此前，我始终以为这是因为我的无所作为，我无法放弃自己的梦想，无法解决自己的问题，无法控制火爆的脾气，无法变得仁慈，也无法管控自己的耐心、意志力和忧伤。

"现在，我终于发现，其实我对任何事情都没有感觉（情况就是这样，我知道自己有非常严重的神经过敏）。我非常清楚其中的痛苦，我的每个毛孔都充塞着恼怒、自卑、绝望和自怜，这种状态已经持续六年了。对我来说，一切都是反动的，都是被胁迫的，都是消极的，一切都来自外界的强制，如今我彻底清楚了。毋庸置疑，我的心就是一个空洞。"

　　在有些人看来，理想的形象应该是善良、友好和神圣的，这些人的情感往往是虚构出来的。他们应该性格温柔，为人体贴大方，对人钟情，富有同情心，深受大家欢迎，因此，在他们看来自己具有所有这些品质。他们的一言一行仿佛他们真的是善良和仁慈的。而且，由于他们对自己的品质有信心，因此他们能够在短时间内让别人也相信这一点。然而，这些虚构出来的情感都相当肤浅，无法深入和持久，在适当的情况下，它们或许能够保持一致，因此不会遭到质疑。就像《群芳亭》中的吴夫人，只有当她遇到一位正直且率真的男人时，或是当生活发生变故时，她才会质疑自己的情感是否真实。

　　这些"定制的情感"基础并不牢固，经不起时间的考验，它们的肤浅往往会以其他的方式表现出来，例如，它们很容易消失。如果虚荣心和自尊心受到伤害，那么爱情也会随之发生改变，代之以漠不关心、怨恨和鄙视。此时，人们通常不去进行自我反思，不想想"我的情感为什么这么快就出现了变化"，只是单纯地认为人性方面的问题会导致一个人的失望和挫败感，还会觉得自己不被人理解。这并不意味着人们无法体会到真挚的情感，只是在意识层面上表现出伪装的情感，缺乏真实性和说服力。一直以来，他们都令人猜不透，让人感觉他们好像生活在虚幻的状态中，换句话说，他们就像"骗子"一样，只有突然爆发的恼怒才是真实情感的流露。

　　此外，还有一种极端的行为，在这种行为中，残忍和无情的感觉被夸大。有些神经症患者对温柔、同情和信任表现得非常忌讳，就像另一些神经症患者对仇视、报复非常忌讳一样。这些人认为自己不需要与人交往，少了谁都能生活，他们什么都不担心，也不关心世事，因为他们无须享受什么。可见，他们虽然缺乏情感，但心灵还没有扭曲。

　　将这两种极端现象与"内心的指使"所造成的情感进行对比，我们会发现，后者并不完全像前者那样合理。"内心的指使"所导致的规则可以是矛盾的：你应该善良，所以你不能逃避牺牲；但你也应该非常残暴，因为你需要复仇。结果他就会时而仁慈，时而残暴。对于某些人来说，他们的心愿和情感一旦被阻止，就会导致普遍的情感消亡。例如，他们希望在某些事情上加上一些限制，但这些限制或许会束缚所有的愿望，甚至会对他们的独立行事造成限制。由于这些限制，他们的普遍要求得到了一定程度的发展。此外，他们还认为自己有权将任何事情都公开化。然后，有些怨恨因为这种要求而出现，又因为"我们要忍受生活"的指令而终止。

我们很少会意识到由这些普遍的"应该"所造成的伤害，而更多关注的是由冲突所导致的损害。但实际的情况是，为了成为一个完美的人，我们付出了巨大的代价。在人的生命中，情感是最活跃、生命力最强的部分，强权一旦控制了情感，人的基本生活就会失去稳定，对我们自身以及与外界的联系都会造成不利的影响。

我们无法估量"内心的指使"有多大的能量。如果实现理想自我的驱动力在个人心目中占据优势，那么"应该"就会成为转化、驱使和督促他的唯一动力。一个远离真我的神经症患者即使发现了"应该"带来的阻碍效果，也很难丢掉这些"应该"。他认为，没有了这些"应该"，他就什么都做不了。有时候，他会以这样的说法来表明这种关系：在他看来，除非使用暴力手段，否则一个人无法使别人做正确的事情。他内心感受的外在表现就是如此。可见，从神经症患者的角度来看，如果"应该"的思维方式很顽固，那么只有当他体验到自身的另一种本能力量时，他才会放弃这种主观的价值。

在了解到"应该"的巨大强制力后，我们就会产生一个疑问：当一个人发现他"内心的指使"无法兑现时，他会有何反应呢？关于这个问题，我们将在第五章进行讨论。在这里，先给出一个简单的提示：他会因此而怨恨自己、轻视自己。事实上，对于"应该"的影响，我们难以全面地理解，除非我们能认清"应该"与自恨交织的程度。这种自恨往往隐藏在"应该"背后，它会使"应该"成为一种真正的恐怖"强权"，因为自恨的惩罚性让"应该"具有了强大的震慑力。

第四章

神经症患者的自负

　　为了追求完美，神经症患者总是要竭尽全力，他们对自己充满信心，认为自己一定能够达到完美的境地。从某种程度上来说，这是有一定风险的。他们虽然付出了很多，但可能依然没有获得自己渴求的自尊和自信。他们把自己幻想成圣人，但却缺少牧羊人那样的自信、率真和淳朴。他们有地位，有名望，他们为此而骄傲，但他们并不因此而感到内心安宁。在他们看来，别人对他们没有什么需求，也不把他们放在眼里，这让他们很容易受到伤害，他们要再接再厉，以便证明自己的价值。如果他们有权有势，他们的影响力就会增加，人们就会拥戴他们，他们因此会感到生命的意义和价值，并且变得更加坚强。但在另一些场合，例如，当他独处时、遭受挫败时、置身于陌生环境时，或是感觉孤独无助时，这种感觉就会立刻消失。

　　我们来分析一下，在神经症患者的发展进程中，"自信"究竟起到了什么样的作用？很明显，在外界的帮助下，儿童的自信心可以得到发展。对于儿童来说，被关心、被呵护，受到人们的喜爱，这些都是必要的感觉。另外，对儿童成长有益的环境也非常重要，这个环境需要具有建设性的惩罚功能，以及有鼓励和信任的氛围。具备了这些因素，人的"基本信心"才会得到发展。对此，玛丽·拉塞有句经典的术语，叫作

"一种对自身及他人的信赖"。但实际情况往往并非如此。如果多种伤害性因素同时出现，那么就会对儿童的健康造成有害的影响。我们在第一章中已经讨论过这些因素通常会产生的影响。在此，我要补充说明：为什么他难以获得恰当的"自我评价"？当被人盲目崇拜时，他会感觉自己很优秀，非常讨人喜欢，自己对别人来说很重要，其实，这只不过是因为他的父母对崇拜、名望和权势的需求得到了满足而已，而不是出于他个人的原因。这种完美主义的标准束缚着他，一旦不能满足这些要求，他就会心生自卑感。例如，学校规定了行为准则和成绩标准，要求学生必须做到，有些学生会因为学习成绩差、行为不端而受到惩罚，还有一些学生会因为行为与人格格不入而受到嘲弄。有的学生很少被关爱，自己也没什么兴趣爱好，学校规定的标准又达不到，这样一来，他就会非常自卑，认为没有人关心自己，自己毫无价值，要想改变现状，只有改变自己。

此外，早期的诸多不利因素所导致的病态发展会削弱他的生存重心。这时，他会有一种被割裂的感觉，由此失去自我、疏远自己。"要超越他人，提升自我"，这种残酷的观念对他产生了伤害，为了弥补这种伤害，他就要树立理想化的自我形象，实际上，这是一种自我的期待。就像"魔鬼协定"的故事中所讲的那样，他在幻想中获得了成就感，当然，有时也可能在现实中获得成就感，但他最终得到的并非自信，而是光彩夺目却价值可疑的礼物：病态的自负。自信与病态的自负之间有相似之处，容易被人混淆，看不出两者的差异，例如，旧版的韦氏词典是这样定义自负的：基于现实的或想象中的优点而产生的一种自尊。而事实上，现实的优点与想象中的优点是有区别的，用"自尊"来统称它们只会淡化这种区别。

这种混淆也是因为在大部分患者看来，"自信"的产生非常神秘，它来自某种神奇的物质。如此一来，他们会希望精神分析师想办法将自信逐渐灌输到他的心里，这也很符合逻辑。这让我不禁想起一部动画片，讲的是一只兔子和一只老鼠分别被注射了"勇气针"，于是奇迹出现了，它们的身体都膨胀了五倍，而且勇气倍增，无论面对什么样的人和事都无所畏惧。很多神经症患者也希望精神分析师能够给他们注射"勇气针"，但他们不知道（也可能是因为焦虑过度而没有意识到），如同一个人的财富水平与他的财产、积蓄、赚钱能力之间存在着因果关系一样，一个人的自信与他的优点之间也存在着因果关系，而且后者的关系更为密切。人们之所以生活无忧，有安全感，是因为经济上有了保障。或者，我们可以用另一个例子来说明，一个渔夫要想拥有自信，就必须满足一些实质性的要求，例如，捕鱼工具齐全，渔船设备完好无损，掌握气候变化和水域情况，自己身体健康，等等。

　　个人优点的定义会因不同的文化背景而有所差异。例如，在西方的文化背景下，个人的优点包含了以下特征：不依赖外界的帮助，只依靠自身的条件和努力，自立自主，有独立的思考和见解，能够对自己的资产和负债情况做出客观的评估，对自己的缺点有正确的认识，自主能力强，坦率诚信，能建立和维系良好的人际关系，等等。如果不具备这些因素，就会导致信心不牢固；而如果具备了所有这些因素，就能够以主观的形式表现出自信。

　　同样，具有现实意义的品质也能够为正常的骄傲提供基础。对特殊成就的正当景仰就有可能属于正常的骄傲，例如，因为做某项工作取得成功而产生的骄傲感，或者因为具备良好的品德而产生的骄傲感。此外，它还源于对自身价值的全面认识，拥有内隐而坚实的尊严感。

　　我们认为，神经症患者的自负对于"伤害"的过度敏感标志着"正常的骄傲"走向了极端。两者之间的主要区别在于质的方面，而非量的方面。神经症患者的自负因素各不相同，这些因素都属于或支撑着个人自我的荣誉化，是一种虚幻的自负。这种自负的主要因素之一可能来自外界，例如一定的声望，另外还可能包括神经症患者自身独特的能力和品质。

　　病态自负的表现形式是多样的，其中，"名望价值"最接近正常状态。例如，按照传统观点，我们会认为，具备以下条件的人会拥有骄傲的感觉：家庭出身好，是本地人或南方人，是有名望的政治团体或专业团体的一员，曾与著名人物会面，女友很漂亮，拥有高级轿车，办事能力强，等等。

这种自负在神经症中属于最不典型的。对于大量心理障碍者来说，这些事情没有什么特别之处，在正常人看来，它们的意义也是如此。对于其他人来说，它们即使有意义，也微不足道。但对有些人来讲，这种自负是很重要的，他们非常注重声望，于是被紧紧地束缚于其中，以致给他们生活的方方面面都带来了影响，使得他们在精神上变成了自负的奴隶。他们非常看重有声望的团体，认为加入其中非常重要。他们对自己感兴趣的活动进行"合理化"的解读，以合理的需求和真正的兴趣点为借口来督促自己继续努力。无论做什么事情，只要能让他们声名鹊起，他们就会感到欣喜。他们借助团体来增加个人声望，但如果团体名声减弱或遭遇了挫折，他们的自负心理就会受到伤害。关于这一点，我们接下来会进行探讨。例如，一个人有一位智障或不成器的亲戚，这个人的自负心理就会受到打击。他会用表面上对亲戚的关心作为掩饰，因此，这种打击轻易不会被察觉。再例如，如果没有男士的陪同，很多女士都不会独自去看演出或在外就餐。

这种现象与原始人的行为非常相似，根据人类学家的说法，当原始人属于某个团体时，他们也会为此而骄傲。原始人非常看重集体荣誉，他们的自负与个人无关，而是与集体相关。因此，神经症患者的自负虽然与原始人很相似，但实际上却有着本质的区别。神经症患者并没有团体的"归属感"，也并没有把自己视为某个团体的一员，只是借用团体的声望给自己增加声望罢了，可见，他们与团体之间并没有实质性的关系。

为了得到声望，他可能会竭尽全力，用毕生的精力去努力追求，虽然他觉得自己的人生随声望而起伏，但人们一般不会认为这属于心理问题。因为，这种现象太普遍了，甚至可以将其视为一种文化现象，就连精神分析师身上也会存在这种现象。但这确实是一种病症，它使人沉溺于投机之中，破坏人的完整性，甚至会毁灭一个人。这种病症绝非正常，它反映出非常严酷的问题。事实上，这些问题只会发生在那些非常自负并且远离自我的人身上。

另外，病态自负来源于患者在想象中认为自己所具备的特性，以及"理想的自我"所具备的特性。这使得病态自负的特征表现得更为明显，患者不因为自己实际上是那个人而感到骄傲。当我们了解到他对自己的错误看法后，就不会再因为他的自负掩盖了他的困难和缺陷而感到惊讶了。不仅如此，他甚至不以自己的优点为骄傲，他无法全面地认识自己的优点，或许还会对自己的优点持否定态度。例如，精神分析师指出他的品质非常坚毅，或者鼓励他"你写的书一定非常好，即使遇到再大的困难你也会成功"，或者夸赞他工作能力强，希望他能够注意到这一点时，他可能会耸耸肩，对这些夸赞表现出无所谓的样子。不管他是确实无所谓，还是故作无所谓，他都认为这些夸赞与他无关。他尤其抵触只关乎努力而非关乎成就的行为。例如，他也曾想对自己进行认真的分析，但当他发现自己需要努力追寻痛苦的源头时，他还是选择了放弃。

文学家易卜生作品中的皮尔·京特就是一个典型的例子。他以"真实的自我"为骄傲，但事实上，这个"真实的自我"是不存在的。其实，他具有很多优点——资产丰厚、勇于冒险、智慧高超，但他并不在乎这些，也从不关注自己的生活。在他的意识中，他并不是现实中的自己，而是理想化的自我，这种自我拥有至高无上的权力和"自由"。对他来说，最高的生活境界就是毫无限制的"以自我为中心"。

和皮尔·京特类似的患者还有很多，他们都把自己幻想成了圣人、智者，具有绝对稳定的品质。虽然这些都不过是幻觉而已，但在他们看来，如果自己不能具备这些特质，即使只有一丝偏差，也会感觉自己缺少了"个性"。"想象"能使搬运工（想象者）蔑视街上的卖淫嫖娼者，因此，"想象"不管应用于哪个方面，都会占有崇高的地位。神经症患者不会谈及真实，在他们眼里，现实是模糊不清的。例如，有位患者要求很高，他希望别人都能为他提供帮助。开始时，他还认为"要求"是荒谬而可耻的，并且对此立场坚定。但没过多久，他就变得自负起来，认为"要求"是一项伟大的心灵作品。这样一来，想象中的自负便占了上风，荒谬要求的真正含义败下阵来。

更常见的现象是，自负不仅是想象的附庸，而且还是整个精神过程的附庸，这些精神过程包括了意志力、理性和智力。在神经症患者看来，他所拥有的力量是无限的，毕竟这只是一种想象而已，因此，他会为其所迷惑并自大起来也就不足为奇了。他通过想象创造出了理想化的形象，但这种创造并非一夜之间完成的。想象和智力（大部分是无意识地）要将自负合理化、客观化，还要不断地为自负寻找借口以便调和矛盾。神经症患者要想维持个人的幻觉，就要采用这种方式，简言之，就是对想象或幻想进行包装。一个人越是远离自我，他的意识就会越接近现实（一个人的灵魂会因为他离开自己的思想而消失；他离开了他的思想，他也就不再是他自己）。就像夏洛特夫人一样。当她想看清自己实际的样子时，就必须照镜子，否则她连自己长什么样都不知道。换句话说，她只有借助镜子，才能认清她对于自己和他人的看法。这就是为什么不仅脑力劳动者存在着无上思想或智力上的自负，而且神经症患者也会出现这种情况。

神经症患者之所以自负，还因为他认为自己有权得到某些才能和特权。例如，或许他会为虚幻的坚强而感到骄傲，这意味着他不会受到生理上的伤害，不会患上任何疾病，也不会遭遇心灵的创伤。又或许，他会因自以为深受上帝的宠爱或好运的眷顾而感到骄傲。此外，深入疫区而平安归来，在赌场赢钱或从不失手，出门遇上好天气，等等，所有这些都是值得骄傲的事情。

对于神经症患者来说，自负可以实现个人的权益。有的人认为，自己有了特权，就可以不劳而获，如果他能够借他人之手为自己捞钱，或者让别人为他卖力，或者看病不花钱，等等，他就会为此感到非常骄傲。在他看来，这意味着自己可以控制他人，但这种自负有时也会遭受挫折，例如，别人不听他的指挥，或者不经他的同意就擅自做主等。另外，还有一些人认为自己有权迅速脱离困境，当得到别人的同情和宽恕时，他们就会感到非常骄傲；但如果遭到指责，他们就会有受到攻击的感觉。

神经症患者以满足"内心的指使"而自负，从表面上看，这种自负很牢固，但实际上又很脆弱，因为它必定包含了各种借口。例如，有位女士认为自己是个好母亲，并为此而骄傲，但这种完美的形象只是她的想象而已；有个人自认为非常讲诚信，因此不会明目张胆地撒谎，但他的潜意识中却暗藏着欺诈心理，总会下意识地不说实话；有的人自认为大公无私，并为此而骄傲，他不会公然向他人提出要求，但还是会利用自己的苦难和无助向他人行骗，此外，他会抑制正常的坚持己见的行为，并误以为这能够体现谦逊的美德。而且，由于神经症患者的"应该"只是个人的目的，因此这种"应该"只具有主观价值，而没有任何客观意义。例如，神经症患者会以不请求别人帮助和不接受任何帮助为傲，而从不考虑这种做法是否明智——这个问题在社会工作中很常见。有些人以在购物时能够大幅砍价为傲，但另一些人以不占商家的便宜为傲。可见，不同的骄傲都是由个人的意愿决定的。

因此，自负导致了"强制标准"的出现，这种标准所具有的高傲性和严重性都可以从这里得到解释。他一旦能够分辨善恶，就觉得自己似乎变成了上帝，如同蛇对亚当和夏娃说，只要吃了苹果，就能像上帝一样分辨善恶。他制订了非常高的标准，认为自己都是道德模范。当然，他没有考虑自己的所作所为和真实情况。他或许已经通过分析了解到了自己对名望的渴求、对真相的漠视，也认识到了自己的报复心理，但他并不会因此变得谦逊起来，也不会减少他的自负。他自认为道德高尚，但面对自己的缺点，他却拒不承认。他的这种自负不是因为他本身具有的品德，而是因为他自认为应该具有的品德。

他可能已经意识到，自责是没有意义的，他甚至会对荒谬的自责感到诧异，但他仍然坚持对自我的要求而无法宽恕自己。他因此感到备受煎熬，但这又有什么关系呢？他的痛苦不是刚好能够证明他的道德有多么的高尚吗？可见，为了维护自负，即使付出痛苦的代价也是值得的。

当我们由神经症的普遍性特征进展到对个人特征进行研究时，首先会感觉一切现象都非常模糊不清。似乎所有事物中都充盈着自负，在一个人身上被当作优点的东西，到了另一个人身上就被当作了缺点。例如，一个人以粗鲁为耻，而另一个人却以粗鲁为傲；一个人因吹牛而自负，而另一个人却鄙视吹牛；一个人以猜疑他人为傲，而另一个人却认为人与人之间应该相互信任。这样的例子举不胜举。

这些过程都发生在潜意识中，它会让我们联想到易卜生的《皮尔·京特》中的巨人们。在这些巨人眼里，大的像是小的，黑的像是白的，脏的像是洁净的，丑的又像是美的。有趣的是，易卜生在描述这种是非颠倒的情况时，与我们运用的方法是一样的。他说，皮尔·京特生活在自我满足的世界中，如果你也生活在类似的环境中，那么你对自己的看法就会有失公正、客观。真实和幻想之间没有任何联系，它们两者之间存在着巨大的差异，所以它们彼此不可能有任何妥协。这样一来，你就无法客观、公正地看待自己，你就会生活在幻想之中，以自我为中心，荒废了自己的价值观。巨人们已经颠倒了他们的价值尺度，而你也会颠倒自己的价值尺度。本章要探讨的课题就在这里。当我们对自身的真相不再关心的时候，就意味着我们对荣誉不再有追求。无论神经症患者的自负以什么样的形式出现，它们都是错误的。

当精神分析师了解到自负倾向是神经症患者借以实现理想化自我的工具后，就需要对神经症患者进行观察，从中发现其行为中究竟隐藏着哪些固定的要素。行为特点的主观价值与其中隐藏的病态自负之间似乎存在着一定的联系。只要发现了这两种因素之一，精神分析师就可以推断出另一种因素的存在。因为在这两种因素中，一定会有一种是最明显的。在进行精神分析之初，精神分析师可能并不清楚这种因素对神经症患者来说到底有什么意义，但是，由于患者往往会利用讽刺挖苦的语言或使人受挫的能力来展示自己的自负，因此，精神分析师可以据此对自负在神经症中的作用做出判断。

了解神经症患者特有的自负对治疗是非常重要的。如果神经症患者有意或无意地以某种态度、动力或反应为傲，那么他自然不会将其视为需要解决的问题。例如，一位神经症患者希望自己能够用智慧战胜别人，这时，精神分析师便可以据此了解到神经症患者需要解决的问题，且无须对此进行证实，因为精神分析师考虑的是神经症患者的真正自我的利益。他清楚这种倾向带有强迫的性质，而且会引发人际关系的问题，还会荒废大量本应富有建设性目的的精力。但是，神经症患者本身缺乏这方面的意识，他会认为正是"过人的智慧"使他变得优秀，并因此而暗自骄傲。所以，对于神经症患者来说，最重要的问题并不是追求"过人的智慧"的倾向，而是对实现"过人的智慧"造成阻碍的因素。可见，神经症患者和精神分析师在评价上存在着差异，只要这种差异未被察觉，在进行精神分析的过程中，他们之间就必定会产生矛盾，他们的分析也只会各自专注于自己的目的。

神经症患者的自负所依赖的基础非常脆弱，就像纸糊的房子一样一推就倒。以我个人的经验来看，神经症患者由于自负而易受伤害，特别是当自负困扰他的时候，这种表现最为突出。自负会导致内外受伤，被伤害后，最明显的反应就是屈辱感和羞耻感。假如出现了与自负相背离的事情，无论是所思、所感、所为，都会导致羞耻感油然而生。而当他没有做到可以引以为傲的程度时，或者当别人对他的骄傲形成伤害时，他就会心生耻辱感。有些屈辱和羞耻的反应出现得不合时机、不合地点，或者与当下的状况不相匹配，无论属于哪种情况，首先都要明确两个问题：究竟是哪种自负受到了伤害？是哪种特殊情况引起了这种反应？对于这两者之间的密切关系，我们无法迅速做出解释。例如，精神分析师或许很清楚，虽然一个人能够理性地看待手淫这个问题，但一旦发生在自己身上，就会引发他的羞耻感。到底是哪些因素导致了这种羞耻感？这个问题看似很容易回答，但事实真相又如何呢？不同的人对手淫的看法也会不同。很多因素都与手淫关系密切，精神分析师无法迅速判断出与羞耻感相关的因素到底是哪个。在有些神经症患者看来，手淫与爱情无关，这是否代表了一种降格的性行为？还有一些神经症患者认为，手淫的满足感大于性交，这是否破坏了人们对爱情的想象？这个问题是否与幻想相伴而生？是否反映了神经症患者的需求？这种行为对一个正常人来说是否属于放纵？这是否意味着人们对自我的失控？精神分析师必须先了解这些因素与神经症患者之间的关系，然后才能提出第二个问题：手淫对哪种自负构成了伤害？

找出屈辱感和羞耻感的原因是非常重要的，我可以用另一个例子来加以说明。很多未婚女性因为有了恋人而在潜意识中感到羞耻，即便是思想开放的女性也是如此。当遇到这种案例时，首先要确定她的自负是否曾被恋人伤害过，果真如此的话，那么她的羞耻感是如何产生的？是因为恋人不够英俊或者不太专一，还是因为恋人对她的态度粗暴？抑或因为她过于依赖恋人？又或者仅仅因为她有一个恋人，而无关乎恋人的身份和性格？果真如此的话，婚姻对她来说只是有关声誉的问题吗？或者说，有了恋人却没有结婚让她感觉自己缺乏吸引力？又或者，她觉得自己应该守贞，超然于性欲之上？

在通常情况下，一件事情可能引起屈辱的反应，也可能引起羞耻的反应，但总会有一种反应占据主导地位。如果男友或丈夫在感情上疏远了我们，或者与别的女人产生了感情，或者总是忙于工作，又或者总是沉溺在个人的嗜好中，那么我们的骄傲就会受到打击。从潜意识来看，我们所受的伤害都来自单恋。失望所造成的伤害还属于比较轻的一种。但我们所感知到的莫名的焦虑和困惑，都属于羞耻的反应，而这种感觉有可能出现一种重要的转变，成为一种罪恶感。我们会发现，有些罪恶感就是这样形成的。例如，一个人如果总是下意识地为自己找借口，或者总是苦恼于一些无足轻重且不会造成伤害的谎言，那么他就会产生罪恶感。所以，可以断定，这样的人关注的只是表面的诚信，而不是实际的诚信。当他对无上诚信的想象无法得到维持时，他的自负就会受到打击。再例如，一个人凡事只为自己打算，从不顾及他人，他因此而产生罪恶感，我们首先要分析这种罪恶感产生的原因是什么，是否有可能并非因为他感到自己的高尚品德受到了玷污，而是因为他发现自己没有按照自己所期望的那样以慈悲之心待人，而确确实实地感到了懊恼。

或许，我们在潜意识中对这些反应并没有感知，无论它们是否已经发生了转化，我们也只能了解到自己对于这些反应的反应。在这些"次生的反应"中，最明显的有恐惧和愤怒。众所周知，任何对于自负的伤害都会引起报复的敌意，这种敌意可能由厌恶转化为憎恨，再转化为愤怒，甚至更强烈的情绪反应。在通常情况下，对于观察者来说，自负与愤怒之间的关系是很容易被察觉的。例如，一个人可能因为老板的强势而愤怒，也可能因为被司机欺骗而愤怒，这些惹怒他的不过都是一些小事，但这个人所关注的是他人的恶劣行径，而精神分析师则要注意到这些事情对他的自负造成的伤害，以及他因此感到的屈辱和愤怒。神经症患者或许会承认这种解释最能说明他为什么会有过度的反应，也或许会坚持认为自己的反应是合理的，因为在他看来，那些令他愤怒的行为都是邪恶和愚蠢的。

当然，缺乏理性的敌意并不都是由于自负受伤所导致的，但对于它的重要性，人们还没有给予充分的认识。在进行精神分析的过程中，精神分析师要对此格外重视，要密切关注神经症患者的一些反应，包括：在整个精神分析过程中神经症患者的反应，神经症患者对精神分析师的反应，以及神经症患者对解释的反应。如果发现神经症患者的敌意中包含了诋毁、轻慢和屈辱等倾向，那么就比较容易分辨敌意与自负受伤之间的关系。在这里，报复的法则起到了直接的作用，如果神经症患者不了解这个法则，他就会产生屈辱感，从而进行反击。这样看来，继续针对神经症患者的敌意进行分析只会浪费时间。此时，精神分析师要让神经症患者直面敌意所指向的问题，并且做出合理的精神分析。有时候，在刚刚开始进行精神分析时，精神分析师还没有触及神经症患者的核心问题，此时，神经症患者往往会有一种冲动，想要对精神分析师进行侮辱。在神经症患者的潜意识中，精神分析对他来说就是一种屈辱，精神分析师要做好解释工作，向神经症患者讲明敌意与自负受伤之间的关系。

显而易见，在精神分析过程中发生的事情在精神分析之外同样会发生。如果我们能够明白自负者在受挫的情况下会出现攻击性行为，那么就可以避免很多伤痛和麻烦。这样一来，当我们帮助了亲朋好友后，他们却不知感恩，依然令人生厌，我们也就不必为此烦恼，而要告诉自己：这只不过是因为接受帮助令他们的自负受到了伤害罢了。我们要根据具体情况采取不同的对策，可以和他们聊一聊，也可以通过能够保全他们自尊的方式来提供帮助。同样，当我们看到一个人的态度非常傲慢，对他人非常轻视时，我们也不必抱怨和恼怒，而是要告诉自己：他此时非常痛苦，因为自负在折磨着他。

此外，还有一种不易察觉的表现：当我们感到自己的自负受到伤害时，敌意、厌恶和鄙视同样也会指向我们自己。强烈的自责并不是自我愤怒的唯一表现，报复性自恨有各种深远的含义，所以，对于自负受伤所引起的这种反应，我们不必做深入的探讨，以免偏离主题。关于这个问题，我们留在第五章进行讨论。

已经发生的和预期的屈辱都会导致恐惧、焦虑和紧张。参加演出、约会、聚会和考试等都有可能造成预期的恐惧，这种表现通常被称为"怯场"，用这个词来描述私下或公开表演所导致的不合理的恐惧是非常恰当的。在以下场合中，经常会发生怯场的情况：例如，初次与人会面，我们总希望给对方留下一个好印象，这些人或许是新结识的朋友，或许是饭店的领班，也可能是高级官员。在准备公众场合的演讲、作画或开始一项新的工作时，我们也会有怯场的感觉。因怯场而苦恼的人往往认为只是一种对挫败、丢脸和羞辱的恐惧感，然而，这种想法会引起人们的误解，以为这是一种对现实挫折的合理恐惧，但它忽略了一个事实，即挫败感是由各种主观因素造成的。导致挫败的因素包含了所有关于完美的因素以及未取得的荣誉的因素，对于这种可能性的预期便引发了轻度的怯场。人们经常会担心自己没有达到"应该"的标准，担心自负会受到伤害，从而感到恐惧。我们在后面的内容中还会分析更严重的怯场表现，例如，一个人在表演时，潜意识的力量会妨碍他的动作，导致这种怯场的原因就是人的自毁倾向，它会让表演者忘记动作，突然停下来，或是行为笨拙，这时，一种羞耻感就会油然而生，他会认为自己已经失去了获得成功与荣誉的机会。

还有一种恐惧，这种恐惧与表演无关，但关系到人的一种担忧，即担心自己的行为会对自己的自负造成伤害，这些行为包括：与女人亲近、求人帮忙、提出申请或请求晋升，等等。因为这些行为都有可能被拒绝。假如在他看来性行为是一件丑事或屈辱的事，那么事先他就会被这种预期的恐惧所掌控。

"侮辱"也可能会导致恐惧的反应。当别人对自己行为无礼时，很多人会产生恐惧的反应，表现为发汗、颤抖和战栗。恐惧加上恼怒加剧了这些反应，导致这种恐惧的另一个原因是担心自己会做出暴力行为。愧疚感也会导致这种反应，如果一个人表现出焦虑烦躁或胆怯退缩，那么有可能是突然发生的、捉摸不定的恐惧击垮了他。例如，一位女士独自开车上山，当无路可走时，她下车准备沿小路爬到山顶。山路崎岖，但并不泥泞，可是这位女士身穿新衣服，脚蹬高跟鞋，这种打扮显然不适合登山，但她执意要上去。途中，她多次摔倒，最后终于退缩了。休息时，她发现一条大狗正对着行人狂吠，一种恐惧感涌上她的心头。这时，她感到有些不解，因为她平时并不害怕狗，况且眼前这条狗正被主人牵着，而且周围还有很多人，她完全不必害怕。因此，她开始思考这种恐惧感的原因，她想到了童年时经历的一件羞耻的事。她发现，无法登上山顶给她带来的羞耻感和当年的羞耻感极为相似。她对自己说："没有必要勉为其难。"但接着她又想："我应该可以做到。"经过一番反思，她发现了问题的根源，那就是"愚蠢的自负"。因为自负受到了伤害，所以当面对可能的攻击时，她无法考虑解决的办法。如同我在后面将要指出的那样，她无助地受到自己的攻击，并且以为危险来自外部。她的自我分析虽然不够全面，但却是有效的，因为她的恐惧感消失了。

与恐惧的反应相比，关于愤怒的反应，我们会了解得更直接一些。但在前面的分析中，这两种反应交织在一起，缺少其中一种，就无法对另一种做出判断。它们产生的原因都是由于自负受伤导致恐惧的危险出现。其中部分原因是自负替代了一部分自信，这一点我们在前面已经进行过分析，但这并不是全部的答案。在后面的分析中，我们会了解到，神经症患者处于自负和自卑交织的状态中，这就导致当自负受伤时，他便会陷入深深的自卑中。这个关系非常重要，认清了这一点，有助于我们对焦虑进行解读。

我们可能会认为，恐惧和愤怒的反应与自负之间并不存在关联，但要想对自负进行分析，却可以将它们二者作为突破口。如果这些"次生的反应"不是以这样的形式出现，那么问题就会变得混乱起来，因为无论出于什么样的理由，"次生的反应"都有可能在转化过程中受到阻碍，导致最终消失。有些症状就会在这时出现，例如抑郁、酗酒、精神失常、身心失调等。恐惧和愤怒一旦被压抑，就会导致情绪迟钝。这样一来，不仅恐惧和愤怒会发生变化，甚至所有的情感最终都会变得不如平常那样剧烈或完整。

自负给神经症患者带来的负面影响是非常严重的，而且，自负也非常容易受到伤害。紧张情绪就是由此造成的，但高频率和高强度的紧张情绪使人难以忍受，于是就需要进行治疗：如果自负面临着危险，那么就要设法避免被伤害；如果自负已经受到了伤害，那么就要重新建立自负。

保全面子是人们的迫切需求，为此，人们使用了很多方法。事实上，要想保全面子，方法还是不少的，有的方法非常巧妙，也有一些方法则显得粗糙，我们在这里只探讨最重要、最常见的方法。这种方法与人们的屈辱感和报复冲动关系密切，使用范围非常广，也非常有效。可以这样理解：人们在自负受伤后会感受到痛苦和危险，从而表现出"敌意反应"。这种方法就在于此。但报复也许是一种实现自我辩白的工具，其中包含了这样的信念：当遭到冒犯时，他要加以报复，以此重塑自负。这种信念具有坚实的基础——冒犯我的人通过伤害我的自负方式凌驾于我之上，让我受到挫折。我要以加倍的伤害进行报复，这样一来，局势就会转变，最终的胜利将属于我。病态的报复并不以"扯平"为目的，而是要加倍还击以取得胜利。自负蕴含着想象中的强大，如果不能取得胜利，这种强大就无法重塑，正是这种重塑自负的能力使得病态的报复心理具有极端的顽固性，并且表明了病态报复的强迫性特点。

关于报复的问题，我们在后面的内容中还要进行详细的探讨，现在只是大致列出一些主要的因素。对于自负的重塑，报复力起到了很大的作用。因为报复力可能为自负所掩盖，所以，在一些神经症患者看来，自负就是力量，也是唯一的力量。假如无法实施报复，无论是什么原因造成了阻碍，无论这种阻碍来自内部还是外部，他都会产生无力感，表现出懦弱的一面。所以，当他有了屈辱感，但报复力受到阻碍时，他就会受到双重的伤害：一种来自"屈辱"本身，一种来自无力抗争。

我们在前面已经讲过，报复需求在追求成就的过程中是不会发生改变的。在生活中，报复需求一旦成为一种刺激，就会演变成一种恶性循环，这种局面很难收拾。神经症患者会用尽各种方法来压制他人，从而加强了对荣誉的探求，强化了病态的自负，进而报复心理愈发强烈，由此产生更大的需求，追求更宏伟的目标，如此循环下去。

重塑自负的第二种方法就是对使其自负受伤的人或事不再感兴趣。例如，有些人对健身、政治和脑力活动失去了兴趣，因为他们追求完美和出人头地的目标没有得到满足，他们难以承受这样的失败，于是便放弃了这些兴趣。对于已经发生的状况，他们并非不了解，只是无心去了解，转而去做低于自身潜力的事情。例如，一位教师觉得自身条件很好，但却被分配到一个不重要的岗位，或者是他不喜欢的岗位，此时，他对教学的兴趣就会降低，这种态度的转变也与学习过程有关。有个人在戏剧和绘画方面很有天赋，老师和朋友也认为他有能力在相关领域有所成就，并且经常鼓励他。但他一想到"才华"这个词，就会联想到巴里摩尔、雷诺阿，进而想到自己完全无法和他们相提并论，差距太大。他还清楚地知道，自己不是班里唯一有才华的学生，这样一来，他的热情就降温了，对自己已有的成就也不再感到骄傲。很明显，他的自负被这些因素伤害了，他甚至可能突然觉得自己并没有戏剧或绘画方面的天赋，甚至或许从未真正有过这些方面的兴趣。于是，他牺牲了这些兴趣爱好，一开始是以逃课的形式，后来就彻底放弃了，转而去做其他的事情。这种循环一直持续着。他以各种借口放弃自己的爱好，可能是因为自己的懒惰，或者是经济上有困难，或者有其他的事情要做。其实，只要他专心学习，他的爱好就会给他带来美好的前途。

在人际交往中也有这种情况。但是，当自己不再喜欢某个人时，我们可以给出更充分的理由，例如，在发展方向上彼此存在分歧，或者认为自己最初可能高估了对方，等等。无论出于什么理由，我们都需要进行认真的分析：为什么我们会从相互喜欢发展到形同陌路呢？简单地归结为没时间或当初的失误是不妥的，我们要进行深入的探讨。在过去的交往中，我们的自负可能因为某些事情而受到了伤害；或者时间长了，我们发现对方不再像以前那么尊重我们了；或者我们做了让他失望的事情，每当面对他时，我们就会感到羞耻。尤其在婚姻、恋爱关系中，这些因素会起到非常大的作用，因此，当一个人说"我不再喜欢她（或他）"时，语气都是非常决绝的。

这些退缩行为浪费了我们很多精力，也导致了很多痛苦。其中，破坏力最大的，就是我们不再为真我而感到骄傲，从而对真我丧失了兴趣。这个话题我们在后面的内容中再进行讨论。

重塑自负还有很多种方法，这些方法也都非常简便易行，但人们对此并无深刻的了解。有时候，话说出口，我们才意识到自己的愚蠢。例如，我们的态度过于强势，或者过于谦卑，没有考虑对方的感受，或者说的话偏离了主题，等等。当意识到这一点时，我们就会想办法把这些话忘掉，或者干脆否认自己曾说过这些话，也可能找借口说自己想说的不是这个意思，等等。还有一个类似的现象，就是对实际情况的曲解，我们以为这样一来心理负担就会减轻，于是只谈对自己有利的一面，而对另外一些因素只字不提，以此来掩饰自己的过错，保护自己不受伤害。对于那些令人难堪的事情，我们可能难以忘怀，但却找借口进行粉饰。例如，有的人承认自己做了丑事，但却推托说是受到了引诱，或者说此前他三天三夜没休息。虽然他伤害了别人的感情，虽然他做事不认真，或者对人冷漠，但他的本质是好的。当别人有求于他时，他因为没空而拒绝了对方。这些借口或者是部分真实的，或者是全部真实的。但在他的心理活动中，它们的作用并不是给失误找一个托词，而是把失误全部抹掉。同样，在很多人看来，只要道歉了，一切就可以恢复正常了。

这些借口有个共同的特点，就是逃避自我的责任。我们要对那些不能引以为傲的事情进行弥补、谴责或遗忘，我们不能承认自己的错误，因为颜面很重要，必须想办法保全。拒绝对"自我负责"就隐藏在"虚伪的客观性"背后。例如，一位神经症患者在进行了自我观察后，能够非常准确地说出自己的缺点。从表面来看，神经症患者的洞察力非常强，敢于直面自己，但事实上，他也许很聪明，只是观察着那个"压抑的、恐惧的，且具有狂妄需求的人"，而并不对"那个人"负责，如此一来，他的自负只指向了他的观察力，从而减轻了他受到的伤害。

某些人不喜欢客观公正地进行自我评价，他们是否在对一些事情有意回避？对于这一点，我们暂不做分析。当他们发现自己具有某种病态的苗头时，他们首先会将自己与"神经症"或自己的"潜意识"进行区分。在他们看来，神经症非常神秘，与他们毫无关系。这种解释令人费解，但却对他们意义重大，因为这样做不仅能维护他们的脸面，而且还能维护他们的神经和生命。对他们来说，他们的自负既脆弱，又极端，一旦承认了自己的问题，他们的精神就会崩溃。

保全颜面的最后一种方法就是利用幽默感。很简单，神经症患者以坦然的态度面对自己的问题，并运用幽默的方法进行自我解压。但有的神经症患者在进行精神分析的过程中却总是自我贬损，没有真诚的态度，对自己的问题总是夸大其词，好像在自我嘲弄，而无视别人的批评。他的表现显得非常荒唐，事实上其内心又异常敏感。他对耻辱非常抵触，为了挽回颜面，只好采用幽默的方式。

总之，当自负受伤时，可以有那么多的方式对其进行重塑。自负是易损品，但也是块宝，我们还是有必要加以保护的。为了避免自负受伤，有些神经症患者建立了一套精巧的"摆脱系统"，这个过程也是自发进行的。这种系统可谓未雨绸缪，在自负有可能受伤之前就已经形成了回避机制，甚至连神经症患者本人都没有意识到。由于这种回避行为涉及各类活动和人际关系，因此会妨碍神经症患者现实的努力和奋斗。这种行为一旦展开，就会严重影响神经症患者的生活能力，使其因担心无法取得成就而拒绝从事力所能及的活动。例如，虽然他喜欢绘画或写作，但却没有胆量去做；他很想接近女性，但又担心被拒绝；他甚至不敢出门旅行，因为害怕与旅馆经理或门童打交道。他不愿意和陌生人在一起，担心自己显得微不足道，因此只喜欢去熟人多的地方。他担心自己会显得太脑瓜，因此不敢参加社交活动。他认为自己收入不多，所以不敢随便花钱，只能做些普通的工作，做不成什么大事业。此外，他的生活水平往往比他的财富水平还要低。最终，他只好远离别人，因为他难以面对落后于同龄人的事实，只有如此，才能回避别人对他的评头论足。他必须活在幻想中，否则就无法生活下去。其实，这些都是对自负的掩饰，而非解救。或许，他还要培养自己的神经症，因为带有大写字母N的神经症（Neurosis）可以为缺乏成就提供借口。

这些发展趋势是极端的，当然，自负是其主要原因，但并非唯一的原因。值得注意的是，有些"回避现象"往往被限制在某些方面，例如，一个人对那些很少受压制又能帮他取得成就的事情非常热心积极，他在自己的工作领域付出了很多努力，成绩卓著，但他同时又非常回避社交活动。也有相反的例证，在社交活动中，他就像唐璜一样，在他看来，这是一种安全的生活方式，但他不敢尝试那些严肃的工作，以防自己的潜能受到检测。在他看来，组织聚会是安全的做法，但他又回避私人往来，觉得在私人关系中很容易受到伤害。他担心自己的情绪会被破坏，特别是担心自负会受到伤害。一个人可能会担心和异性相处不好，造成这种恐惧的原因有很多。假如是一个男性，他在潜意识中可能会认为，亲近女性或与女性发生性关系会让他的自负受伤。由于对女性心怀恐惧，担心受到打击，于是，对他来说，女性的吸引力便削弱了，甚至不存在了，这也导致他最终选择了回避异性。当然，这不足以说明他会转变为同性恋，但也能看出他对同性更感兴趣。从很多不正常的关系看，爱情最大的敌人就是自负。

这种"回避行为"与许多具体事情关系密切。例如，有的人回避公众活动，不愿在公共场合讲话，也不愿电话联系。假如发现旁人正在打电话和房东聊天或做决议，他便会把所有事情都推给对方，不再过问。从这些特殊行为中可以发现他在有意回避一些事情。但在很多场合，"我不愿意"或"我不能"之类的态度会使问题更加复杂化。

对这些回避行为进行分析，我们会发现，有两条原则决定了它们的特征。简言之，第一条原则就是，为了安全而对个人行为进行约束。相比冒险让自负受伤，选择放弃则更为安全。在很多情况下，自负或许不会表现得很主动、很情愿、很明显，因此，虽然它占据主导地位，但我们可能看不到它。要想保护好自负，只有对个人生活进行约束，甚至完全约束。第二条原则就是，不尝试比尝试后又失败更安全。这条原则给回避打上了终结的烙印，它剥夺了人们逐渐克服困难的机会。对此，神经症患者最终需要付出两种代价：其一，是自负受到更大的伤害；其二，是自己的生活受到严重的约束。可见，这种做法是不切实际的。然而，对于长远的危险，患者其实并不担心，他担心的只是当下的尝试和错误所导致的危险。因此，只要放弃尝试，自负也就不会受到伤害了。他有很多借口，至少会找到一种自我安慰的方式：如果早点试试，没准考试就合格了，现在已经有份好工作了，或者是早就娶到漂亮女人了，等等。通常情况下，他还有进一步的幻想："假如我专心作曲，或者专心写作，我的成就应该不比肖邦或巴尔扎克差。"

在很多情况下，回避也存在于对事物渴求的情感中，换句话说，回避围困了我们的愿望。例如，一个人觉得自己根本得不到想要的东西，这对他来说是很没面子的事情。愿望本身就存在着风险，然而，压抑愿望就意味着人的活力受到了约束。有时候，人们会回避所有可能使自负受伤的思想，其中，最大的回避就是回避想到死亡，因为不愿接受自己会像别人一样衰老、死去。

由于对荣誉有着热烈的追求，因此，在神经症患者的人格发展进程中，自负是其必然的结果，并且能够得以巩固和加强。初始阶段的幻想可能相对无害，他幻想自己充满魅力，然后在内心中塑造出一个"实际上"可能或应该能达到的理想形象。最后，迈出具有决定性意义的一步：逐渐抛弃真我，将全部精力用于实现"理想的自我"。在他的观念中，要想立足于世，就必须占据符合他理想化自我的位置，而且这个位置还要能够支持他的理想化自我。他用"应该"去追求理想的自我。最后，他还要创造出一个私人价值体系，这个体系决定了他应该喜爱什么、应该承受什么、应该赞美什么、应该以什么为傲，还决定了他应该轻慢什么、应该憎恶什么、应该拒绝什么、应该以什么为耻。两者缺少任何一项，这个体系就无法发挥作用。所以，自负和自恨密不可分，是同一过程中的两种表现。

第五章

神经症患者自恨与自卑

　　现在，我们对神经症的发展历程进行一下梳理：它有着坚实的原则，塑造理想化的自我，在逐渐的演变中，完成价值观向神经症患者的自负的转变。它实际囊括的范围比我们所描述的要大得多。另外还有一个过程恰好与之相反，虽然它也是始于自我理想化，但这个过程是对神经症发展的强化，也使这种症状更趋复杂。

　　我们可以这样认定，个人的重心一旦为理想的自我所占据，此人就会自我欣赏，而且必然会错误地看待自己现实的自我。所谓现实的自我包括特定时间内身体、精神、健康以及神经症等方面的一切状况。在衡量真实状况时，人们会以荣誉化的自我为标准。从完美无缺的视角观察所谓真实的状况，此时，人们自然会产生困惑，于是所谓的真实就被摒弃。特别值得警惕的是，人们在追求荣誉的过程中，会遭到现实状况的阻碍，因此，对于现实状况，人们会表现出抵触情绪，与此同时，还会对自身产生怨恨。我认为有必要将与自恨和自负相关的因素统称为"自负系统"，因为自恨和自负事实上属于同一实体。随着对自恨更加深入的了解，我们会发现它全新的一面，这使得我们对自恨的认识有了很大的改变。在了解了理想化自我的直接驱动力后，现在，我们应该关注自恨问题的全貌了。

皮格马利翁有个愿望，就是将自己塑造成成就卓著的伟人，但不管怎样努力，他的驱动力都注定会带来失败。他最多也就是意识到自己忽略了一些阻碍性的矛盾。但这些矛盾依然存在。事实上，无论是吃饭、睡觉、洗澡，还是做爱、工作等等，他总得和自己在一起，与自己共同生存。或许他觉得结束一段婚姻，或是换一种职业，或是出门旅行、搬家，一切就会有所好转。但他依然要和自己相处，而且永远如此。即使他像一部加满油的机器那样辛勤工作，他依然难以避免时间、精力、权力或耐力上的局限，也就是人类的局限。

我们以下面两种人为例，对这种情况做出说明。第一种人具有独特的理想；第二种人，是如影随形的陌生人（也就是"真我"），这个陌生人总是妨碍我们的行动，让我们感到窘迫。对这两种人之间长期存在的冲突进行描绘时，有一个词汇比较恰当，即"他和陌生人"，因为这个说法非常接近个人的感受。此外，即使在他看来现实的阻碍无关紧要，可以摒弃不顾，但他依然无法逃离自己，也不可能将其忘记。尽管他能顺利地发挥自身的能力，尽管他有可能成功，遗憾的是，他所谓的成就其实只是一种幻觉，他依然缺少安全感，依然感到自卑。他把自己伪装得非常强大，这让他感觉自己就像是一个骗子或怪物，他因此感到异常痛苦，但又无法准确地描述这种感觉。一旦接近自我的真实性，他内在的感觉就会在睡梦中切实地呈现出来。

他经常感受到自己的实际情况所带来的痛苦，只有在幻想中，他才是完美的，而在现实生活中，他不善于参加社交活动，他想给人们留下深刻的印象，但又紧张焦虑，讲话磕磕绊绊，脸色通红。他感觉所有女人都钟情于他，但又会突然变得性无能。他把自己想象成很有男子气概，可是和老板谈话时，他却只会傻笑。他觉得自己在演讲时能够表现得妙语连珠，但总是要到第二天，他才会想出那些精彩的句子。他饮食无度，体态臃肿，缺乏灵活修长的身姿。事实上，现实的、经验的自我变成了具有攻击性的陌生人，将理想的自我与之捆绑在一起，而后者厌恶且鄙视地对抗前者，于是，真实的自我便会成为"自负的理想化自我"的牺牲品。

　　理想的自我会导致人格的分裂，而自恨则会使情况更加严重。这意味着一场战斗，一场与自己的较量，每个神经症患者身上都存在着这种情况。这种冲突在现实中主要表现为两种形式，其一，表现在自负系统本身之中，我们将在后面的内容中进行详细的探讨。这种冲突介于自谦和夸张这两种驱动力之间。其二，是在真实的自我与整个自负系统之间发生的更加严重的冲突。自负一旦达到最高点，真实的自我就会受到压制，或者暂时隐退，但其潜力依然存在，当条件允许时，它的活力就会被全部激发出来。我们将在第六章对它的发展阶段和特征进行探讨。

　　第二种冲突的表现比较严重，在分析的初始阶段，它还没有明显的表现，但当自负系统即将崩溃时，患者与自己更为接近了，他便开始察觉到自己的情感和意愿，他希望获得选择的自由，希望能够自己做主、对自己负责，于是，抵抗的力量便复苏了，随之而来的是真实的自我与自负系统之间的较量。这时，自恨对抗真实自我所具备的建设力之强度远远大于其对抗现实自我的缺陷的强度。这种冲突比此前我们探讨过的所有病态冲突都更为复杂，所以，我决定称之为"中枢内在冲突"。

　　在这里，有必要引入一些理论性的阐释，因为它们可以帮助我们更加深刻地理解"冲突"的含义。我在其他著作中曾使用过"神经症冲突"这个概念，这种冲突产生于两种互不相容的驱动力之间。而"中枢内在冲突"则产生于正常与神经症之间、建设性力量与破坏性力量之间。所以，我们有必要扩大定义范围，将神经症冲突定义为产生于两种神经症的力量之间，或正常与神经症力量之间，这种差异在术语的解释上是非常重要的。相比其他冲突，真我与自负系统之间的冲突更易导致精神分裂，其原因主要有两点：第一，在于"完全陷入"和"部分陷入"之间的区别，这就好比在一个国家中，个别团体之间的冲突与整个国家的内战有着天壤之别。第二，在于为了生存，也就是说，真实的自我作为一个人生命力量的核心，在为自身的生存而不断战斗着。

　　对真实自我的憎恨比对现实自我缺陷的憎恨更不易被察觉，但从自恨的背景来看，对真实自我的憎恨是必定存在的，它作为一种潜在的能量为自恨提供了主要力量。可见，对现实自我的憎恨表现得比较复杂，而对真实自我的憎恨则相对简单。例如，有些自恨表现为对自身的自私进行严厉的谴责，也就是对自己的一意孤行进行谴责，其原因可能就是憎恨自己不能达到完美的境地，同时又与真实的自我进行对抗。

德国诗人摩根斯坦在他的诗作《成长的烦恼》中对自恨有过这样的描述：

我被残害，所以我屈服

我有两个自我，真实的我和理想的我

两者互相难容

理想犹如奔腾的骏马，尾巴上依附着现实

理想犹如车轮，上面捆绑着现实

理想在发怒，它将弯曲的十指，伸进献祭者的头颅

理想犹如吸血鬼，它盘踞在人的心头，不停吮吸着鲜血。

诗人从多个视角描述了这一过程，他指出，人们正在用破坏性的方式表达着对自己的怨恨，这是一种令人痛苦的怨恨，它使人衰退，使人无力抗争，最终使人的精神饱受摧残。他还指出，怨恨自己并非因为自己的无能，而是为了超越自己。他认为，这种怨恨产生的基础，就是理想和现实之间的冲突，这种冲突不仅是一种分裂，而且是一场残酷的斗争。

我们难以想象固执性和自恨的能量有多大，即使对那些熟悉它们产生方式的精神分析师也是如此。我们要清楚，自负被现实的自我压制，因而产生愤怒，还要清楚，愤怒最终会伴随着无助，只有清楚了这些，我们才能揭示自恨的奥秘。因为即便神经症患者会将自己视为远离肉体的灵魂，但要想获得荣誉，他们必须依靠现实的自己。如果他们杀害了他们所憎恨的自我，那么所谓荣誉的自我也将不复存在，就像道林·格雷将描绘他堕落模样的画作撕毁一样。一方面，这种依赖性可以化解某些自杀倾向，假如没有这种依赖性，那么自恨必然会导致自杀。事实

上，自杀很少发生，自杀是由多种因素造成的，自恨只是其中之一。另一方面，这种依赖性会导致自恨变得非常残酷，就像在所有难以控制的暴怒中的表现一样。

另外，自恨不只是自我荣誉化的结果，而且还是延续荣誉的力量。更明确地讲，在实现理想自我的过程中，自恨就是一种驱动力，它可以将冲突的因素加以清除，实现两种自我间的和谐统一。人们给自己提出了完美的标准，但这种标准却难以辨别自身的缺陷。在精神分析中，我们可以发现这种自恨的作用。当神经症患者的自恨被揭开，我们往往认为他们渴望将其清除，但实际上，这是非常天真的想法，我们应该注意到，神经症患者的确会有渴望清除自恨的反应，但更常见的是，这种反应会形成分裂。尽管他们迟早都会明白，自恨是难以克服的，是危险的，是一种负担，但是，在他们看来，反抗自恨的束缚必然会招致更大的危险。他们要维护完美的标准，因此，他们需要找到更为适宜的借口。同时，他们还要强调对自我的宽容将导致自我松懈的结局。他们依然要坚持夸张的标准，因此会逐渐表现出坚信应该轻视自己的趋势。最终，他们必然无法接受自己。

对于第三个因素，我们已经有过提示，它赋予自恨残忍的力量，是对自我的一种疏远。简言之，神经症患者没有对自身的感觉。只有对痛苦和痛苦的经历产生了同情心，他们才会将这种认识击败，并开始建立对他们有益的影响。此外，他们首先要承认私人愿望的存在，然后才能对"自我折磨"有所认识，并且对此要么感到烦恼，要么产生兴趣。

那么，对自恨的知觉究竟是怎样的呢？从前文所引用诗句，或从《哈姆雷特》《理查三世》等著名的戏剧作品中，我们不难看出，作者对人类心灵痛苦的诠释不仅限于个体角度，而且表明了很多人在或长或短的时间段里都会有自卑和自恨的经历。其表现为时常会出现"我鄙视自己""我忽恨自己"的感觉。一般来讲，这种自恨的感觉只有在痛苦或悲伤时才会主动出现，而当痛苦或悲伤消失后，自恨的感觉也就随之消失了。对神经症患者来说，他们不曾怀疑自恨的感觉和想法，这可能是心理障碍所引起的一种短暂性的反应，常常与"蠢笨""失败""犯错感"相混淆。因此，他们对自身固有的自恨所带来的破坏性或持续作用都毫无知觉。

对于体现为自责的自恨形式，由于其知觉涵盖的范围很广，所以还不能视为一般的情况来进行探讨。一些神经症患者在"自以为是"的圈子里囚禁自己，甚至连自责都没有，因此更是无法觉醒。与此相反的表现形式是自谦。这个类型的神经症患者会坦率地将自己的罪恶感和自责表达出来，有时以极端的行为表达自己的歉意或自恨，而这些感觉都是在无意识的情况下表现出来的。他们的知觉各不相同，其中的差异有一定的意义，关于这种意义及其产生的原因，我们将在后面的内容中进行探讨。但这些还不能证明自谦型患者对自恨有所感知，因为一些神经症患者虽然知道自己有自责的情况，但对这种自责的破坏力及其强度依然毫不知晓，更不清楚它是毫无意义的，在他们看来，这种自责反而体现了高度的道德感，他们坚信它是正确的。事实上，只要他们还在以神圣完美的眼光来判断自己，他们就会一直怀有这样的信念。

几乎每个神经症患者都清楚自恨带来的后果——痛苦、罪恶感、约束和自卑等。但他们并不清楚，这些痛苦和自我评价都来自他们自己。即使稍有感知，也会为病态的自负所遮掩。当感受到约束时，他们不会叫苦，反而会告诫自己："不要自私，消除私欲，牺牲自我……"这样一来，所有的罪恶感都得到了掩饰，他们会以此为骄傲。

由此，我们可以得出结论：自恨在本质上是一种潜意识的过程。从前面的分析中可以发现，患者并不清楚这种冲突的存在。大部分过程的"外移"导致了这种现象的出现。例如，自恨被认为并不是在个体内部产生的，而是在个体与外部世界之间产生。

自恨的"外移"既有积极的作用，也有消极的作用，我们可以稍加区别。积极的作用是极力地将自恨导向外界，以消除日常生活、人生命运、社会习俗或者人际关系所带来的烦恼。消极的作用是将自恨滞留在自我冲突的层面上，并且将自恨的原因归于外界。自恨的外移，表现为人际关系的紧张或冲突，因此，不论是积极作用还是消极作用，都会减弱患者的内在冲突。关于自恨外移过程的具体表现形式及其对人际关系的影响，我们将在后面的内容中进行探讨。我们之所以在此介绍自恨的"外移作用"，是为了借此更好地审视和描述自负的各种形式。

自恨的表现与人际关系中的憎恨表现相同。我们可以通过经典的历史案例来说明，如希特勒对犹太人的憎恨，他以控诉、羞辱、公开诋毁等手段疯狂迫害犹太人，毁掉犹太人对未来的向往，直至毁掉这个民族。在日常生活中，在家庭中，在竞争关系中，我们都能够看到这种仇恨以公开或隐蔽的方式表现出来。

现在，我们要针对自恨的主要表现形式及其对个人的影响进行探讨。关于自恨的表现形式，我们已经有所了解。自弗洛伊德以来，精神医学将个人所提供的资料都描述成"自卑""自我贬低""自责""直接的自我毁灭""无能享受生活""受虐倾向"等。然而，除了弗洛伊德提出的"死亡的欲望"这个概念，以及弗朗茨·亚历山大与卡尔·梅宁哲的进一步阐释，再无关于这些现象的其他理论了。在弗洛伊德的理论中，虽然也提供了与这些临床现象相似的案例，但却是以不同的理论前提为基础的，因此，他对案例的分析解释以及治疗方案也就随之而完全不同了。关于这种差异，我们将在下一章进行探讨。

为了不被细节迷惑，我们先来区分自恨所产生的六种表现形式，提醒大家注意的是，在这些表现形式之间，会出现一些重复现象。简单说来，它们包括了对自我严酷的要求、无情的自责、自卑、自我折磨和自我毁灭。

在第四章中，我们已经探讨过对自我的要求，我们认为，这是神经症患者依照理想自我进行自我修正的手段。但我们也讲过，"内心的指使"会导致暴力行为，形成一种强制系统。一旦不能实现理想自我，就会引发惊慌甚至休克的反应。这时，我们的观察就变得更加明晰，我们可以理解究竟是什么对强制性做出了阐释，是什么导致人们甘心服从这种支配，也清楚了"失败"的反应为何如此强烈。自恨导致的"应该"

和自负导致的"应该"是相同的。倘若不能实现"应该"，自恨就会如同火山爆发一般。就像拦路抢劫，劫匪用手枪指向被抢者说："留下所有东西，否则你就得死。"劫匪的话包含了两种要求，它们的残暴程度甚至超过了抢劫本身。为了保命，被抢者只好按照劫匪的要求去做，但他的"应该"则无法得到满足。与死亡相比，屈辱地活下来会使人感到自恨，并且陷入痛苦之中，这或许比被枪杀还要残酷。有位神经症患者在一封信中曾这样写道："我的真我为神经症所掌控，最初他设计出法兰克斯坦巨兽来保护自己，但最终却在吞噬自己。生活在神经症中就像生活在一个集权国家里，无论做出什么样的选择，最终的归宿都是集中营，而集中营的目的就是毁掉自我。"

事实上，"应该"具有自毁的特性。但现今我们所了解到的自毁只是单方面的："应该"如同把人装进了紧裹的束身衣中，使人失去了内在的自由。为了适应这种束缚，人们必须把自己塑造成完美的行为主义者，并且抛弃信仰和情感的真实性和自发性。只有这样才有可能做到"应该"。而且，这种"应该"就如同政治暴行一般，目的在于泯灭个性。他们企图创造一个巢穴——就像司汤达在《红与黑》中所描述的那样，无论谁的情感和思想，都会遭到质疑。"应该"要求绝对地顺从，甚至要达到连顺从都不被感知到的境界。

我们从"应该"的内涵中可以发现自毁的大部分特点，我想举出其中三种"应该"来进行说明。这些"应该"都是在病态的依赖性下产生的，基于这种情况，可以将其阐释为：我应该很伟大，因此我会将过去的事情全部忘记；我应该能够令他爱我；我应该是爱牺牲一切。因为这三种"应该"是紧密结合的，所以始终都会存在病态的依赖性。另外，还有一种比较普遍的"应该"，即他应该对亲戚、朋友、学生和下属完全负责。他应该为每个人排忧解难，使大家都满意。也就是说，无论什么地方出了问题，他都要负责到底。假如出于某种原因他的一位亲戚或朋友受到了批评、感到了烦闷，或是向他发泄不满、索求某物，他就会感到很无助，并且努力牺牲自己以满足对方。在他看来，自己是有罪的，所以要尽力解决好一切问题。在这里，我可以举一个神经症患者的案例，这位神经症患者感觉自己就像是一个旺季酒店的经理，在他看来，客人永远都是对的，这让他非常苦闷。不管发生的问题是不是他造成的，他都会揽到自己身上。

法文版著作《目击者》中对这个过程做了非常详尽的描述。故事的主人公和弟弟驾船出海，不幸遭遇风浪，船只漏水，最后倾覆海中。弟弟因为一条腿受伤，无法在汹涌的大海中游泳，死亡时刻在威胁着他。于是，主人公带着弟弟尽力向岸边游去，但他很快就发现自己根本无能为力。他面临着艰难的抉择，或者兄弟俩一起死，或者他抛下弟弟，自己活下来。最终，他选择了自救。然而，这让他感到自己无异于杀人犯，并且他坚信人们都会把他当成杀人犯，于是，他真切地认可了自己杀人犯的身份。但他的理由是毫无意义且无效的，因为这个理由的前提是他应该在任何情况下都承担起责任。这种信念非常极端，根据故事主人公的情绪反应，我们可以发现人们在"应该"的驱策下会有怎样的感受。

有些对自己有害的事情，个人也会担负起来。陀思妥耶夫斯基在《罪与罚》中就描述了这种"应该"。拉斯克尼可夫觉得自己应该杀个人来证明他具有拿破仑那样的魄力。正如陀思妥耶夫斯基所说，尽管对世人怀有怨恨，但拉斯克尼可夫还是富有同情心的，因此，他非常厌恶杀人，然而，他必须强迫自己完成这件事。他在梦中对这种感受有了体验。他梦见一个醉醺醺的农夫强迫一匹瘦弱的马去拉重物，然而那匹马根本无法拉动，于是农夫凶狠地鞭打它，最终打死了它。拉斯克尼可夫目睹了这一幕，他怀着怜悯之情向那匹马飞奔过去。

这个梦出现于拉斯克尼可夫的内心极度矛盾之时。他觉得自己应该杀人，但又厌恶杀人，所以他不可能真的出手去杀人。他在睡梦中意识到强迫自己去做自己不可能做到的事情，就像强迫那匹瘦弱的马去拉不可能拉动的重物一样惨无人道。醒来后，他万分感慨，下定决心要反对杀戮。但那种拿破仑似的自我需求不久再次出现并占据上风，他的真我已经无力反抗这种需求，就像那匹瘦弱的马无力反抗农夫一样。

把"应该"变成自毁的第三个因素就是自恨。这个因素对于证明"应该"的强制性更有说服力。当违背自己的意愿后，我们可能会感到自恨，接着，这种自恨又会转化为自我对抗。有的时候，这种关系非常明确而且很容易建立起来。例如，一个人认为自己很聪明，但实际上又发现自己并没有那么聪明，他便会因此而自责，《目击者》所描述的就是这样的情形。更常见的情形是，他感觉不到这种违背的存在，他可能会有一种莫名的不适感，并且感到疲惫、烦躁、焦虑不安、情绪低落。前面我们提到过相关的案例，我们可以回顾一下。一个女人因为爬山遇到困难，由此引发了对狗的恐惧。我们来梳理一下故事的脉络：她本来认为一切都在自己的掌控之中，所以不能继续攀登就意味着失败（在潜意识中，她感到了这种失败）。接着，她的潜意识中开始出现自责情绪，这种情绪又反应在此后的感受中——孤独、无助乃至恐惧，同时她也意识到了这种情绪是怎样出现和发展的。如果她没有进行自我分析，就不会将对狗的恐惧和过去发生的事件相联系，这样一来，对狗的恐惧就会令她一直困惑下去。我们再来看看其他案例，一个人的意识中可能会有一种保护自己免受自恨的特殊方法，例如排解忧愁的方法（酗酒、暴饮暴食、疯狂购物等）。他可能有一种受骗的感觉（消极的"外移作用"），或者对别人态度粗暴（积极的"外移作用"）。我们将有很多机会从不同的角度来探讨这些自我保护的企图是如何发挥作用的。在这里，我想先来探讨一下另一种类似的企图，因为它很容易被忽略，甚至有可能会导致治疗的困境。

如果一个人在潜意识中发现自己没有能力达到他"应该"达到的目标，那么这种企图就会随之产生。于是，即便他是一个理性且注意配合的患者，此时，他的情绪也会变得烦躁起来，仿佛自己受到了虐待或捉弄，例如，他会觉得老板待他不公，亲戚压迫他，牙医弄坏了他的牙齿，精神分析治疗对他无益，等等。他可能会痛骂精神分析师，或是向家人发脾气。

为了解决他的苦恼，我们首先要考虑的因素便是他对特殊照顾的坚决要求。根据特定的情况，他可能会坚决要求母亲和妻子给他独处的空间，坚决要求在办公室里获得更多的帮助，坚决要求精神分析师留给他更多的时间，坚决要求在学校里得到更多的优待。他留给我们的第一印象就是他的要求非常过分，而且，他会暴躁地应对各种挫折。然而，意识到自己的要求只会令他更加暴躁。他可能会公然发泄敌意，如果我们仔细倾听，就会发现他所有的谩骂中都包含了这样的意思："你真愚蠢！难道你不明白我有这些需求吗？"如果我们意识到这些要求源于病态的需求，那么就会发现，要求的突然增加意味着一种相当紧急的需求的突然增加。这样一来，我们就有机会发现神经症患者烦恼的根源。尽管他还不知道自己的烦恼所在，但结果却能够使他意识到他无法实现某些非常迫切的"应该"。例如，他可能意识到自己无法在某些重要的恋爱关系中取得成功；他可能意识到尽管竭尽全力，他也无法胜任某项超出能力范围的工作；对于精神分析中涉及的一些问题，他意识到自己无法忍受，或者有意回避；他尝试依靠自己的意志力解决问题，但又对这种做法感到可笑。在他看来，自己应该有能力解决所有问题，于是在潜意识中对这些问题感到恐慌。但此时，他只有两种选择。第一，意识到自己的那些要求都是出于幻想；第二，强烈要求改变生活，以避免"失败"的出现。他在冲动下会将后者作为最终的选择，但在治疗工作中，显然要选择前者。

神经症患者在知道了那些"应该"无法兑现后，情绪会异常激动，了解到这一点，对治疗是很有意义的，因为正是这些要求导致了那些难以控制的激动情况。只有借助这些无法兑现的"应该"，才能更多地了解要求所具有的紧急性。此外，它也表明患者已经感受到兑现"应该"的紧迫性。

最终，只要朦胧地认识到"应该"无法兑现，或者将要无法兑现，神经症患者就会产生极端的绝望情绪，为了避免这种情绪的产生，急需一种方法来改变他的这种认识。我们已经提到过，神经症患者会通过在想象中兑现"应该"的方式来改变他的这种认识（通过某种方法，我应该能够成为或者能够去做，所以，我能够成为或能够去做）。至此，我们理解了"他内心的指使没有被满足，而且不可能被满足"会导致恐惧情绪，这种恐惧是一种看似巧妙的回避现实的方式，对神经症患者的行为起着决定性的作用。因此，我们进一步说明了第一章中提出的论点：想象能够为神经症患者的需要提供助力。

在多种潜意识的自欺方式中，我需要谈两点，因为这两点具有最重要的意义。其一是降低自我知觉的灵敏度。有些神经症患者会对自己的思想、情感或行为保持一种固执的无知觉状态，他们往往有着敏锐的洞察力，甚至会及时中断与精神分析师之间的讨论，并且以"我并不这样认为"或者"我并没有意识到"来搪塞。其二，认为自己仅仅是一种反应物，这是大部分神经症患者都具备的另一个特征，它是潜意识的另一种手段，比直接责怪他人更为严重，它相当于否定了他们潜意识中的"应该"。因此，对他们来说，生活就是接受外界的各种推拉，换言之，他们的"应该"已经被外移了。

用更通俗的话来总结就是，每一位饱受暴政摧残的人，都渴望得到遏制暴政的工具。在外界暴行的专制下，他们会有意识地将自己变得言行不一；而在内心潜意识的专制下，一系列的欺骗行为只会变成潜意识自欺的借口。

神经症患者采用以上种种手段来阻止自恨的泛滥，因为自恨会让他们意识到失败。这种主观价值的无限扩大，导致了"真实感"受到重创。如果神经症患者确实"脱离了自我"，那么就会形成独立的自负系统。

所以，从神经症的结构来看，对自我的要求占据了非常重要的地位，同时构成了个人兑现理想形象的企图。它能够通过两种有效方法来强化他们与自我的脱节：其一为酝酿潜意识的欺骗行为，其二为对自发的信念和情感进行强迫症的曲解。在这两种方法中，自恨同样起到了决定性作用。最后，当他们意识到自己无法顺从于它们时，自恨便会被释放出来。从某种程度上讲，一切自恨都可以解释为对不能兑现"应该"的惩罚，换句话说，如果他们果真成为超人，也就不会再有自恨产生。

自恨还有一种表现，即责备性的自责。我们总会在心中预设一些前提条件，而所谓责备性的自责，就是伴随这些条件产生的一种残酷无情的推理。一个人如果不能达到绝对的勇敢无畏、沉着冷静和慷慨无私，自负就会宣告他"有罪"。

有些自责来自内心的障碍，初见看似合情合理。但无论如何，神经症患者都把自责视为正当行为。既然自责符合高标准，那么难道它不值得肯定吗？事实上，他接受了这些毫无干系的障碍，并且以道德为理由激烈地批判它们。无论患者是否对这些障碍负有责任，它们都被接受了。至于他是否会产生不同的想法、感觉和行为，他是否了解这些障碍，已经无所谓了。因此，本该受到诊治和研究的神经症转变为令人厌恶的污点，给患者打上了"不可救药"的标签。例如，他可能无法保护自己的兴趣和想法，他意识到当他能够保护自己不受侵犯，或是当他讲出不同的想法时，他就会有一种满足感。能够客观公正地认识到这一点是值得称赞的，而且，这也是他逐渐认识到那种抑制他而非激发他的强制力量的第一步。否则，在破坏性自责的打击下，人就会失去勇气，觉得自己是个令人厌恶的懦夫，或是觉得自己遭到鄙视，从而一蹶不振。可见，全部观察的结果就是自我感觉无能，有一种"罪恶"感。这种自我贬低会令他难以再次在公众场合说出自己的想法。

假设一个人很害怕蛇或害怕开车，如果有人对他说："你的恐惧源于你的潜意识，而潜意识是无法受你控制的。所以，你用'胆怯'对自己进行道德谴责没有任何意义。"这时，他就会面临"有罪"与"无罪"的抉择，他会进行反复的比对。然而，这个问题处于不同的生命阶段，因此根本不可能得出结论。作为一个普通人，他可能允许自己为恐惧所掌控，但作为一个完人，他就应该具备大无畏的精神，所以，当他感到恐惧时，他就会憎恨自己、鄙视自己。另一方面，一位作家因为自身的一些原因而感到写作的痛苦，于是工作效率变低。他总是在做无关紧要甚至无用的事情，一味地虚度时光。他并不因这种挫折而同情自己，反而认为自己懒惰无能，在他眼里，自己就是个对工作毫无兴趣的骗子。

最常见的是，这种人时常会责备自己是个装腔作势的骗子。但他的自责并不针对具体的事情。更常见的现象是，神经症患者把怀疑当作一种理由（这种怀疑时而隐蔽，时而为人所意识到，并给人以痛苦的感觉，但并非每件事都伴有这种怀疑），同时由此产生无缘无故的不适感。偶尔他只会感觉内疚，并由此产生恐惧感，这是一种担心暴露真相的恐惧：假如人们进一步了解他，他的无能就会毫无掩饰地暴露出来。接下来，他的行为就会表现出无能。人们便会意识到，表面看似非常"神气"的他其实没有一点儿才能，他只不过是在想方设法地用炫耀来掩饰真相罢了。如果更深入地密切接触，或者随意测试，还会证实"发现"的实情是令人费解、难于辨别的。但他的自责也并非空穴来风，公正、学识、情感、兴趣和谦逊都只不过是潜意识的借口。我们在所有神经症患者身上都能发现这些借口，这种特殊的自责与这些借口以同样的频率出现。这种自责所具有的破坏性不仅表现为它造成了对潜意识借口的建设性探索，更重要的是，它导致了罪恶感和恐惧感的产生。

其他的自责一般都会针对具体的动机，而很少针对当下的障碍。所谓良心自省大概就是这种表现。区分一个人是在进行真正的自省，还是在吹毛求疵，抑或两者兼具，关键要看前后的联系。事实上，我们的出发点并不是纯金的，而是廉价金属的混合体，所以这个步骤很具有欺骗性。然而，只要金子是其主要成分，我们就依然要称其为金子。如果我们出于善意给朋友提出了建设性的、对其有益的建议，那么我们就会因此感到满意。然而，纯粹的揭人伤疤则无法令人满意。他可能会这样讲："是的，我想给他提个善意的建议，但我也有顾虑，因为我不愿意被人打扰。"或者这样讲："我愿意给别人提出建议，但这可能只是为了显示我比他优秀，或是为了嘲笑他无法处理好某些特别的事情。"这些借口中所蕴含的真实成分都很少，因此它们都是一种欺骗。一些聪明的旁观者或许会将这种幽灵驱逐，他们会说："就用你说的办法，给你朋友足够的时间，给他以关怀和帮助，这对你来说难道不是一件很值得自豪的事情吗？"但深受自恨所害的人永远不会直面这种事情。他遮住眼睛，只盯着自己的缺点，就像只盯着一棵树而看不到整片森林一样。此外，即使亲友、精神分析师或牧师从正确的角度给予建议，他也持怀疑的态度。他或许会出于礼貌而接受明显的事实，但心里却认为大家只不过是在鼓励他，希望他重整旗鼓。

从这些反应可以看出，让神经症患者从自恨的束缚中挣脱出来是一件非常困难的事情。从整体上讲，他对情势的判断显然是错误的。他可能也意识到了自己对某些方面关注过度，因而忽视了其他一些方面。但他的固执迫使他坚守自己的决定，其理由就是自己和别人的推理方法有着不同的前提条件。他所提出的建议不一定都是可采用的，因此从道德上讲，他的所有行为都会遭到别人的厌烦。于是，为了避免自责，他拒绝接受别人的劝告，并且继续沉溺于自责中。神经医学专家将自责的目的假设为逃避责备和惩罚，以及重塑自信，这种假设有时会为前面的观察所否定。当然，这种假设确实会发生，当儿童或成人面对那些权威人士时，这或许只是一种策略。但即便如此，我们也要谨慎地下结论，对渴望重塑自信的需求进行严谨的审查。总而言之，如果仅仅概括性地看待这些案例，把自责当作实现策略性目的的手段，那么就完全忽略了它的破坏力。

此外，当一个人无法改变某种灾难时，自责的反应就会集中出现在这种灾难上。这种特征在神经症患者身上表现得最为明显。六百英里[①]以外的中西部发生水灾，他可能会感到自责；读到一篇关于谋杀案的报道，他也可能会感到自责。一般来说，荒唐的自责是抑郁症最明显的症状。在神经症中，自责虽然不足为奇，但它不一定就是真实的。例如，有一位聪明的母亲，一天，她的孩子在和邻居的孩子一起玩耍时，不小心从阳台上摔了下来，造成了轻微的脑震荡。这是一场意外事故，但这位母亲却将其归咎于自己，并且在此后的几年里都始终深陷在自责中。

---

① 1英里=1.609千米。

她认为，如果当时自己在场，就会阻止孩子攀爬栏杆，这样，孩子也就不会受伤了。这位母亲也明白，过度的保护不利于孩子的成长，孩子总要长大，离开她身边，她不可能一直看护着他。但她依然固执地坚持自己的判断。

还有一个案例，一位年轻的演员因为工作中的暂时失败而陷入深深的自责。他清楚地知道，由于能力所限，他还不能胜任某些工作。与朋友说起这件事时，他也能够指出其中的不利因素，但他并没有采取防卫的态度，没有掩饰自己的能力有限以便减轻罪恶感。假如朋友问他："当时你应该怎样做？"他却说不出任何具体的办法。他缺少细致的观察，也缺少勇气和信心，因此，他无力应对他的自责。

这种自责可能会引发我们的好奇，因为它与我们经常见到的情况恰恰相反，比较常见的情况是，神经症患者总会摆出一副无赖相，以情势上的困难和灾害为借口，做出已经非常努力的样子，以此为自己开脱责任。在他看来，自己应该是值得信任的，只不过突如其来的困难和形势破坏了这种信任。从表面来看，这两种态度是对立的，但却有着相似的一面，甚至相似大于区别。因为，这两种方式都将注意力由主观因素转移到了外部因素，而这些外部因素决定了幸福和成功。由于无法兑现理想的自我，人们产生了强烈的自责，而这两种方式都可以抵御自责。前面我们曾举过一些案例，现在回顾一下，"我要做一个理想的妈妈"或者"我要做一个成功的演员"等想法已经受到了神经症因素的干扰。此时，这个女人满脑子都是"做个理想妈妈"的念头，而那个演员则在职业竞争和必要的社交活动中存在一些障碍。他们在某种程度上都对精神障碍有所了解，但在提起它时往往显得过于随意，或是遗忘它、回避它。对于一个运气好的人来说，这一点倒不足为奇。但从这两个典型案例来看，一方面，他们面对自己无力掌控的局面，却要冷酷无情而又毫无理性地自责不已；另一方面，他们又战战兢兢地与自身的缺点相对抗。这两者之间存在着惊人的矛盾。如果我们无法意识到这些矛盾的含义，就很难观察到它们。事实上，从这些矛盾中我们可以发现一个重要线索，通过这个线索，我们可以了解自责的驱动力；它们已经揭示了神经症患者对自身缺点的严厉自责，因此神经症患者必然渴望找到自我保护的方法。可能的方法有两种：其一是将责任推给他人，其二是积极面对自己的问题。然而，当神经症患者采用第一种方式转移了责任后，却仍然无法从意识中摆脱自责，这是为什么呢？因为，在他看来，这些外部因素并没有超出他的控制，确切地说，他觉得自己应该能够掌控这些因素。因此，他觉得自己要对所有问题负责，他有失体面的缺点也由此暴露出来了。

虽然自责贯穿于大量的具体事情中，如动机、烦恼等，但还有一些部分依然是模糊不清的。神经症患者如果无法将自责归因于某种具体的事物，内心就会有一种挥之不去的罪恶感。即使深入探究其原因，往往还是以失望告终。最后，他或许会认为，这可能与先前的一些外移作用所导致的罪恶有关；有时候，还会出现一种更具体的自责，而这使他相信自己已经找到了自恨的理由。例如，假设他意识到了自己并不关心别人，也不想照顾别人，于是，他努力改变这种态度，试图以此消除自恨。然而，尽管他敢于正视自己的缺点，尽管他付出了努力，尽管这种态度值得肯定，但他也无法达到目的，因为他已经本末倒置了。他并非因为他的自责有部分道理而自恨，而是因为自恨而自责。于是，自恨变本加厉，形成恶性循环，一种自责之后又会衍生出另一种自责：他没有报复，所以他是个懦夫；但报复心还在，所以他很残忍；他能够帮助他人，所以他很虚伪；他帮不到别人，所以他是一头自私自利的猪，等等。

如果他将自责外移，则会感觉到他做的任何事情都会被人怀疑具有隐秘的动机。就像前面讲过的，对他来说，这种感觉如此真实，以致他会愤恨于别人的不公。为了保护自己，他或许会戴上一副坚实的面具，这样一来，别人就无法通过他的声音和表情对他的内心做出判断。或者，他自己都没有意识到这种外移，只是感觉大家都很善良。而且，只有在精神分析的过程中，他才会发现自己确实有一种长期被人怀疑的感觉。这很像达摩克利斯国王，因为害怕被自责之剑刺中而生活在恐惧之中。

卡夫卡在《审判》中对这种模糊的自责有过清晰的描述，关于这一点，任何精神医学方面的著作都无法与之相比。正如卡夫卡一样，在神经症患者看来，有些判决有失公允，也不明确，因此，他们会奋起自卫，遗憾的是，这种斗争没有任何意义，只会令他们感到绝望。卡夫卡之所以会失败，其真正原因就是自责。弗洛姆对《审判》的分析也体现了这一特点：卡夫卡生活在麻木之中，没有前进的目标，缺乏成长的动力和自主性。简言之，弗洛姆认为他"缺乏精进的生活"。在弗洛姆看来，无论是什么人，只要生活在这种状态下，就不可避免地会产生罪恶感，而且其理由也很充分：因为他就是有罪。他没有求助于自己，也没有求助于自己的智慧，而是始终希望得到别人的帮助。这种分析中蕴含着一种深邃的智慧。对其中的理念，我也表示赞同。但我认为这还不算完整，因为他并没有考虑到自责的无益性，即自责仅仅具有责备的特性。也就是说，他忘记了卡夫卡对自己的罪行所持的态度，这种态度在其所处阶段没有任何建设性作用。因为他只是以自恨的方式来处理问题，而并没有意识到自恨是残酷的，而全部过程都外移了，可见这些都是在潜意识中进行的。

一个人可能会为自己的一些客观看来良好的、恰当的、无害的行为或态度而自责。在他看来，"关照自己"就是娇养，爱吃美食就是贪得无厌，不盲从、独立思考就是自私固执，接受行之有效的精神分析治疗就是自我放纵，坚持自己的想法就是自作聪明。我们要注意的是，哪些"追求"与自负或内心指使发生了矛盾。一个人如果认为应该禁欲，他就会谴责自己贪婪；如果认为应该自谦，他就会将坚持己见视为自私自利。但这种自责仅能体现神经症患者的真我与日常欲望之间的矛盾，而并不涉及最重要的原因。在精神分析的最后阶段，自责也会明显增加，它成为一种目的，对人性的正常发展造成阻碍和侮辱。

自责是一种邪恶的表现（自恨也是如此），它需要自我防护，对此我们已经在分析中有了清晰的认识。一旦神经症患者遭遇困境，防护便会随之展开。他可能会出现愤怒、疑惑乃至与人争执的反应。例如，他会立刻说：虽然以前的确有这种情况，但现在他已经好转了；假如他的妻子没有做出那样的事，也就不会出任何问题了；如果不是因为他父母，事情也不会发展到这个地步。他可能对精神分析师态度粗暴，甚至采取极端的攻击行为；也有可能恰好相反，表现为接受和顺从。也就是说，他的反应就好像受到了严厉的指责，并且因为极度恐惧而无法淡定地看待指责。于是，他利用自己所能支配的手段对自责发起盲目的攻击。例如，把错误归罪于他人、千方百计地回避指责、主动认错、继续攻击，等等。在这里，我们面临的是精神分析治疗中的主要障碍。但除了会影响精神分析，它还是阻碍人们客观面对问题的主要原因之一。"回避自责"的强烈需求使得人们无法对自己进行建设性的批评，无法从错误中汲取教训。

我想借助对比正常的"良心"，对神经症的自责进行综合分析。正常的良心始终对真我的利益给予极高的关注。借用艾利希·弗洛姆的一句名言来形容，就是"人类自我的觉醒"，是真我对完整人格适当运转或不当运转的反应。而神经症患者的自负是自责的根源，当个体的自负需求无法得到满足时，就会用自责来表示不满。它们想要反抗真我、压制真我，以致击垮真我，而并非为了支持真我。

显而易见，良心所引发的不安或失望能够具有建设性作用，因为它可以反思我们的行为或反应，甚至审视整个生活方式。良心不安带来的过程从一开始就与神经症的过程完全不同。在良心的驱使下，我们得以采用公正的态度去看待错误的行为或态度，既不夸大也不低估。我们努力确认自己的责任范围，寻找改正错误的可行方法，最终将问题解决。而自责却截然相反。它大力渲染错误，宣判并谴责人格的罪恶，此后，自责的使命就终结了，没有采取任何积极的行动，这也就证实了自责本来就是毫无益处的。总而言之，良心是一种精神道德力量，它能使我们以积极的心态面对人生中出现的问题，能促进我们人格的发展。然而，从自责的根源和结果不难看出，自责属于非精神道德，局限于将自己所面临的问题加以评判，无法寻求解决问题的途径，因此阻碍了人格的发展。

弗洛姆将正常的良心和"强权主义者"的良心进行了比较，发现后者属于"内移的权威恐惧"。事实上，"良心"一词包含了三种截然不同的含义。其一，因为担心暴露，担心受到惩罚，所以不自觉地屈服于外部的权威。其二，认为自己有罪而产生自责心理，或是在建设性层面上对自我感到不满。在我看来，只有后者才能称为"良心"，而且，我所使用的"良心"一词也专指这个含义。其三，自恨可以表现为自卑。我用这种说法来统称对自信的各种削弱方式，包括自疑、自轻、自贬、自辱、自嘲等。自卑与自责略有差异，我们往往无法确定一个人是因为无用、自责而感到自己有罪，还是因为自我贬损而感到卑贱、无用或轻视自己。从某些情势看，我们只能确定，这些都是击垮我们自己的各种力量。但是，在自恨的这两种形式之间存在着一个比较明确的区别。自卑是在对抗为改善现状或追求成就而做出的努力。个体对自卑的认识在程度上存在着巨大差异，关于这个问题，我们会在后面的内容中进行探讨。这种自卑有可能隐藏在沉着而又正当的自大背后，也有可能会被直接感受到或被直接表现出来。例如，在公共场合，一个女孩想给鼻子搽点粉，这时，她心里或许在说："丑小鸭，就知道臭美，真可笑！"再例如，有一个聪明人，他读了一篇论文后，也想写出这么好的文章，可是他的内心却在说："你这个自以为是的骗子，你怎么可能写出这样的文章！"即便如此，如果我们认为那些易于自嘲的人通常对这些想法的内涵是非常清楚的，那么我们就犯了严重的错误。还有一些直率的讨论或许确实不乏幽默和机智，不带有任何恶意。我在前面已经讲过，这些更是难以评价的。他们可能是在潜意识中为了顾及颜面才耍了这样的小聪明，也可能是为了达到某种自由，同时避免丢失自负的体面。说得更清楚些，他们就是为了保护自负、保全自己而从屈服转为自卑的。

虽然人们可能将自辱称为"谦逊"，神经症患者本人也有同样的感受，但自辱的态度还是比较容易被观察到的。例如，在精心照料了生病的家人后，他或许会说："这只不过是我应该做的。"另外，他还会说："我这样做是为了感动别人。"但这其实是谎话，但他并不认为自己认可这种撒谎行为。当神经症患者病情好转时，医生会认为这是因为神经症患者的好运气和旺盛的生命力，但当神经症患者的病情没有得到改善时，医生却认为责任在自己。此外，虽然自卑或许不易察觉，但从他人的角度讲，某些"对结果的恐惧"是显而易见的。所以，在讨论问题时，很多博学多识的人因为担心遭到嘲讽，所以不敢大胆发言。显然，这就是对自身成就和才华的否定和自辱，这对自信的重塑和发展非常不利。

自卑还会以或粗俗或巧妙的方式表现在整个行为中。对于自己的愿望，自己正在做和将要做的工作，自己的时间、想法和理念等，他们或许评估过低。他们有一个共同点，就是无法严肃对待自己的思想、感觉和行为，而且，当看到别人能够做到这一点时，他们会觉得非常吃惊。于是，他们对自己产生了怀疑，接着发展为对世人的怀疑。从他们怯懦、道歉或谄媚的行为来看，自卑在其中表现得非常明显。

就像其他的自恨形式一样，自骂也会出现在睡梦中，或者出现在做梦的人神志不清的时候。一些象征物会成为他们意念的载体，比如污水池、盗贼、小丑、恶心的东西（大猩猩或蟑螂）等。睡梦中，他们可能会看到一幢外表豪华、内部肮脏的房子；这幢房子或许已经塌了，而且毫无修缮的可能；或者，他们梦见自己正在房子里和下贱的女人同床共枕；或者，他们梦见自己在房子里当众受到羞辱，等等。

为了对问题的严重性有个深入的了解，我们有必要考虑自卑的四种后果。第一，一些神经症患者会拿自己和自己交往过的所有人或是对自己不利的人做比较，从而觉得自己不如别人优越，例如，别人更会穿衣打扮、更幽默、更有吸引力、更聪明、更迷人等等，自己无论在年龄、地位，还是其他方面，都无法和别人相比。经过这样的比较，神经症患者会有被打击的感觉，心理出现失衡，但他们依然不能深入思考这些问题。即使他们用心思考，也还是会感到自卑。一般来说，做这样的比较是毫无意义的，只会使自己更加郁闷。一个人本来已经有所成就并引以为傲，但他为什么偏要和一个精于舞技的女孩做比较呢？或者，一个人本来对音乐毫无兴趣，但他为什么偏要和音乐家作比较，并因此而自卑呢？

只有当我们想起那种各方面都要出类拔萃的潜意识要求时，这些问题才具有意义。需要附加说明的是，神经症患者的自负过高地要求自己在做人和做事上都要比别人更优秀。因此，当看到别人在某方面的成就或特长时，他就会感到焦虑不安，同时产生自毁性的责骂。有时候，这种关系也会反过来，当神经症患者处于自骂状态时，他需要别人对此给予强有力的支持，来肯定他责怪性的自我批判。我们举两个例子来具体说明这一点。一位母亲既有野心又有虐待倾向，她拿儿子朋友的好成绩和干净的指甲与儿子做比较，使儿子感到羞耻。但这个案例尚不足以解释竞争中畏缩不前的过程。在这种情况下，竞争中的畏缩不前只是自卑的结果。

自卑的第二种结果就是在人际关系中"易受攻击"。对于他人的批评和拒绝，神经症患者因自卑而反应敏感，某些事情原本没什么大不了的，但在他看来，这些就是对他的轻视、攻击，厌恶与他为伴，或是真切的鄙视。于是，他本来对自己就缺乏自信，这种情绪又为自卑所强化，因此更加怀疑别人的态度。他不能直面自己的真实情况，在他看来，那些对他的缺点一清二楚的人是不会用善意的态度来对待他的。

这种感受在他的内心深处更加强烈，使他坚信别人正在轻视他，尽管他自己可能都没有意识到这种自卑，但在内心深处，这种猜疑已经打下了烙印。有两个因素可以说明大部分自卑的外化：其一，轻率地认定别人对自己的轻视；其二，完全或相对地认识到自己的自卑。对于人际关系来说，这种外化多多少少会造成不利影响，别人的善意会被他曲解。在他看来，赞扬无异于讽刺，同情也无异于怜悯和施舍。人们接近他是因为有求于他，人们说喜欢他是因为不了解他，或是因为他们自己也是无用的或患有神经症，或是因为现在或将来他对他们有用。由此推出，他会因为一些本无恶意的事情而感到自卑，例如，别人拒绝了他的邀请，没有及时回应他，在剧场或街上碰面时没有和他打招呼，等等。如果有人和他开了个善意的玩笑，他就会觉得这是对他的羞辱。如果有人对他的意见持反对态度，或者提出批评，他不仅不会将其视为真诚的建议，反而会认为对方是在蔑视他。

正如我们在分析中见到的那样，这种人并不知道自己是怎样与人交往的，也不清楚自己的人际关系中存在着扭曲现象。在他看来，他人的轻蔑是确确实实的，在进行分析时，我们可以发现神经症患者的这种心态，以及这种心态会发展到什么程度。经过一系列的分析后，患者逐渐对精神分析师友善起来，他会坦率地说出分析师显然是在轻视他，因此他觉得没有必要特别提出这一点或是对其进行深入的分析。

对于他人的态度，人们很容易做出各种解读，特别是当抛开背景单独来看这些态度时，因此，那些与人际关系有关的知觉扭曲都是可以理解的。但是，在患者看来，被"外移"了的自卑是确定无误的，从而也就更容易形成对他人的扭曲看法。这种转移责任的做法带有明显的自卫性质，但无论是谁，都无法忍受一直生活在频繁出现的强烈自卑中。可见，神经症患者在潜意识中总是把别人视为罪犯。尽管被轻视和拒绝会给他带来痛苦（事实上，谁都如此），但与直面自卑相比就不算什么了。值得注意的是，别人无法伤害我们的自尊，也无法建立我们的自尊，这是一门艰苦的课程，每个人都要花时间学习。

由于病态的自负会导致自卑的"易受攻击性"，二者总是相伴而生，因此，我们往往很难判定一个人的屈辱感是源于自负受损，还是源于自卑的"外移"。这二者之间的关系太过密切，所以，我们在处理问题时往往需要同时考虑这两个方面。当然，在某些特殊情况下，它们中的一个会比另一个更明显，我们能够很容易观察到。当面对"轻视"时，有的人表现出自大和报复心，其原因就是自尊受到了伤害。如果因为同样的愤怒，他变得卑躬屈节，试图迎合别人，那么其原因就是自卑。无论属于哪种情况，我们都要注意，相反的现象可能是相反的一面导致的。

在自卑的掌控下，有的人会从别人那里学到很多恶习。他甚至无法察觉到这些恶习是对他的侮辱或欺压。即使旁人为他打抱不平，让他得以意识到这一点，他也会试图替冒犯者开脱，甚至觉得冒犯者的行为是对的。这种现象只有在病态的依赖性等情况下才会发生，它源于错综复杂的"内在情愫群"。但导致这种结果的因素，主要还是神经症患者怀疑自己不配受到任何更好的对待。例如，一个女人的丈夫与别的女人关系暧昧并以此为荣，这个女人感到非常苦恼，但又无法表达她的愤怒，因为在她看来，是自己缺乏魅力，而那些女人比自己更具吸引力。

最后要说的是，神经症患者需要借助他人的关心、称颂、敬仰、崇拜或喜爱来平衡或减轻自卑心理。对这些关心的追求具有强迫性，因为这种需求是神经症患者所无法控制的。它也可以取决于最终获胜的需求，甚至可能成为一种纯粹消耗性的生活目标。于是，便会导致这样的结局：对自我的评价完全决定于他人，当他人的态度发生变化时，自我评价也会随之变化。

为什么神经症患者沉溺于对自我的美化？沿着广阔的理论线进行思考，就可以根据这些观察更深入地了解其中的答案。因为在他看来，除此以外别无选择，否则他只能在自卑的恐惧中消亡。于是，在自卑和自负之间形成恶性循环，二者互相成为彼此的助力。只有当他对自己的现实情况发生兴趣时，这种循环才会停止。但在自卑的作用下，他还是无法发现自己。对他来说，只要他那堕落的形象依旧是真实的，那么现实中他就会显得非常卑微。

神经症患者会对自己的哪些方面表示轻视呢？有时几乎是任何方面，例如他的悟性，也就是记忆力、推理能力、判断力、计划能力、思考能力、特殊才艺或天赋等，包括了任何个人行为及公开行为；或者是他的外貌与体能，所有这些都在轻视范围内。但轻视的分布是不均匀的，在通常情况下，比较明显地集中于某些方面，这取决于某种态度或能力对于解决神经症所具有的重要性。例如，有些神经症患者属于报复型的，富有攻击性，非常鄙视自己的"懦弱"，这种"懦弱"包括各种顺从的态度（包括合理的顺从）、复仇失败、对他人的积极情感、无法控制自己或他人等。由于本书篇幅所限，我们无法对所有可能性都进行详细的描述。但我们可以选择其中比较常见的两种自卑进行分析，它们与智力和吸引力密切相关——这样，我们就可以更好地做出解释。

关于仪表和容貌的自贬可谓形形色色，有的人觉得自己不讨人喜欢，有的人则觉得自己令人厌恶。如果这种情况出现在比普通女子更漂亮的女性身上，可能会使人感到诧异。但我们不要忘记，这恐怕不是别人的看法，客观事实也并非如此，这只能表明那个女人真实的自我和理想的自我之间存在着差异。所以，即使我们都赞美她漂亮，她依然无法改变自己的看法——毕竟从古至今都不可能有百分百的美人。于是，她就会盯着自己的缺陷，例如身体上的疤痕，手腕不够纤细，头发卷曲得不够自然，等，她对此非常重视，于是就会轻视自己，有时她甚至讨厌看到镜子中的自己。她担心自己在别人眼里是丑陋的，而且很容易就会为这种恐惧所包围，她甚至因此担心观影时旁边的观众会因此而换座位。

从其他人格因素来看，对自己容貌的不满可能会导致以下结果：要么花费大量的精力对抗消极的自骂，要么对容貌产生"满不在乎"的态度。在第一种情况下，她可能会把大量的时间和金钱用在衣帽、发式、皮肤等方面。如果她的自卑是针对鼻子、乳房、体形等具体方面，那么她或许就会采取整形或强制减肥等极端手段。而在第二种情况下，自负就会影响她对自己姿态、衣着、皮肤等方面的料理。此时，她或许会更加确定自己真的很丑，对她来说，任何企图改变容貌的努力都是无济于事的。

如果她了解到对容貌的自责背后有着更深层的原因，那么她的痛苦就会加深。"我吸引人吗？"和"我可爱吗？"这两个问题是不可分割来看的。这其中蕴含了一个有关人类心理学的重要问题，我们暂且搁

置这个问题，留待另一章节再探讨关于"可爱"的问题。其实，虽然
这两个问题在很多方面是相互关联的，但它们并不相同。前者意味着：
"我的外表漂亮吗？能够吸引别人爱我吗？"后者则意味着："我具备
使人爱我的能力吗？"显然，前者对年轻人来说更为重要，但后者却关
系到我们生存的中心，而且与从爱情生活中获得幸福有关。然而，可爱
的特质与人格关系密切，如果神经症患者脱离了自己，就会导致其人格
变得模糊不清，使其对此丧失兴趣。虽然吸引力完整与否没有任何实际
意义，但"可爱"的特质在所有神经症患者中都受到了伤害。然而，奇
怪的是，精神分析师很少听到有关第二种情况的抱怨，而经常听到第一
种。在神经症患者中，往往有各种"注意力转移作用"发生，这不正是
从本质到外延的转移吗？这不正是从完成自我到追求完美的外表吗？这
个过程不正是与追求魅力相一致吗？魅力不会体现在对"可爱"的建立
和发展上，但魅力需要适宜的包装和优雅的气质。也就是说，所有关于
仪表的问题都不可避免地具有过分的意义，因此，"自贬"会集中在这
些问题上也就不难理解了。

　　而针对智力的自贬，是因为患者觉得自己愚笨无能，这与自负者觉
得自己无所不能是一样的，这取决于在这一点上居于显著地位的是自卑
还是自负。实际上，大多数神经症患者会出于各种原因对自己的智力感
到不满，担心自己显得太过激进或许会阻碍批判性思考，过于约束自己
或许会造成难以形成自己的观点。证明自己无所不能的强迫症需求会干
扰他们的学习能力，试图掩盖自身问题会削弱他们思维的清晰度。就像
人们让自己无视内心的冲突一样，他们或许会忘记其他类型的矛盾，也
或许会过分关注以往的荣誉，而对目前的工作失去兴趣。

　　我曾经认为这种真实的困难完全能够说明这种愚蠢的感觉，而且
还期待着所谈论的事情能够对愚蠢感有所助益，例如，我会提醒神经症
患者："你的智力是完整无损、完全正常的，但你的勇气、兴趣和工作
能力又如何呢？"当然，这些都是值得研究的因素，然而，神经症患者
却对在日常生活中灵活使用智慧毫不在意，只关注"大脑"中的绝对智

慧。当时的我尚不了解自贬过程的力量，这种力量有时超乎人的想象。有些人明明已经获得了成就，但依然一味强调自己的愚蠢，而不愿承认自己的远大抱负，因为他们宁可付出巨大的代价，也要极力避免受到讥讽或嘲笑。在内心十分失望的时候，他们会放弃所有相反的证据和证明，而接受这种判定。

自贬的过程在各种程度上都妨碍了神经症患者对所有兴趣的主动追求，不论是在活动之前、活动之中，还是活动之后，都会体现出它的影响。神经症患者会对自卑采取屈服的态度，从而陷入沮丧，无法在公共场所进行演讲，无论是在演讲前还是演讲过程中都会感到恐惧（也就是怯场）。在从事某种活动时，一旦遇到困难，就会立即选择放弃。除此之外，神经症患者的自卑和自负都会导致他对外界事物反应敏感，易受攻击，产生恐惧或回避的情绪。总而言之，神经症患者一方面期待得到赞美，另一方面却主动自贬和自辱。

神经症患者即便克服各种困难，完成了一项工作，但自卑依然可以起到一定的作用，他会认为：“任何人只要付出同等程度的努力，就都能做好这件事。”例如，一个人在钢琴演奏时觉得自己有一段发挥失误了，他或许就会想：“这次没被发现纯属侥幸，但下次就不会这么幸运了。”此时，失败就会唤醒自卑的全部力量，这种力量所造成的影响远远超过了事件本身。

自恨的第四种表现是自摧。首先，我们把这种表现的范围确定下来，以便区分与之相似或具有相同效应的表现。正常的自律与病态的自摧是不同的。正常人为了追求更高或更重要的目标，会放弃某些活动或令他满足的事情，但这仅仅是为了寻求更高的价值层次。所以，一些年轻夫妇为了减少家庭开销而放弃享乐的机会，专心于工作的艺术家或学者为了安静地工作而限制自己的社交活动。这些戒律有个先决条件，即能够认识到时间、精力和金钱方面的缺陷（神经症患者恰恰缺乏这种认识），同时要清楚自己的真实愿望究竟是什么，并且将主要精力放到重要的事情上，放弃那些不重要的事情。对于神经症患者来说，要想做到这一点比较困难，因为他们的愿望多为强迫性需求，而且每个愿望都同样重要，无法舍弃任何一个。从精神分析治疗中可以发现，正常的自律通常是一种可以靠近的目标。根据我的经验，神经症患者并不了解主动的自制与自摧之间的区别，因此，我才会在这里提及这一点。

还有一点需要注意，从某种程度上讲，神经症患者备受折磨，但他自己却并没有意识到这一点。他需要了解自己的潜能，但他内心的冲突、强迫性的驱动力、自以为已经解决了问题、自我的疏离等都对此形成了阻碍。此外，由于对"无限权力"的追求无法实现，他经常会有挫败的感觉。

然而，无论这些挫败是真实的还是想象的，它们都并非源于自摧的意向。例如，对赞美和喜爱的需求其实就是对真我和真我情感的摧残。由于神经症患者也必须应付他人，因此这种需求自然存在（对他的基本焦虑我们暂且不谈）。在这种情况下出现的自我剥夺虽然残酷，但却是这个过程的不幸的副产品。就自恨而言，截至目前，我们已经探讨过自恨所导致的主动自摧。"应该"就像暴君一样，是对自尊的迫害。此外，享乐方面的禁忌以及对希望的压制则更加体现了自恨的主动摧残性。

处于正常状态下的我们，渴望去做自己真正感兴趣的事，这使我们的生活真诚而充实，但是享乐方面的禁忌却对此具有破坏性作用。一般来说，神经症患者对自己越了解，就越能深刻体会到内心的禁忌。例如，神经症患者想去旅行，但他的内心却说："你不可以去。"或者内心发出另一种声音："你没有资格休息，你不配看电影、买衣服。"或是更为普遍的说法："好事轮不到你。"他也对这种焦虑持怀疑态度，试图自己分析问题、寻求答案，但又感到力不从心，就好像用一只铁手去关一扇沉重的门一样。虽然他知道精神分析治疗对自己有益，但又因厌倦而终止。有时他的内心还会围绕着某个主题进行对话，例如，繁忙的一天结束后，他感到非常疲倦，需要休息，但此时他的内心就会批判他："你的确很懒！""不，我确实很累。""不，其实你在放任自己，照此发展下去，你会一事无成。"这样的对话持续进行着，他或许会带着罪恶感去休息，或许拖着疲惫的身体继续工作。事实上，这两种做法都对他无益。

一个人在追求享受的同时又打击自己，这个过程往往会在梦中出现。例如，一位女士梦见自己在一个满是水果的园子里，当她想去摘一个水果，或是刚刚摘下一个水果时，立刻就有人把她手里的水果抢走。再例如，一个处于失望中的人梦见自己试图打开一扇厚重的门，却怎么也打不开；他想坐火车，但火车却刚刚开走；他想亲吻一个姑娘，但那个姑娘突然消失了，他的耳边不断传来嘲讽的话语。

在社会意识中也会隐藏着某些享乐方面的禁忌。"如果还有人住在贫民窟里，我就不该住在豪华的公寓中……如果还有人在挨饿，我就不应该浪费粮食……"这些想法果真源于社会责任感吗？或者只是源于禁止享受的心理习惯？这个问题需要我们认真对待。此时，我们只需问一个简单的问题就能澄清这一点，从而揭示出虚伪光环背后的真相：你会把不肯花在自己身上的钱打包寄到欧洲吗？

我们也可以通过"既已存在的抑制"对这种禁忌做出推断。例如，一个人只有当与他人分享某件事物时才能满足，但他却不考虑对方的感受，强迫别人和他一起欣赏唱片，而且，在单独一个人时，他很难享受任何事物。还有一些人是吝啬于为自己花钱，对此，他自己也无法做出更合理的解释。这在以下情况中表现得更为明显：如果某件事能够提升他的名望，他就会为此过度开销，例如，购买对他来说没有任何意义的古玩，以相当明显的方式进行施舍，或者举办一场盛大的舞会。这些事情占用了他大量的精力。他成了虚荣的奴仆，而任何点滴的享受都为他所禁止，就好像有某种戒律约束了他的行为。

如同其他任何禁忌一样，焦虑以及与焦虑相似的事物会令他产生挫败感。例如，一位神经症患者不肯喝下别人为他准备的咖啡（在精美的早餐中，这是不可缺少的），他本以为我会责怪他，认为他这样做是"自私"的表现，但我没有责怪他，而是对他的举动大加赞赏，他听后感到非常惊讶。再例如，他搬进了一间条件优越的新公寓，但他的内心却感到极度不安。在享受宴会时，他的内心有个声音在高喊："你迟早会为此付出代价！"他因此感到恐慌。一位神经症患者买了新的家具，但他的内心却在说："你在有生之年根本无法享受它们。"这位神经症患者的情况比较特殊，这意味着对癌症的恐惧正在撞击着他的内心。

在分析中，我们能够清晰地观察到希望的压制。"坚决不"这个字眼在克服"结果"的意义方面没有任何作用，而且它会继续复发。即使情况果真有了改善，他的内心也会出现这样的声音："如果你无法掌控自己的恐惧和依赖性，你就难以获得自由。"此时，神经症患者就会遭受恐惧的侵扰，并且强烈地要求治好自己的病，希望得到他人的帮助。神经症患者有时也承认情况有了好转，但他依然会说："精神分析治疗确实帮助了我，但无法给我更多的帮助了，这样看来，精神分析治疗还有什么益处呢？希望一旦再次被粉碎，毁灭的感觉仍然会出现。"大家还记得但丁描写的地狱吧，在地狱的入口处刻着这样一句话："无论是谁，当你进入这里，就将希望扔掉吧！"已有明显改善后出现的反应是会复发的，因此也是预料之中的。一位神经症患者觉得自己的情况有了好转，已经能够把恐惧忘掉了，已经找到了能够帮助自己逃离恐慌的方法，但此后他再次恢复原状，甚至变得更加严重。另一位精神麻木、对生活失去信心的神经症患者，每每想起自己还是有优点的时候，就会感到恐慌、绝望，并且试图结束自己的生命。这源于一种自我落败的潜意识，这种潜意识一旦形成并且生根发芽，神经症患者就会冷嘲热讽地拒绝所有关于试图进一步治疗的保证。我们可以通过某些案例，对这种复发过程的诱因进行深入的研究。当神经症患者知道了哪些状态比较理想时——例如放弃不合理的要求——他就会觉得自己已经改变了。在想象中，他登上了绝对自由的顶峰。接着，他又会因为自己实际上无法做到这一点而产生自恨心理，他会对自己说："你太没用了，什么目标都达不到。"

最后一项且是最隐蔽的一项是自摧，即对一切希望的禁忌。这些希望不仅包括夸张的幻想，还包括想利用自己的智慧使自己变得更强大、更优秀而做出的努力。在这里，自卑和自摧之间的界限模糊不清。"你想做事吗？你想歌唱吗？你还想结婚吗？其实你什么都做不到。"

有一个人经过努力终于成为成功人士，我们从他身上可以发现这些因素。大约在他找到好工作的前一年——当时并没有出现外在因素的改变——他和一位年长的女士交谈，女士问道："你想做什么？你此生能够完成什么？"虽然他是个聪明且有思想的人，平时也很勤奋，但他从未思考过这些问题。于是，他这样回答："我是为了谋生而活着。"在别人看来，他会有个好前途，但他从未想到要有一番大作为。在自我分析的帮助下，在外界的刺激下，他也付出了努力，但对于自己在研究中的发现，他却不知道有何意义，因而无法增强自己的信心，在他看来，自己是不会有所作为的。他可能会忘记了自己的发现，此后又意外地重新发现它们。最后，当他对自己进行精神分析时，依然无法克服一些禁忌，例如关于他所希望、渴求的事物，或是关于了解自己的特殊才能等方面。显然，他的天赋以及追求目标的壮志已经强烈到无法完全被阻止的程度，所以，即便他完成了某些事（即便付出了很大的代价），他仍然会回避这个事实，无法拥有它，也无法享受它。对其他人来说，结果同样不尽如人意。在新事物面前，他们退缩，没有勇气尝试；对于生命，他们没有什么期待，也没有远大的目标。因此，他们只是生活在自己的心灵水平和能力水平以下。

与其他的自恨方式相同，自摧也会在"外移作用"下表现出来。一个人可能常常埋怨自己不愉快的祸根是老板、妻子、经济状况、政治环境和气候等因素，没有这些原因，他就能够成为世界上最快乐的人了。的确，我们不能忽视这些因素对幸福生活的影响，否则我们会偏向于另一个极端。但我们需要考虑这些因素与幸福生活的相关性有多大，内心激发的思虑有多少与这些因素有关。毕竟也有很多人因为自己能够与他人和睦相处、能够善待自己而感到安宁和满足，而无论外在的困难有多大。

　　但换个角度来看，自虐也是自恨的必然结果。为了追求无法兑现的完美，神经症患者可能会鞭策自己、轻视自己、折磨自己、责备自己，所有这些都属于自我虐待。之所以把自虐作为自恨表现中的单独一类，是因为其中包含了令自己受苦的意向。对于每种神经症的痛苦案例，我们都要考虑所有的可能性。例如，要考虑自疑的情况，它们可能由内在的冲突所导致，表现为无目的、无结果的对话，神经症患者利用这样的对话来对抗自责，以此进行自我保护；它们也可能是自恨的表现，目的是摧毁神经症患者的置身之处。事实上，由于人们会被"自疑"吞噬，因此，神经症患者也许有着和哈姆雷特一样的痛苦，甚至比他更痛苦。显然，对导致这些情况的一切理由，我们都要进行分析，但它们是否也构成了一种自虐的潜意识倾向呢？

　　还有一种与此相同的特性，即拖延。我们都知道，很多因素都会造成决定和行动上的拖延。例如，一般意义上的懒惰和无力做决定就属于这种情况。拖延者都知道，越是拖延，积累的事情就越多，烦恼也会随之增加。在这里，我们需要重新关注某些尚无定论的问题。假如他没有因为拖延而烦恼，拖延也没有给他造成什么不良后果，他就会满怀欣喜地对自己说："这没错。"但这并不意味着他的拖延不是因为被驱使着去折磨自己而导致的，而意味着他要报复自己所遭受的痛苦，他要从这种报复中得到满足，可见，这是一种"幸灾乐祸"的心态。虽然我至今尚未从中发现主动自虐的迹象，但确实可以发现如同看到别人惊慌不安时所流露出的满足。

　　从其他的观察来看，主动自虐的驱动力的确存在，假如没有这些证据，我们所说的一切就无法成为定论。神经症患者有时会发现自己在一些细节上非常苛刻，例如，他的琐碎节约不只是某种"抑制"，而且能够让自己满足，有时甚至会成为一种嗜好。因此，一些抑郁症患者不仅具有真实的恐惧感，而且还会以残忍的方式恐吓自己。例如，从他们对自身的感觉就能有所发现，当胃不舒服时，他们会认为自己得了胃癌；本来只是轻度的咽炎，他们会认为自己得了肺结核；颈椎病会被他们视为脑瘤；肌肉酸痛会被他们视为脊髓灰质炎；一旦有了焦虑的感觉，他们就会觉得自己快要神经错乱了。例如，一位神经症患者感觉自己经历了一个"中毒过程"。一开始表现为睡眠障碍和轻微的不安，但此时她就会提醒自己，新一轮的恐惧循环又开始了，在随后的日子里，每天晚上她都会感到症状在不断加重，令她难以忍受。最初的恐慌可能只是一个雪球，而整个过程就是把雪球滚成雪堆，最终，雪堆崩塌，把她压在下面。她在一首诗中这样写道："在自虐中，我感到格外欢喜。"我们可以从这些抑郁症患者中分离出一种自虐的因素：在他们看来，自己应该拥有绝对的健康、绝对的勇敢和绝对的安宁，一旦出现与此相反的症状，即使只是轻微的症状，他们就会对自己发起残忍的攻击。

此外，在对神经症患者的虐待冲动或幻想进行分析时我们发现，其原因或许就是神经症患者对自己的虐待冲动。神经症患者有时会萌生一种折磨他人的幻想或冲动，无助者或儿童最容易成为他的折磨对象。例如，一位神经症患者和一个名叫安妮的驼背女仆住在同一座公寓里。神经症患者一方面有一种强烈的冲动，另一方面又因这种冲动而感到烦躁不安。安妮待神经症患者非常好，从不在感情上伤害他。当神经症患者还没有虐待幻想的时候，他看到安妮身体畸形，非常同情，但同时还有一种厌恶感，在他看来，他把安妮当成了自己，所以才会同时有这两种不同的情绪。他原本身体健康，但每当由于精神原因而感到无助并且充满歧视感时，他就会觉得自己无异于一个跛脚的人。当他第一次看到安妮在费力地擦洗地板，并且认为她是在作践自己时，他萌生了虐待的幻想和冲动。其实，安妮每天都是这样工作的，但只有当他为自负所包围或者意识到自谦的倾向时，他才会特别注意并且感受到这种情形。

所以，我们可以将这种虐待他人的强迫性欲望解释为一种自我虐待的冲动的具体化（外移），这使他产生了一种凌驾于弱者之上的刺激感。这种积极的欲望最终弱化为一种虐待性的幻想。只有当他的自谦倾向以及对该倾向的厌恶感变得十分明显时，这些幻想才会随之消失。

我并不赞同"所有的虐待冲动和行为均源于自恨"的说法，但我认为，"自虐"的驱动力的"外移"现象必定是导致这种情形的因素之一。不管怎样，对于这种关系的可能性，我们要给予足够的关注。

在其他患者身上，对自虐的恐惧反应有时虽然并无外在的诱因，但有时由于自恨的增加，它们同样会出现，从而表现出对自虐的驱动力的外移的一种恐惧。

我们由此还可以发现性行为和性幻想方面的受虐倾向。例如，神经症患者认为手淫幻想是堕落的表现，并且备受其残酷折磨，在手淫的同时，他往往会用力揪头发、用手击打自己、抓挠自己、穿很紧的鞋子走路、摆出难受和痛苦的姿势等。这类神经症患者在进行性行为之前，需要受到责骂、捆绑、抽打，或者被强迫做出低贱或令人厌恶的动作，才能获得性满足。这些案例的构成十分复杂，我认为至少要区分两种不同的类型：其一，神经症患者认为自我堕落是使他获得性满足的唯一方式（其原因将在后面的内容中进行探讨）；其二，神经症患者通过自虐获得报复性的快感。事实上，神经症患者通常既是折磨者，也是受折磨者；受折磨和折磨自己都会让他感到满足。由此我们坚信，只有根据有意识的经验来区分二者才是正确的。

自恨最终必然导致直接的或者单纯的"自毁冲动或自毁行为"。这些极端现象可能是有意识或无意识的，可能是想象的或实践的，可能是缓慢的、隐秘的、痛苦的或是激烈的、公开的，其关系到的问题可大可小，但最终目的都是自毁，使神经症患者从心理上、生理上、精神上摧毁自我。考虑到这些可能性后，我们就破解了神经症患者自杀的真相。我们可能通过各种方式来毁灭生活中所有的事物，而自毁的终极的表现就是自杀。

对身体的自毁是最容易察觉的，但它集中表现在精神病患者身上。而神经症患者的自毁程度则比较轻，其行为通常隐藏于"坏习惯"之中，如拔头发、抓头发、啃指甲等行为。偶尔也会出现突发性的严重伤害冲动，但与精神病患者的行为相反，它们仅仅出现在想象中，而且似乎只有那些轻视现实（也轻视自己的所有状况）、生活在想象中的神经症患者才会出现这种情况。这些行为通常出现在瞬息的意识之后，整个过程如闪电般迅速，因此，对于该过程的顺序和结果，我们只能通过分析来得知。神经症患者会在十分敏感地发现一些缺点后（瞬间爆发，即刻消失）产生一种势不可当的冲动，例如切碎肠子、刺伤喉咙、戳伤双眼、用刀刺肚等。他有时也会出现自杀的冲动，例如从阳台或悬崖上跳下来，但这种冲动即刻消失，所以完全没有实现的机会。另一方面，由高处往下跳的冲动也可能是突发且强烈的，因此，为了避免这种冲动转化为实际的自杀行为，他必须牢牢地抓住某些物体。实际上，他并没有真的想一死了之。与此相反，他想从二十层楼上跳下去，然后起身回家。自杀能否成为现实，通常由附加因素决定。用一种奇怪的方式来表达，即当他发现自己真的快要死了，他会比任何人都诧异。

还有一些更为严重的自杀意图，我们有必要迅速联想到深度"自我脱离"的现象。但是，"不是真心想死"的态度，与真的要自杀而且计划非常周密的情况相比，前者具有更鲜明的特性。有很多因素会导致这种行为的出现，而自毁倾向是最为常见的一种。

自毁冲动的表现形式很多，例如疯狂地游泳、登高、驾车，或不顾个人安危鲁莽行事，这样的自毁或许是无意识的。我们了解到神经症患者有自身不可侵犯的要求（即"这种事情不会发生在我身上"），因此，在神经症患者看来，这些并非鲁莽行为。我们发现，这个因素在很多案例中起到了主要作用。但导致自毁驱动力的因素一定还有其他表现形式，特别是在忽视危险的心理最为活跃的时刻。

我们最后还会发现，除了需要定期使用麻醉剂的情况，有些人还是会在无意中做着有损自身健康的事情，例如滥用药物或酗酒等。斯蒂芬·茨威格曾对巴尔扎克有过一番描述，我们可以从中发现这个天才的悲剧。为了追求荣誉，他熬夜写作，过度劳累，饮用大量咖啡来振奋精神，于是健康受损。可见，因为对荣誉的需求，巴尔扎克选择了错误的生活方式，他还因此欠下巨额债务。在这个案例中，我们需要认清的是，早逝与自毁驱动力之间是否存在某种因果关系。

　　从前面的案例中，或者从其他案例中，我们可以发现，健康出现问题是偶然现象。很多人或许都有这样的体会：当情绪不好时，很容易误伤自己，例如捏疼手指、踩空台阶，但如果在驾车时没有遵守交通规则，或者在过马路时精神不集中，就有可能发生交通事故。

　　自毁在器官疾病中所导致的副作用目前还是一道未解的难题。对于身心之间的关系，我们已经有所了解，但要清晰地辨认出自毁倾向还是颇有难度的。每一名负责任的医生都清楚，在一些重症疾患中，神经症患者对于生死和康复的态度是非常重要的。但从另一方面看，很多因素在某种程度上共同决定了精神力量的作用。目前我们只能这样讲：无论是在发病期、恶化期，还是康复期，对于身心一体性的问题，以及自毁的附属作用，我们都要慎重对待。在《海达·高布乐》这本书中，艾伯特·纳伯格遗失了珍贵的手稿就是一个例子。易卜生通过对艾伯特·纳伯格的描述，体现了自毁的反应和行为的高潮。一开始，他对好朋友艾维斯泰多特夫人产生怀疑，当时的怀疑还是轻微的，于是，他以酗酒的方式破坏了他们之间的友情。就在醉酒后，他的手稿丢失了，最后，他便在妓院自杀了。从轻微的一面来讲，这种自毁也可能使人在考试中忘记答案，或者在重要会面时迟到，或者在约会前狂饮大醉。

　　我们常会遭到精神价值之破坏的反复侵袭。一个人或许在即将成功时放弃了努力——我们暂且不论此人是否真的有这样的追求——但这样的过程如果反复发生了三四次，甚至五六次，其中更深层的决定因素就值得我们探究了。在通常情况下，自毁在这些因素中会隐藏得很深，但依然相当明显。他对此可能一无所知，从而会破坏每一个机会。出于这个原因，当发现眼前的工作没有什么前途时，他或许会选择放弃；当一种亲情出现裂痕而补救无望时，他可能也会选择放弃。从这两种情况看，他似乎是无辜的，是个牺牲品，或者在一些人眼里，他非常愚蠢，而且不念旧情。事实上，由于长期以来在人际关系中格外用心，导致他的神经非常敏感，充满了恐惧，于是就会出现前面说的那些行为。简单地说，是他逼得朋友和老板对他失去了耐心。

　　这些情况往往是反复出现的，我们要想对此进行深入的了解，就要看他在分析关系中的表现如何。他可能是彬彬有礼的，在某些事情上表示配合；他可能经常给精神分析师一些好处（但精神分析师并不需要），但他的攻击性依然很强，所以，精神分析师对那些对自身病情持抗拒态度的神经症患者会非常同情。简言之，神经症患者在引导他人破坏他的自我，引导他人变成凶手。

　　主动的自毁倾向会破坏个人感情的真实性和人格的完整性，那么这种破坏会达到怎样的程度呢？无论破坏的程度有多大，也无论破坏的方式是精确的还是粗略的，都会对人的完整性造成伤害，最终导致神经症病情的发展。很多因素都会削弱人的道德品格，其中包括：由于冲突无法解决而导致的潜意识的妥协和自卑，自我脱离，以及不可避免的潜意识借口，这些因素还会导致人们真诚待己的能力下降。另外一个问题是：如果一个人的品德堕落，他会在保持沉默的同时主动对此妥协吗？通过一些观察，我们得到了肯定的答案。

　　我们可以观察到一些急性或慢性的道德损害，例如，一个人不在意自己的仪表，他可能会令自己越发肥胖，衣衫不整，睡眠不足，酗酒成性；他可能不注意自己的身体健康，生病后也不去看病；他可能暴饮暴食，也可能过度节食，而且从不运动；他不重视工作，不重视自己的兴趣爱好，最终变成一个懒汉。他的一切都非常混乱，虽然有一些狐朋狗友，但这些人非常浅薄，对他的影响很坏。就像《失去的周末》中描述的那样，他多疑，稍不如意就动手打骂妻子和孩子，他还说谎、盗窃，只要酗酒，这种表现就更为严重。但有些时候，他的行为会表现得微妙或隐蔽。当表现得足够明显时，即使未经训练的观察者也能发觉它们正在全力以赴地"粉碎自己"。当然，在精神分析中，这样的描述不太适宜。只有当自卑和绝望将人击溃时，这些情况才会发生，与此同时，人的建设力已经无法压制自毁驱动力的冲击，于是，自毁驱动力便具有了自由无碍的力量。此时，他会表现为在潜意识中努力消磨自己的志气（或败坏自己的道德）。这种主动且有计划的打击形式在乔治·奥威尔的作品中已有描述，每一位有经验的精神分析师都能从这些描述中了解到神经症患者是怎样对待自己的。他们的梦境也表明他们可能会主动将自己扔进阴沟里。

对于这种内在过程，神经症患者的反应各不相同，他们或许会高兴，或许会自怜，或许非常愉快。从他们的意识来看，在通常情况下，这些反应都与他们的自我沉沦过程无关。

有位神经症患者做了一个梦，此后，她出现了强烈的自怜反应。她过去的生活非常糟糕，经常怀疑人生，没有理想。虽然她在梦中能够努力工作，但依然无法做出一件对自己有益的事情。她梦见一位女士（代表了一切美好、可爱的事物）在即将入教时遭到了起诉，说她违反了教规。众人责骂她、羞辱她。在梦中，神经症患者虽然认为那位女士无罪，但她还是和那些侮辱那位女士的人站在了一起。但同时，她又希望牧师能够出面帮助那位女士，牧师虽然富有同情心，但却表示爱莫能助。最后，那位女士被流放在一个农场里，生活窘迫，人也变得呆傻。神经症患者在梦中异常痛苦，心如刀绞，对受害的女士充满了同情。从梦中醒来后，她哭了很久。我们暂且不必考虑详情，只需要注意到她在对自己说："我有些地方和她太像了。自毁和自责可能真的会把我毁掉。虽然我非常想自救，也努力回避现实的争斗，但我对这些自毁驱动力无能为力，所以，我只能向它们妥协。"

我们在梦境中会更加接近自己的实际情况。这个梦有些特别，来源颇深，而且对做梦人自毁的危险性提出了深刻的见解。此时，自怜的反应与在其他情况下相同，从当时的情况看，都缺乏建设性：她并没有改变自己而去做对自己有益的事情。只有在降低了自卑和绝望的程度后，非建设性的自怜才会转化为建设性的自我同情。而且，对于所有被自恨所掌控的人来说，这种前进的推力都具有相当深远的意义——它能够激发真我的感觉，引导人们去拯救内心的痛苦。

彻底的恐惧也可能是对败坏的过程所表现出来的反应。由于自毁无法克服某些危险性，或者当一个人感觉自己正被一种残忍的力量所折磨时，这种反应必然会出现。联想和梦境都能以简单的象征显现出这些残忍的力量，例如巨兽、魔鬼、鲨鱼，或是疯狂的杀人犯。这些恐惧至今仍是无法解释的恐惧之核心，例如，对大海的恐惧、莫名其妙的恐惧、对神秘事物的恐惧、对妖怪的恐惧，以及癌症、寄生虫和中毒等有关身体内部伤害的恐惧。患者会对很多事物产生恐惧心理，而这些仅仅是其中一部分。因为它们都是潜意识层面的，所以具有一种神秘感。这种恐惧一旦长期存在，对于任何人而言都是无法忍受的，他必定会找寻各种方法与之抗争。对于这些方法，我们已经有所介绍，而且在后面的章节中还会进行讨论。

对于自恨和自恨的破坏力，我们已经进行了探讨，我们发现，其中蕴含着巨大的悲剧，或许这就是人们心中最大的悲剧。人类在探求无限和追求绝对的过程中，也在不断地毁灭着自己。他一旦与同意赐予他荣誉的魔鬼达成了协定，就会坠入内心的地狱之中。

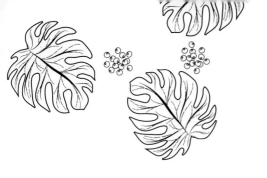

第六章
脱离自我的真相

　　神经症患者为了实现理想的自我而产生了无意识的强迫需求。这种需求驱使着神经症患者沉溺在更深的幻想之中。他们只有舍弃真我，才能回避真我与理想自我之间的冲突，然而，如此一来，他们必将失去生命的自发力。

　　真我是非常重要的，本书开篇就着重提出了这个观点。其实真我就是人格中枢，它具有独特性和唯一性，是人们"需要"并且"能够"成长的部分。如果人们处于不幸的成长环境中，那么从一开始就会对人性的发展造成不良影响，导致精力全部集中在形成自负的力量上。这种自负系统是独立自主的，不受人的意志控制，具有残酷性和破坏力。

　　现在，我们将话题由真我转移到理想化自我及其发展方面来，这就像神经症患者的关注点由一件事转移到另一件事上一样。但这二者也存在着一定的差别，我们一直对真我都有相当清晰的认识，知道它的重要性，因此，我们的注意力还是要转移到真我上，并且以更详细、更系统的方式来说明真我被舍弃的原因，以及由此造成的人格伤害。

　　用"魔鬼协议"的话来说，一个人如果舍弃了自我，就等同于出卖了灵魂。精神医学的专业术语将此称为"脱离自我"，这适用于那些失去自我感觉的特殊状况，例如，记忆力减退、自我感丧失等。这些情况通常会引起人们普遍的好奇：某人没有睡觉，大脑功能无异常，但却不知道自己是谁、身在何处、过去发生过什么事、现在自己在干什么。这样的情况真是令人费解又难以置信。

如果我们把上述情况视为一种轻度脱离自我的表现，而不是孤立地看待这件事，就能够理解它，而不再感到困惑了。在这些形式中，自我感觉与定向作用并没有太大的损伤，但意识体验的一般能力却遭到了一定的损伤。例如，有的神经症患者会感觉自己生活在迷蒙之中，对所处环境十分陌生，既不了解自己的情感和思想，也不明白别人的感情和想法。但这只与心理过程的状况有关。通过观察，我发现有些人对别人的所作所为十分敏感，也会揣摩别人的心思，并能做出准确的判断，但各种经验（关于人际关系或实际情况等）无法融入他的情感，他的内在感受也无法融入他的知觉。正常人有时也会苦于不理解或不明白某些内在或外在的经验，而神经症患者的这些感受也与此有关。

这些脱离自我的表现形式与"物质的我"有着密切的联系，就好像肉体与财产之间的联系一样。神经症患者对自己的身体失去了感觉，甚至身体知觉也是麻木的。例如，当被问到脚冷不冷时，他需要先思考一下，再说出自己的感觉；当无意间看到镜子中的自己时，他可能都不敢相信这就是他自己。此外，他可能感觉不到"家"的概念，对他来说，自己的家就像酒店房间一样与他无关。还有一些神经症患者对钱的概念模糊，即使是自己辛苦劳动所得，也无法认识到自己的钱应该属于自己所有。

这些只是"脱离自我"的一些类型，所有关于他的情况和他所拥有的一切，包括现在的生活和过去生活的关系，以及对这种生活之连续性的感受，都会混杂交织在一起，变得模糊不清。这些过程的某些部分对神经症患者来说是内在的。有时候，患者会对这种障碍有所感觉。例如，有的患者把自己看成是街灯，顶部长着脑袋。但他却不知道这种想法是怎样产生和发展的。只有经过分析，他才能对此有所了解，事实上，这些过程是相当普遍的。

　　这种脱离真我的现象虽然重要但并不明确。这意味着神经症患者丧失了自己的情感、信仰、愿望和精力，在生活中缺乏主动的决定力，这就导致他感觉不到自己是一个完整的个体。也就是说，他脱离了自己最具活力的中枢，而这个中枢就是真我。在这里，我们用威廉·詹姆斯的话对这种特性做更为深刻的说明：真我带来了"震颤的内在生活"，带来了自发的情感，这些自发的情感包括了爱慕、恐惧、失望、愉悦、希望和愤怒等。因为执着和努力的来源就在这里，意志在这里发号施令，可见它也是自发的兴趣和精力的源泉，体现了意志和希望的能量，我们都期待着它更加完善和扩展。它引发了我们对自身的情感和思想的"自发反应""反抗或接纳""占有或拒绝""承认或否认""努力或抗争"等等。（摘自威廉·詹姆斯的著作《心理学原理》中"自我意识"一章，我赞成他的观点。）所有这些都在表明，我们的真我一旦变得强烈而积极，我们就有能力做出主张，就能有所担当。可见，它带来了真正的整合，真正的一体化，不但将身心、行为、思想、情感协调统一起来，而且它们在各自发挥应有的作用时，个体的内心也不会产生严重的冲突。有些方法能使我们的自身协调一致，当真我被削弱时，这种方法才显出其重要性，与这些方法相比，前面所说的协调很少出现相伴而生的压力，甚至根本不会出现压力。

　　纵观哲学发展史，我们不难发现，很多有益的观点都能帮助我们探讨关于自我的问题。但是，几乎所有探讨这个问题的人都会发现，个体的特殊兴趣和经验是很难描述的。仅从医学临床应用角度来看，我一方面要对实我（或"经验性的自我"）和"理想化的自我"加以区分，另一方面要对实我和真我加以区分。实我就是一个人在一段时间内的一切表现，它包括了心灵的或肉体的、神经症的或正常的表现。如果我们想要了解自己，例如想要了解自己目前的情况，那么实我就是我们内心所想到的一切。而理想化的自我是不合理的想象中存在的自我，如果从自负体系的角度来看，理想化的自我就是"我应该的形象"。我已经多次定义过真我，真我就是一种趋向个人发展与成就的"原始"力量，凭借这种力量，若能摆脱神经症的束缚，那么就有可能重新恢复完全的自我。可见，当一个人想要寻找自我时，他所要寻找的就是真我，这意味着它也是（对所有神经症患者来说都是如此）一种与无法兑现的"理想化自我"相反的可以兑现的自我。由此可见，在三种自我中，只有真我是最引人深思的。例如，一位神经症患者能够辨别杂草和小麦，并且认为这就是他可能的自我。但从某种程度上来说，神经症患者的真我和可能的自我都是非常抽象的，但抽象并不意味着无法感知。可以说，对于真我，我们只要看一眼，就会发现它比其他事物更加肯定、确切、真切。我们只要经过认真的分析，排除一些强迫症需求的掌控，就可以在自己或患者身上发现这种特性。

虽然"脱离真我"与"脱离实我"的区别往往模糊不清，但我们还是要将讨论的重点放在"脱离真我"上。祁克果称丧失自我为"致死的疾病"（摘自祁克果《致死的疾病》，1941年普林斯顿大学出版社出版），在这样的绝望中，患者感觉不到自我的存在，或是对自己当前的样子感到极度不满。祁克果认为，这种绝望非常安静，没有喧闹也没有尖叫。这种人依然生活着，似乎与具有旺盛生命力的中枢保持着密切联系，但其他任何一种伤害都会引起他的极大关注，例如失去发言权、失业或腿伤等。祁克果的说法符合临床观察到的表现。我们暂且不谈先前提到的症状变化，真我的丧失还不至于直接或严重到惨不忍睹的程度，但前来问诊的患者却往往自称有头痛、工作压力大、性障碍等症状，而并不抱怨自己与精神生活的重心失去了联系。

即使没有深入研究，我们也已经对造成脱离自我的力量有了一定的了解，其中就包含了神经症发展的结果，特别是神经症中所有强迫症所导致的结果。我们从这些强迫症中可以发现这样的潜台词："我是被驱使者，而不是驱使者。"由此看来，无论是自我导致的强迫症因素（如自我理想化），还是人际关系所导致的强迫症因素（如孤僻、温顺、报复、超脱等），都是无关紧要的。这些驱动力的强迫症必将彻底剥夺个人的自发性和自主性。例如，"被所有人喜爱"的要求一旦成为一种强迫症的行为，患者就会丧失分辨力和情感的真实性。如果"追求荣誉"的要求驱使他从事某项工作，那么他就会对这项工作充满了厌倦。此外，冲突的强迫性驱动力对他的决策能力、管理能力以及整合性都会造成破坏。最后要提到的是神经症的"假解决"，它虽然在努力争取整合性，但由于它已经成为一种强迫症的手段，因此患者的自主性同样会遭到剥夺。

此外，"脱离"也是通过一种类似强迫症的过程而得到强化，我们可以将该过程描述为远离真我的积极步骤，这种步骤包括了追求荣誉的全部驱动力，尤其是有的神经症患者试图将自己塑造成自己所并非的形态，由此产生的驱动力便会加剧脱离过程的严重性。他认为他要爱他应该去爱的，要希望他应该希望的，要感觉他应该感觉到的。换句话说，他在"应该"的残酷驱使下所做的事情，与他所拥有的或能做的事情截然相反。这时，在想象的世界里，他已经变了一副模样，他的真我在逐渐褪色，逐渐苍白。神经症要求自我放弃积蓄自然精力。例如，在神经症患者看来，在人际交往中，自己无须主动协调，而要求别人顺应他；自己无须努力工作，而有权让别人替他做事；自己无须做出决定，而要求别人对他负责。其实他也有建设性的能力，但他却放弃使用这种能力，这导致他在自己生活中的决定性作用越来越小。

由于神经症患者的自负，他疏远了自我。此刻，他觉得自己非常可耻，对自己的聪明才智和情感也感到厌烦，并且主动放弃了所有的兴趣和爱好。"外移作用"就是这样的过程，是另一个主动远离实我和真我的步骤。该过程非常类似于祁克果所谓的"不想成为自己"的失望，它们之间的相符程度令人无比惊异。

最后，我们可以发现一种反抗真我的主动步骤，这一点与自恨中的表现相同。例如，当一个人放逐了真我时，真我就会遭到"破坏力"的蔑视或威胁，成为备受谴责的罪犯，甚至连"做自己"的想法都会令他感到恐惧和厌烦。这种恐惧有时会公然表现出来，例如，当患者想到"我就是这样"时会感到非常惊恐；当他对"我的神经症"和"我"进行区分并且感到即将崩溃时，也会出现这种情况。在对抗这种恐惧时，神经症患者经常利用"使自己消失"的方式，企图把自己变成聋哑人或盲人，他的潜意识对于这种"对自己没有清晰知觉"的方式具有偏好。他不仅模糊了自己的真实性，并且由此获得了一种好处——在这个过程中，他的内在和外在的是非观念被削弱了。他抱怨这种模糊性，但又希望保持这种状态。例如，一位患者在描述他的自恨时，经常用贝奥武夫传奇里在夜间现身于湖水中的火龙作为象征，他曾这样讲："假如来一场大雾，火龙可能就看不到我了。"

"脱离自我"就是由这些步骤导致的。在使用"脱离自我"这个术语时，我们要知道，它只是集中反映了这种现象的某一方面。它要表达的确切含义是神经症患者"被逐出自身"的主观感受。经过分析，患者可能会意识到他所认为的明智之举其实与他的生活没有任何关系，它们只是关系到一些与他无关的人，对这些人进行观察或许是一件有趣的事，但这无法应用到他的生活中。

事实上，通过这样的分析，我们可以直接把握问题的核心。要知道，患者是不会谈论天气或电视节目的，他只会谈论他个人的生活体验，这些体验与他关系密切，但并不具有个人意义。患者与自己、与生活有一种非人格化的关系，他虽然也在工作，也在散步，也会与朋友交往，也会和女人睡觉，但却仿佛置身事外一般，他在谈论自己时，也好像在置身事外地谈论另一个人。"自我感消失"是一个使自我的感觉消失、使生命力下降的过程，这个名词如果在精神医学上还不具有特定的意义，那么它应该是用来表示"脱离自我"的最佳术语。

我曾说过，"脱离自我"尽管具有重要意义，但它无法直接而明显地表现出来，除了在健忘、陷入空幻和自我感消失的状态中（只发生在神经症患者身上）。这些情况都是暂时的，而且仅在自我疏远的人身上出现。陷入空幻的原因是自负的严重受损，再加上自卑感迅速增加，超出了患者的忍受程度。反之，无论是否经过了治疗，即使"脱离自我"的表现消失了，其本质也不会因此而发生改变，它只是被患者再次压制下去，使患者得以在没有失去定向力的状态下继续正常地生活。否则，训练有素的分析师是可以观察到脱离自我的一般表现的，例如：两眼无神、动作僵硬、非人格的先兆等。一些著名作家，如卡缪、马昆德、沙特等人，在作品中对这些症状都做过精彩的描述。然而，令分析师疑惑不解的是，一些人在身心分离状态下，依然能够出色地完成工作。

脱离自我对人格和日常生活方面会产生怎样的影响呢？为了得到全面、透彻、可信的结论，我们要对患者的个人精力、情感生活、掌控生活的能力、自我负责的能力以及整合力的态度等方面进行系统的讨论。

神经症患者的真实感觉能力或情感意识都是确实存在的，但要对此讲出点内容又是一件不容易的事。有些人表现得很冷漠，或者说他们用冷漠的面纱掩饰着自己的真实情感；有些人却十分情绪化，不管是快乐、痛苦还是狂喜，都会过度地表现出来；还有些人感情麻木，似乎失去了情绪，情感毫无力度。虽然这些情感表现多种多样、程度不同，但这些神经症患者却有一个共同点，即情感的知觉、力量及种类都是由自负系统决定的，也就是说，在自负系统的控制下，患者的真正情感遭到了阻碍或削减，甚至于消失得无影无踪。

神经症患者常常忽视自负系统之外的情感意识，而去关注那些使他的自负系统更加牢固的情感意识。他伴随着自高自大的情绪，表现出盛气凌人、高高在上的行为举止，并且绝不允许自己羡慕别人，把自己快乐的情感隐藏在禁欲主义自负的背后。假如他立志报复，并为此感到骄傲，那么他的愤怒就会明显地表现出来。然而，如果复仇心被荣誉化，或被合理化为"主持正义"，那么这种复仇性的愤怒就不会产生。但是，这种愤怒的表现相当随意，以至于人们对此没有任何怀疑。绝对忍耐性的自负能够抑制住各种类型的痛苦，但假如痛苦在自负系统中占有十分重要的地位，成为神经症患者需求的根基，或成为表现愤怒的中介，那么他不仅会向他人强调自己的痛苦，而且会真切地感受到这种痛苦。如果认为"慈悲"是胆怯的表现，那么他就有可能放弃"慈悲"；但如果认为"慈悲"是一种高尚的品德，那么他就会将其发扬光大。如果他的自负专注于自足而对任何人和事都没有需求，那么他就会觉得一切情感和需求都犹如"痛苦地爬过一道狭窄的门……假如我对一个人有好感，就有被对方掌控的感觉……假如我对某个事物感兴趣，就会觉得对它过于依赖，无法抽身"。

在分析中，我们有时能够通过观察发现自负是如何妨碍情感的。如果乙对甲表示友好，那么甲就可能自然地报之以友好，即使甲因自负受损而对乙产生了厌倦感。但没过多久，他就会觉得自己受到了友好的戏弄，于是失去了友好的感觉。虽然友好的语言有时会激活他的热情，但只要他意识到"这不会得到人们的欣赏"，自负就会再次将这种热情摧毁。

至此，我们发现自负的作用犹如审查一般，它会支持或禁止情感转变为知觉，但它或许会以更加基本的手段来控制情感。随着自负的力度加大，人们就会越发生活在自负的影响下，从而陷入情绪化状态，于是，真我似乎被阻隔在外，就如同把真我关在隔音房内，听到的只有自负的声音。所以，他高兴与否、满足与否、对某件事物喜爱与否，都要由自负做出决定。同样，他潜意识中感受到的痛苦也来源于自负。从外在表现来看，这一点似乎并不明显，但当他处于孤独、罪恶、失败或失恋的状态中时，他对这种体验的感觉就越发真实。然而，问题的关键是"谁在受苦"。在分析中，我认为应该从"自负的自我"中寻找答案。患者之所以感到痛苦，是因为他认为自己最终无法获得成功，无法把事情做得圆满，无法引起人们的关注，无法博得人们的赞美。在他看来，自己有权拥有良好的人际关系，有权获得成功，而一旦事与愿违，他就会感到非常痛苦。

只有当自负系统遭到严重削弱时，神经症患者才会感受到真正的痛苦，也只有在此时，他才会怜悯正在受苦的自我，这种怜悯促使他去做一些具有建设性意味的事情。确切地说，先前他感觉到的自怜是"自负的自我"由于感到受虐而表现出的伤感之痛苦。未曾经历过这种变化的患者或许会不以为然地耸耸肩，心理暗想"痛苦就是痛苦"，就好像这与他无关。但这种痛苦的确是一种真正的痛苦，它能够拓展我们的情感范围，令我们对他人的痛苦更加能够感同身受。奥斯卡·王尔德曾经说过，当他不再因自负受损而痛苦，而是感受到真正的痛苦时，他就如同被解放了一般。

有些时候，神经症患者只有通过他人才能体验到自负的反应。当朋友表现出自大或忽视他时，他或许并没有耻辱的感觉，但当他的同事或兄弟以此为耻时，他却会随之萌生出同样的感觉。

当然，自负对情感的控制程度是不同的。即使个人情感受到伤害，有些神经症患者依然会产生强烈而真挚的情感，例如对音乐或大自然的情感，他的神经症并没有危及这些情感。或许有人会说，他的真我拥有广阔的自由，或者他对某物喜爱与否是由他的自负决定的，但其中也必定包含了某些真诚的元素。然而，这些倾向的结果是，神经症患者普遍缺乏情感生活，表现为真诚、自发性及情感的逐渐削弱。

面对这种障碍，人们有意识的态度各不相同。在有些人看来，情感缺乏并不是障碍，反而应该引以为傲。有些人则对情感的逐渐削弱格外关注，例如，他可能意识到自己的情感逐渐变得只剩下"反应"功能，除了对敌意或友善做出反应，其他时候，他的情感都是呆滞的。他的内心无法直接感受到艺术或自然之美，因此，对他来说，它们毫无意义。当朋友向他倾诉痛苦时，他大概也会有所反应，但他无法设身处地去感受和考虑他人的生活状况。或者，他可能会诧异地发现就连这种"反应"式的情感也变得麻木了。捷恩·保罗·萨特在《理性的年代》这本书中曾这样描绘一个人物："如果他能在自己身上发现哪怕一种真切的、微妙的，但又活跃的情感，那他就会……"

最后要说的是，有些人可能没有感受到任何一种贫乏，但在梦境中，他却发现自己是一张画像、一个模型，或者是一座大理石雕像，甚至是一具咧着嘴好似在笑的尸体。对他来说，后面的例子中的自欺都是难以理解的，因为以下三种方式中的任意一种都能掩盖住表面现存的"贫乏"。

一些神经症患者会表现出零星的愉悦和虚假的自发行为。他们很容易变得沮丧或兴奋，也很容易心生喜悦或愤怒。然而，这些情感并非源于他们的内心深处，他们心中完全没有这些情感。他们生活在想象的世界中，表面看来，对于那些会使他们自负受损的事物，以及那些能够激发他们幻想的事物，他们都会有所反应，但他们的主要动机则源于"博得关注"的需求。"脱离自我"使得他们会根据情势所需而改变自己的人格。在生活中，他们不自知地扮演着各种角色，就像变色龙一样。从分析师的角度观察，他们看上去是比较真实的，但他们的行为在事实上却带有欺骗性，他们可以做出一副关心政治或对音乐非常感兴趣的样子，或摇身一变为世界上最微不足道的人，还可以装成大义凛然、见义勇为的好人。他们在分析师面前往往只是扮演患者的角色，因此，分析师要想对他们进行治疗，就必须了解他们的真面目。关于这一点，分析师必须考虑到他们易于转换角色的特征，对他们来说，转换角色就像换一套衣服那样简单。

还有一些神经症患者会无所顾忌地追求享乐，他们行为可能十分放肆，也可能心怀鬼胎、诡计多端，或者是兴致昂扬地参加一些活动，并以为这就是情感的力量。但是，实际情况恰恰与之截然相反，这种追求兴奋和激情的行为，正是他们内心空虚而痛苦的真实表现。他们只有借助非正常的强烈刺激，才能使自己低迷的情感做出一点反应。

最后，还有一些人具有较为真实的感觉。他们似乎可以了解自己感受到的事物，以及自身情感与实际情况的相符程度。但他们的情感非常具有局限性，而且表现得相当沉闷，整体上给人一种低迷的感觉。通过进一步的了解，我们可以发现，他们只是在内心的指使下去感觉他们认为自己应该感觉到的东西，或者只是做出他人所期待的反应。当一个人的"应该"与他所处的社会环境相符时，这种观察则更具欺骗性。无论如何，要想避免错误的结论，我们就需要对整体的情感状况进行全面的考虑。发自内心的情感都是真挚的、自发的、深刻的，无论缺少其中哪一个特性，我们都需要检查一下其潜在动机发生了怎样的变化。

精力的可利用程度在神经症中从普遍的惰性、间断性的努力，到一贯的甚至是过分的发挥，可谓千差万别。我们无法从本质上确定"神经症"使患者比正常人具有更多或更少的精力。只有抛开动机和目的等因素，单从"量"的角度对精力进行分析，我们才能认定这种说法的正确性。对于神经症的一个主要特征——将精力由发展真我所需的潜能转移到发展理想化自我所需的虚假能力上——我们已经进行过阐释，对于这个过程的意义，我们了解得越多，对精力发挥的不协调性就会认识得越清晰。在此，我将探讨两种含义。

一些具有建设性驱动力作用的精力对自我实现能够起到促进作用，然而，随着耗费在自负系统上的精力逐渐增加，这种精力也就随之逐渐减少。为了说明这个问题，我们可以举出一个常见的例子：一个满怀野心的人会表现出超出常人的旺盛精力，这为他追逐权势、魅力、成就提供了能量。但与此同时，他也就没有时间、没有精力，甚至没有兴趣来发展他的生活和人格了。事实上，问题的关键并不在于他没有多余的精力来发展生活和人格。即便他有这部分精力，他也不会在潜意识中将其应用在发展真我上。否则就会违背他自恨的意旨，因为自恨的目的就是压制真我。

另一种含义为，在神经症患者看来，自己的生活缺乏动力，自己并不具有精力（因为他们觉得他们的精力似乎并不属于自己）。在不同类型的神经症人格中，造成这种缺陷的因素也有所不同。例如，一个人认为自己必须完成别人希望他做到的所有事情，此时，他人的意愿便成为他的行为准则，他只能被别人牵着鼻子走。一旦脱离他人，需要独立行事时，他就会像耗尽电量的电池一样停滞下来。或者，当一个人对自己的自负系统感到恐惧，而对自己的抱负有所顾忌乃至回避时，他必定会否认自己积极参与了自己的行为。即使他已在世上站稳了脚跟，他也无法认可自己的成就，在他看来，这只不过是曾经发生过的一件事罢了。然而，除了这些促成因素以外，从更深层的意义来讲，"自己的生活缺乏动力"的感觉的确是真实的，因为他的行为的确是受到自负系统之需求的驱使，而并非出于自己的意愿或期望。

显然，对我们的生活产生影响的某些因素来自我们的能力掌控之外，但我们可以有自己的目标，可以了解自己对生活的期望，可以建立自己的理想，根据理想做出判断并为之努力奋斗。很多神经症患者都缺乏这种目标，他们"引导力"的减弱程度与自我脱离的程度成正比。他们在幻想的引导下任意改变行为，失去了目标，抛弃了计划，任凭幻想取代了有计划、有目标的行动。就这样，毫无希望的投机取巧代替了真诚的奋斗，好逸恶劳将理想扼杀，一切有意义的行动都在迟疑的阻碍下徘徊不前。

值得注意的是，这些障碍隐蔽而普遍，很难加以分辨。在神经症"完美和胜利"的目标驱使下，他或许表现得生机勃勃，但事实却截然相反。此时，引导力被强迫症的标准所战胜，而只有当他意识到自己正受困于矛盾的"应该"中时，虚假的引导才会被察觉。这种状况所产生的焦虑是相当严重的，因为他没有别的指令可遵循。他的真我已经被禁锢起来，他无法与之取得联系，他成了"矛盾的应该"下无助的牺牲品。其他的神经症冲突也是如此，面对冲突时无助和恐惧的程度，不仅表明了冲突规模的大小，而且表明了他与自我脱离的情况。

有时候，精神目标的缺乏也可以不通过这样的方式表现出来，因为一个人的生活始终遵循传统轨道，所以有可能规避了个人的计划与决定。或许是"拖延"掩饰了"犹豫不决"，只有当他面对必须自己做决定的情况时，他才会意识到自己的犹豫不决。这是对最坏情况的一种考验。但即便如此，对于这种阻碍的一般性质，人们依然不甚了解，而仅仅认为"这件事本来就不好做决定"。

最后，在"顺从"的背后可能隐藏着一种不完全的"目标感"。人们去做他们认为别人希望他们做的事情，达到他们认为别人给他们提出的要求。他们对别人的希望和要求非常敏感，并且会将自己的做法美化为"体贴"或"仁爱"。他们一旦了解了这种"顺从"的强迫症，就会试图对其进行分析，并且非常关注与人际关系有关的因素，例如抵御他人敌视的需求或讨好他人的需求等。有时候，情况和这些因素并无关联，例如在精神分析治疗时，他们也会表现出"顺从"，他们把主动权交给分析师，期待或猜测分析师希望他们解决什么问题。但这种做法恰恰违背了分析师的本意，因为分析师明确鼓励他们依照自己的意愿行动。我们由此看清了"顺从"的背景：他们生活在内心的强迫之下却毫无知觉，他们无法掌控自己的生活方向，而把掌控权交到他人手中。一旦脱离了他人，他们就会陷入茫然。如果用梦境来解释的话，他们就像一艘失去航向的船，没有舵，没有罗盘，没有向导，处境相当危险。缺乏内在的引导就是"顺从"的主要特征，到后来，当他们开始为了实现"内心的自主"而努力奋斗时，这种现象就会愈发明显。这一过程所产生的焦虑情绪源于在尚无自信的前提下就要舍弃一贯的援助。

虽然神经症患者内在引导力的缺乏或消失有可能是隐性的，不易被发现，但自我负责方面的能力缺陷却总是很明显（至少对训练有素的观察者而言是如此）。这里所讲的"责任"具有三种内含。我并不是指遵守诺言或履行义务上的可靠性，也不是指对他人负责。因为人们在这方面的态度多种多样，很难用统一的标准来衡量。神经症患者有可能是绝对可靠的，也有可能或多或少别人担当了责任。

我们在这里所讨论的并不是哲学意义上的道德责任。神经症的内在强迫症因素占有绝对的优势，所以选择的自由几乎丧失殆尽。事实上，从整体上看，神经症患者在某些方面是无法依靠自己的意志进行思考和行动的，特别是当他遇到必须亲自去做的事情，或者必须考量自己的想法和行为时，这种情况尤为突出。我们认为这个观点基本正确。然而，神经症患者或许对此并不认同，他轻视一切带有规律和必然意味的事情，即便对自己的事情也是如此。此外，对于自己只能在特定的方向发展这一事实，神经症患者也是不屑一顾的。在他看来，某些驱动力或态度无论是意识的还是潜意识的，都不重要。他认为，无论面对多大的困难，他都应该镇定地、勇敢地以无穷的力量来应对。假如无法做到这一点，就证明他是无能的。相反，从自己的角度来讲，他会极力否认所有罪责，宣称自己始终正确，绝不可能犯错，并且把现在或过去的所有困难完全归罪于别人。

此外，如同在其他方面的作用一般，自负代替了责任。如果他无法完成一件不可能做到的事情，那么他自然会受到指控和谴责，这使得他更加无法承担这唯一重要的责任。其实，这正是他对自己或自己的生活表现出的单纯、率真和坦诚。这种表现有三种方式：其一，能够正确认识当下的自己，既不夸大也不缩小；其二，能够欣然承担自己的行动、决定所造成的结果，不推卸责任；其三，认清自己的困难需要自己去解决，不寄希望于别人或时间和命运的安排。这并不意味着要拒绝所有外力的援助，恰恰相反，他依然需要帮助，但如果他不做出"建设性"的改变，那么无论多么强大的外力援助，也无法解决他的问题。

我们不妨举个例子，这个例子综合了多个相似的案例。一位已婚男士总是挥霍无度，虽然他的父亲会定期给他钱，但他依然入不敷出。对此，他找了很多借口作为解释：父亲从不教他理财，父亲给的钱太少，等等，总之都是父亲的错；而这种情况之所以会持续发生，是因为他胆子小，不敢向父亲要更多的钱；但他依然需要钱，因为太太不会勤俭持家，而且他要给孩子购买玩具，还要付医疗费用和税款；此外，难道他就无权偶尔享乐一下吗？

从分析师的角度看，这些借口都是有直接关系的材料，其中体现了患者的要求和受虐的特点。对于患者而言，这些借口不仅彻底而完美地解释了令他左右为难的原因，而且直接表明他借此掩饰了浪费钱财的既定事实。有的患者由于深陷自责之中，因此往往很难对这样的事实进行如实的、直言不讳的描述。但他的行为后果很容易就能预见，例如，银行账目透支，面临破产；当银行职员礼貌地向他说明账目情况时，却遭到他粗暴的对待；当他伸手向朋友借钱却遭到拒绝时，他就会爆发恼怒和记恨。一旦困境严重到令他难以忍受，他就会向父亲和朋友说明当前的危机，并强迫症地要求他们为自己提供帮助。其实，他的困境仅仅是由他的挥霍无度导致的，这个关系如此简单，但他却难以面对。对于未来，他做了很多决策，但这些决策并不会起到什么效果，因为他只是一味地为自己辩护，把自己应负的责任推得一干二净，所以也不可能兑现计划。目前，他还无法清楚地认识到自己的问题在于挥霍无度，这必然会导致生活的困境，所以，这个后果应当由他自己承担。

神经症患者固执地毫不理会自己的问题及其后果，对此，有另一个例子可以说明。一个人如果在潜意识中认为因果报应与他无关，那么对于自己的报复心和自高自大，他或许已经有所察觉，但他却完全察觉不到别人厌恶他的行径。如果别人以同样的行径攻击他，他就会感到非常惊讶，仿佛受到了侮辱，而且他往往会迅速指出别人是因为患有神经症才会对他感到厌恶。对于别人提供的证据，他摆出一副不以为然的架势，他认为，那些人只是在试图找借口来逃避他们的责任和罪行并且实施反击而已。

这些说明虽然比较典型，但并未囊括逃避责任的全部方式。关于其中大部分方式，我们已经在之前讨论到为抵抗自恨的猖狂进攻所使用的保全面子的方法及措施时已经谈过了。对于神经症患者向其他人或事推脱责任的做法，我们已经有所了解，也知道了他怎样将自己同其他神经症患者区分开来，以及他如何将自己置身事外，似乎在对自己进行公正的观察。就这样，他与他的真我渐行渐远。例如，如果他否认潜意识的力量是整个人格的一部分，那么潜意识的力量就会变成一种足以令他惊慌失措的神秘力量。如果这种回避导致他与真我的接触更为稀少，那么他就会越发成为潜意识的牺牲品，而且他会有更多的理由畏惧潜意识的力量。相反，一旦他开始对自己的所有情绪负责，他就会变得强大起来。

此外，患者越是害怕对自己负责，就越是难以面对困难、克服困难。如果我们可以在初始阶段的分析中解决这个问题，那么此后的分析过程就会顺利很多，而且花费的时间也会少得多。然而，只要患者依然是自己的理想化形象，他就无法去怀疑自己的正确性。此外，自责的压力越是明显，患者就越是畏惧"对自我负责"，这对他没有任何益处。

我们必须牢记，不能对自己负责只是脱离自我的诸多表现之一，因此，在患者找到自己的感觉或是"对自己的感觉"之前，这个问题势必无法解决。

最后，当真我被忽视或者被放逐时，人的整合力就会处于低谷。而正常人格的整合性是"完成自我"的结果，而且只能在此基础上获得整合性。如果我们有能力拥有自发的情感，能够自己做出决策，并且能够为自己负责，那么我们就会体会到一种坚实的统一感。一位诗人曾经在一首诗作中抒发了他发现自我时的感受，我们从中可以领略他的喜悦之情：

> 这里是世间万物的交融之地
>
> 从语言到沉默，从渴望到行动
>
> 容颜、时光、爱情、工作
>
> 一切都聚为热情
>
> 宛如花草充满了生机。

（摘自美国诗人梅·萨尔顿的作品《现在我成为自己》）

通常我们将缺乏自发的整合性视为神经症冲突的直接后果，这个结论虽然正确，但如果不考虑"人格分解力"所造成的恶性循环，那么我们就无法了解它的影响。如果各种因素导致我们丧失了自我，那么我们也必将失去解决内在冲突的坚实基础。于是，冲突一旦控制了我们，我们就只有成为"人格分解力"的牺牲品，如此一来，为了解决问题，我们就会不择手段。这一点体现了"为求解决问题"的病态企图，从这个角度看，这一企图的一系列表现就是神经症。然而，这些企图却使我们更迅速地失去自我，而且由冲突所导致的"人格分解力"的影响也随之迅速扩大。因此，我们只能通过人为的方法来整合自己的人格。"应该"作为自负和自恨的工具，产生了一种新的作用，即保护自我免于混乱。它们就像使用政治暴力手段一样，用铁拳来统治个体，制订并维持一些表面秩序，严格控制意志力和推理能力，以此试图重新整合破碎的人格。我们将在第七章中对这个问题以及其他解除内在紧张的方法进行探讨。

这些障碍对患者的生活产生了巨大的影响。由于患者无法在自己的生活中发挥积极的作用，因此，无论他怎样掩饰强迫症，他都会产生一种强烈的"不正常"的感觉。他无法感觉到自己的情感，尽管外表还是很快乐的样子，但其实已如行尸走肉一般。他无法对自己负责，因此他真正的内在独立性也被剥夺了。此外，真我的静止对神经症发展进程的影响非常大，关于这一点，自我脱离导致的恶性循环由此变得非常清晰之事实就足以作为证明。它不仅是神经症过程的结果，同时也是未来神经症继续发展的原因。因为神经症患者越是脱离自我，就越容易成为自负系统的无辜受害者，而他那种用以抵抗"脱离自我"的活力也会逐渐削弱。

我们经常会严重怀疑这种精力最活跃的源泉是否会枯竭，是否会永远停滞。以我的经验看，延缓判断不失为一种好办法，只要分析师具有充分的耐心和高超的技巧，往往就能把真我从放逐中找回或使其回归生活。例如，虽然他无法将精力投入自己的生活中，但可以为他人做出建设性的努力，这就表明他还是有希望的。更何况一般具有良好的人格整合性的健康者都能够且的确会做出这样的努力。然而，在这里，我们必须注意到这样一些人，他们毫无保留地为别人付出所有精力，但对自己的生活却兴味索然，这是一个非常显著的矛盾。即使他们正在接受精神分析治疗，但他们的亲友、学生从他们的分析中获得的好处要远远多于他们。然而，作为分析师，我们仍然要把握这一事实：他们对成长有着浓厚的兴趣，尽管表现方式比较僵硬（外移作用）。但事实上，要想让他们转而对自己感兴趣却不是一件容易的事。这是因为，他们不仅具有一种足以破坏建设性转变的强大力量，而且他们也并不太关心这种转变，因为他们对外部做出的努力已经给他们带来了一种平衡，他们从中感受到了自己的价值。

如果将"真我"与弗洛伊德的"自我"概念进行对比，"真我"的特征就会更加清晰地显露出来。尽管它们的前提条件不同，发展进程也不同，但结果却是相同的。我的结论和弗洛伊德一致，即认为"自我"很脆弱。但在理论上，我们之间还是有区别的。弗洛伊德认为，"自我"是有作为的，只是缺乏执行力和主动权，就像雇工一样；而我的观点是，真我是情感力量、建设性精力以及引导力和评判力的根源。然而，即便真我具有这些潜能，而且这些潜能也在正常人身上发挥了效用，那么，从神经症的角度来讲，我和弗洛伊德的观点有什么分歧呢？一方面，在神经症的发展进程中，自我被麻痹，被削弱，被放逐；而另一方面，自我原本就是一种非建设性力量。那么，从临床角度讲，这二者难道不是一样的吗？

当我们在大部分分析的初始阶段进行研究时，就必须肯定地回答这个问题。此时，真我还没有发挥明显的作用。我们可以发现某些信仰和真实情感的可能性；我们可以猜测患者发展自我的驱动力不仅包含了较为明显的夸张元素，还包含了一些真正的元素；他甚至会对自己的实际情况也很感兴趣，这远远超出了他追求"智慧掌控"的病态需求；诸如此类还有很多——但这仅仅是猜测而已。

但在分析过程中，这种情况却出现了彻底的改变。当自负系统开始遭到破坏时，患者并没有自发地采取自卫措施，而是变得格外关注自己的真实情况，并且在以下所述的意义上开始对自己负责：感受自己的情感、做出决定、建立自己的信仰。正如我们所知，那些受自负系统控制的作用已经逐渐重获自发性，从而使真我归位，此后便发生了各种相关因素的再分配，在这个过程中，具有建设性的真我被证明是更为强大的一个因素。

关于这种治疗需要哪些程序，我们将在以后的章节中进行讨论。在这里，我只提出发生的事实。否则，继续讨论脱离真我就会有否定真我之嫌，让人觉得它只是一种幻象，虽然很值得重新获得，但却难以捉摸。只有熟悉了分析的后期阶段，我们才能认识到，有关真我的潜力之争并不只是理论之争。一旦条件允许，例如在建设性的分析工作中，它或许能够再度成为一种活力。

从实际的可能性来看，治疗工作不仅能够为患者减轻症状，而且还能够为他们的人格发展提供帮助。也只有基于这种实际可能性的观点，我们才能了解真我和假我之间的关系是两种敌对力量之间的冲突，就像第五章中所讲的那样。只有当真我再次变得积极并足以使人甘冒风险时，这种冲突才会转化为公然的战争。而在此之前，对个人来说，只有一件事可做：寻找假的解决方法来保护自己免受冲突的伤害。关于这些方法，我将在接下来的几章中进行探讨。

第七章
缓解紧张的途径

　　截至目前，我们所述的一切过程都引起了某种内在状况，这种状况充斥着分裂性的冲突、剧烈的恐惧和不堪忍受的紧张。处于这种状况中的人无法施展自己的能量，甚至无法正常生活。为了解决这个问题，每个人都必定会在潜意识中出现各种目标，以求消除恐惧、紧张和冲突。于是，整合力开始发挥作用，就像自我理想化的形成过程一样。而整合力的存在原本就是为了解决冲突，并且在神经症中体现了某种明显而根本的病态企图——超越一切冲突及其产生的困难，既解决问题，又消除冲突。但从目前的情况来看，这种努力和所述的形势之间还存在着差别，它并不是质上的差别，而是量上的差别，所以，我们很难对它做出界定。"探求荣誉"同样源于强迫症的内在需求，尽管它的结果具有破坏性，但它是一种具有创造性的过程，以人类最美好的愿望为基础，以求扩大视野，突破自我局限性。在上一次的分析中，正是它强烈的自我中心，才使它与正常的奋斗有所不同。至于这种解决方法与其他解决方法之间的差异，则并非源于想象力的枯竭。尽管想象力还能起到一定的作用，但已足以使患者的内在受损，这种状况在个人追求荣誉之初就已经充满了危险性。此时，在紧张和冲突分裂所带来的巨大压力下，精神的崩溃便近在眼前了。

　　紧张随时随地都有可能出现，我们在提出解决方法的新尝试之前，必须先了解一直以来对消除紧张很有效的一些方法（从原则上讲，这些方法与我在《我们内心的冲突》中提到的"促进人为和谐的辅助方法"是一致的）。由于这些方法在本书前面的章节和其他一些著作中都已讲过，而且在接下来的几章中还会继续深入探讨，因此在这里仅仅简单地列举一下。

　　从这点来看，脱离自我是最重要的一种方法，我们已经对造成和增强脱离自我的原因进行过讨论，在这里再简单重复一遍。其一，脱离自我是神经症患者的强迫性驱动力导致的一种结果；其二，脱离自我是神经症患者对真我的主动攻击和积极远离所导致的结果。关于这一点，我们要再做一些补充说明：他或许会对此极力否认，以此来避免内心的激烈争斗，使紧张感降到最低程度（它同样导致了脱离自我的另一因素，因此，它也属于"脱离真我"一类）。这里所包含的原理与其他试图寻找解决内心冲突的方法所采用的原理是一样的。无论是内在冲突还是外在冲突，当一方占优势而另一方被压抑时，从知觉上就体会不到这种冲突的存在，并且实际上的确是人为地减弱了这种冲突。这就好比当两个人或两个团体之间发生了与需求或利益有关的冲突时，只要其中一方被征服了，这种公然的冲突自然也就消失了。就像顺从的孩子与粗暴的父亲之间不会存在明显的冲突一样，内在的冲突也是如此。我们可能既敌视他人，又渴望得到他人的喜爱，这两种心理形成了冲突，但只要压制其中一种心理，我们的人际关系就会变得简单而合理。同理，如果我们抛弃了真我，那么我们就不会再感受到真我和假我之间的冲突，不仅如此，伴随着这种力量的分配所发生的巨大变化，这种冲突确实会被削弱。显然，要想以这种方式消除紧张，就必须牺牲自负系统的自主性。

　　自卫的驱动力导致了"否认自我"，这种现象在后期的分析中表现得非常明显。就像我所说的，当真我被强化时，我们就能感受到自己内心的激战。无论是谁，只要经由自己或他人体验过这种激战，就都会认识到真我在"求生"的需求以及"避免受损"的欲望的指使下早已退出了激战。

　　这种自卫的过程主要体现在患者喜欢把问题复杂化这一现象上。虽然他表面上看似非常配合，但实际上依然处于迷蒙状态。在把问题复杂化方面，他有着令人难以置信的能力，而且很难加以劝解。这种现象必定会发生，而且事实上也已经发生了，其方式很像一个骗子在意识层面上表现出来的作用：情报员一定要隐瞒自己真实的身份，罪犯的口供一定有假，伪君子一定会装出坦诚的样子。而神经症患者则过着双重生活，但自己却意识不到。同样，他在潜意识层面将自己的希望、感受、身份、信念做模糊处理，而且他的所有自欺行为都源于此。我们可以将这种显著的变化总结为：他不仅无法理解独立、爱情、力量、善良和自由的意义，而且他一旦决定不和自己争斗，就会对维持迷蒙状态产生一种主观的、强烈的兴趣。随后，他还会利用隐藏在敏锐的智力之下的虚假自负来掩饰这种迷蒙。

　　下一个较为重要的方法就是内在感觉的外移。它指的是心灵内部的过程并没有被真切地体验到，而是将其感觉为发生在外部世界与自我之间。"外移作用"是消除内在系统紧张的极端方法，但它有可能导致人际关系的阻碍或内在的损伤。首先，我将外移作用描述为一种对与自己形象不相符的缺点和问题进行谴责，将其转嫁给他人，借此维持自我理想化形象的方法。其次，我认为它是掩饰自毁力之间的内部斗争的一种目的，或者是对自毁力加以否认的一种目的；而且我这样来区分积极的外移作用和消极的外移作用："我都是为了别人，而不是为了自己，确实如此"和"别人都是为了我，所以我对他们没有敌意"。现在，我更进一步地理解了外移作用：在我提到过的内在过程中，没有一种不被外移。例如，神经症患者对自己表现出漠不关心的态度，但对别人却充满了慈悲。他坚定地拒绝了内在援助，但会竭尽所能地帮助那些在成长过程中遭受挫折的人。他相当抵触内心指使的强制性，于是表现为外在对传统、法律和势力的蔑视。他意识不到自己夸张的自负，却有可能憎恶别人的自负或被其所迷惑。此外，他可能鄙视自己在自负系统的强权面前表现出来的退缩。他不知道自己正在掩饰自恨的残酷性，却有可能发展出一种帕黎耶那式的生活态度，力图从生活中将残酷、严厉甚至死亡消除。

另一种普遍的方法就是将自己感受为缺乏完整性、支离破碎，它与"各种毫不相关的部分组成了我们"这种说法非常相似。精神医学将其称为"精神破碎"或"割裂"，下面讲到的事实便证明了这一含义：在他看来，自己的各个部分与整体之间没有什么联系，各部分之间也不会相互影响和作用，所以，他并不觉得自己是一个完整的有机体。只有被疏离、被分裂的人才会有这样的感觉。然而，在这里，我想强调的是，神经症患者对"脱离关系"非常感兴趣。当你对他说起某种关系时，他能够敏锐地理解它，但对他来说，这只是个意外，他的理解相当肤浅，并且稍纵即逝。

例如，在潜意识中，他对观察因果关系毫无兴趣，无法发现心理因素之间的相互影响，如一种心理因素形成于或加强了另一种心理因素；无法发现某种态度之所以需要维持，是因为它对幻觉起到了保护作用；无法发现任何一种强迫症趋势都会对他的生活和人际关系造成影响；甚至无法发现最基本的因果关系。他因自己的需求而导致了不满，换句话说，无论出于哪种病态原因，他都会对别人产生强烈的需求，非常依赖别人，但这对他来说是难以置信的。或许，就连入睡晚是因为上床晚这样的简单关系都会令他感到难以置信。

对于那些在他身上同时存在的相互对立的价值观念，他也是不感兴趣的。事实上，他对这两种价值观念非常容忍和珍爱，但他却对此毫无察觉。例如，他看重崇高的品德，但同时又看重别人对他的讨好；他认为人应当讲诚信，但又对投机取巧很感兴趣。对此，他并没有感到其中有什么矛盾。即使在反省时，他看到的也只是一幅静止的画面，就像拼图游戏中各个分离的部分一样，其中包括了畏惧、蔑视他人、野心、受虐幻想、被爱的需求等部分。虽然他能够细致且正确地观察每个单一的画面，但这并不会改变什么，因为他的观察是孤立的，没有考虑各部分之间的联系和因果关系，也没有考虑其中的过程和动力变化。

虽然从本质上讲，"精神分裂"是一种分裂的过程，但其作用却是维持现状，保护神经症的平衡，使其免于崩溃。神经症患者借由拒绝被内心的矛盾所困惑，使自己得以回避潜在的冲突。这样一来，他的紧张感就能够得到缓解，甚至对各种冲突都能视而不见，因此也就无法感受到内心的紧张和冲突。

当然，从因果关系的分离中也可以得到这个结果。只要将因果关系分离开来，就可以避免察觉到内在力量的强弱和关联。为了说明这个问题，我们来举一个非常普通但又非常重要的案例。一个人受报复心的影响很深，他有时能够感受到一种强烈的报复冲动，但他不知道这一现象源于受损的自负以及重建自负的需求。即使这一事实清晰可见，其中的相互关系依然毫无意义。此外，对于自己的强烈自责，他或许已经有所认识，从大量案例中，他或许已经了解到这种压迫性的自卑是由他无法符合自负的指使所导致的。但另一方面，他的思想却会不自觉地破坏这种关系。所以，对他来说，自负的强度以及自负与自卑之间的关系最多也只是一些模糊的推理而已，这就导致他感觉自己无须对付他的自负。此时，这种关系虽然还在发挥着影响力，但紧张却已经处于低潮，因为冲突并不存在，他就能维持一种虚假的整体感。

至此，我们已经讨论了三种有关维持内心宁静的方法。这三种方法有一个共同的特点，即能够消除导致神经症结构受损的因素——消除所有的内在感受，压制真我，去除所有可能破坏平衡的相互关系（前提条件是对此有所了解）。还有一种方法就是自发的控制，这种方法的一部分是由与上述相同的趋势所导致，其主要功能就是压制感情。对于我们来说，情感似乎是难以控制的，所以，在一个面临崩溃的精神结构中，它便成为危险的根源。在这里，我并不想讨论自发的自制。如果我们选择了这种自制，就能够对一些冲动的行为或突发的恼怒和狂热加以控制。而无意识的自发控制不仅能够抑制冲动的表现或感情抒发，还能够对冲动和情感本身加以控制，它的作用很像火警信号，一旦发出，就阻止了夜贼作案，同理，如果需要对某种感情加以控制，就可以启动警报来约束这种感情。

对比其他方法，我们会发现它的不同之处，从它的名称就可以看出，它也是一种控制系统。但脱离自我和精神分裂造成的机体缺乏统一感，则需要一种人为的控制系统，以便对自身的矛盾部分进行整合。所有的冲动和情感都可以囊括在这种自发的控制系统内，例如恐惧、受伤、喜悦、爱情、愤慨、热情等。广泛的控制系统在身体方面表现为肌肉紧绷、便秘、动作改变、表情僵硬和呼吸障碍等。每个人对控制本身的反应各不相同，有的人生性敏感，脾气暴躁，所以容易被其激怒，至少会希望自己能够放松下来，能够痛快地笑，能够拥有爱情，能够纵情狂欢。还有一些人则利用张狂的自负来巩固这种控制，他们的自负表现形式五花八门，包括严肃、宁静、禁欲、伪装、不苟言笑，或者现实、冷漠、含蓄等。

在其他类型的神经症患者身上，我们会发现这种控制所具有的选择性。因此，有些情感会不受控制，甚至还会受到激励。例如，一个人具有强烈的自谦倾向，于是他就很容易夸大悲惨或爱情，此时，抑制的作用主要针对恼怒、蔑视、猜忌、报复等敌对情感。

当然，其他诸多因素——例如自我挫折、脱离自我、严重的自负等——也会导致情感的削弱或抑制。然而，敏感的控制系统会超越这些因素而发挥作用，个人一旦察觉到控制有可能削弱，就会表现出恐惧反应，例如，对睡眠的恐惧、对麻醉的恐惧、对醉酒的恐惧、对滑雪下坡的恐惧、对躺在沙发上做白日梦的恐惧等。无论是怜悯的、凶残的还是恐惧的情感，只要包含在控制系统内，就会引发恐慌。这种恐慌可能源于个人对这些情感的恐惧或抵制，因为这些情感导致病态人格结构中的某些特有的部分处于险境。但也有可能仅仅因为他知道了控制系统已经失效便产生了这种恐慌。只要对这种情况进行分析，恐慌自然就会消失，也只有在此时，患者的特定情感以及对这些情感所持的态度才会表露出来。

在这里，我们要讨论的最后一种比较普遍的方法，即神经症患者所信任的"心智的力量"。情感就像该被管制的嫌疑犯一样难以驾驭，而心智——指理性与想象——则犹如神话中瓶内的怪物一般伸展自如。如此一来，另一种二元论便真切地诞生了，它不是心智与情感，而是心智对应情感；不是心智与自我，而是心智对应自我。然而，它的作用依然是掩盖冲突、消除紧张、建立外表上的统一，在这一点上，它与其他分裂作用是一样的。它以三种方式发挥作用。

心智可以成为自我的旁观者，正如朱祖凯所说："即便智力能够发挥作用，它也只不过是一个旁观者，不管它的作用是好是坏，都是按照指挥行事。"对神经症患者来说，心智算不上是友善或慈悲的旁观者，它带有虐待倾向，不讲公正，但它始终都是超然独立的，就好像在看着一个偶然与它同行的陌生人一样，所以，有时这种观察显得非常机械，也不够深刻。患者在讲述一些相关活动、症状或事件时，多多少少能够符合事实，但对于它们的意义以及自己对它们的反应却完全无法了解。在分析过程中，他可能对自己的精神过程很感兴趣，但确切地说，这些兴趣意味着他对自己有着敏锐的观察力，或是对这些精神过程的运行机制感到愉悦，就像昆虫学家会对某种昆虫的生理机制感兴趣一样。同样，分析师也会感到欣慰，以为患者的表现意味着他真的对自己感兴趣，然而，过不了多久，分析师就会察觉到，患者其实对他的发现在自己生活中的意义完全没有兴趣。

这种超然独立的兴趣也可能表现为公然的挑剔、兴奋或虐待倾向。此时，它往往会以主动或被动的方式被外移，他可能对自己毫不理睬，而以同样超然的态度敏锐地旁观别人以及别人的问题。或许他会觉得别人也在以憎恶或兴奋的目光观察着他，这种感觉会在"妄想狂"的状态下产生，但并不仅限于这种状态。

无论"做自己的旁观者"具有怎样的性质，他已经摆脱了内心的纠结，不再把精力投入到内心的战争中去。于是，"他"成为"观察的心智"，从而有了统一感，在他看来，头脑变成了他唯一具有生命力的部分。我们已经知道，心智扮演着协调者的角色。对于想象的作用，我们也已经有所了解，它创造理想化的形象，使自负始终致力于掩饰一部分，突出另一部分，将需求转变为高尚的品德，将潜能转变成事实。同样，在合理化的过程中，理性会强化且顺从于自负。如此一来，任何事情都显得或被认为是真实的、合理的、正确的，这与神经症所依赖的潜意识前提非常相似，其最终结果都是相同的。

协调作用可以消除任何一种自我怀疑。这一作用越是必要，则意味着整个结构越不稳定，所以——按照一位患者的话来讲——就会出现一种"盲目相信的逻辑"，一般来说，这种逻辑与对"绝对无误"的信念相伴而生："我的逻辑是唯一正确的，所以应该占有重要的地位……如果你反对我，就说明你蠢。"在人际关系中，这是一种固执己见的傲慢态度。对于内心问题，它抛弃了建设性的探索，但同时也通过建立没有结果的确定性来缓解紧张。就像在其他神经症状况中那样，另一个极端——普遍的自我怀疑——也能缓解紧张。假如任何事情都不是它的本来面目，那么何苦自寻烦恼呢？很多患者都把这种怀疑一切的态度掩藏起来，他们表面上似乎能够接受任何事物，但实际上却将它们原原本本地抛在一边。最终，他们自己的发现连同分析师的建议都会淡出视线。

最后，心智就像万物的主宰一般具有神奇的力量。对内在问题的认识已经不再是引发"变化"的一个环节，而其本身就是一种变化。假如神经症患者没有意识到自己有这种认识，那么他便会经常因为种种不安难以消除而困惑，毕竟他已经了解到了导致这些不安的动力。分析师或许会说，一定还有很多重要因素是他尚未了解的（事实上的确如此）。但从实际情况来看，即使患者了解了所有因素，情况依然不会改变。于是，患者不仅困惑，而且还会产生挫败感。因此，他必定会踏上没有尽头的探索之路，试图对自己有更进一步的认识，从本质上讲，这种做法具有一定的价值，但只要患者依然认为自己没有必要做出实际的改变，依然认为他的"认识"理应解决他生活中的所有疑惑，那么这种探索则必定毫无意义。

　　他越是用纯理智的方式经营自己的生活，就越是无法承认他内在的潜意识因素。如果他不能摆脱这些因素带来的困扰，那么就会导致不匹配的恐惧。但有些人也会对这些因素加以否定或合理化。这对于首次发现自己存在神经症冲突的患者尤为重要。他会立即意识到，即使凭借想象或理性的力量，也不可能协调好矛盾。他为此感到迷茫，仿佛掉入了深渊。于是，为了回避冲突，他会调动一切精神力量，但他究竟要怎样做呢？怎样才能躲过冲突呢？他应该从哪里逃离深渊呢？狡猾和单纯无法并存，那么他是否可以在一些情形下表现得狡猾，在另一些情形下表现得单纯呢？或者，如果他被驱使着去实施报复，并且引以为傲，但同时，相安无事的观念也掌控着他，那么他便会追求"沉着的报复""安稳的生活"以及"只要不理会困扰就能消除侵犯他自负的因素"。实际上，他真正喜爱的就是这种"逃避"的需求。于是，为了削弱冲突而做出的所有努力都会落空，而内心的"安宁"却因此得以重建。

　　这些方法以各自不同的方式消除了内心的紧张，由于整合力在其中的作用相当显著，因此，我们可以将这些方法称作"为求消除紧张的尝试"，例如，一个人以"隔离"的方式消除了冲突的倾向，于是，在他看来，冲突已不再是冲突。如果一个人感觉他在旁观自己，那么他就会由此建立起统一感。但我们却不能以"某个人是自己的旁观者"来对这个人做准确的描述，除非我们能够知道他的观察结论，以及他在观察时的心境。同样，尽管我们知道他外移了什么以及他的外移是如何进行的，但"外移作用"也只是与病态结构中的某一部分有关而已。换言之，这些方法只能解决一部分问题。我比较喜欢谈论神经症式的解决方法，因为它们具有我在第一章中讲到的显著特征，而且这些方法代表了整个神经症人格的发展方向和形态，决定了神经症患者必须得到哪些方面的满足，以及应该避免哪些因素，同时，我们也可以由此观察到神经症患者的人际关系和价值观。此外，它们还决定了患者基本使用了哪种整合方式，简言之，它们是怎样的存在方式。

第八章
夸张型解决方法：拥有绝对的掌控

　　神经症发展的核心问题就是脱离自我。在这些发展中，我们可以发现应该、自恨、要求、探求荣誉以及消除紧张的种种方法。然而，在一个具体的神经症结构中，这些因素究竟是如何发挥作用的呢？我们还没有描述过这一点。这取决于一个人所选择的解决心灵内在冲突的方法。然而，在讨论这些方法之前，我们首先要搞清楚自负系统所产生的内在群体及其所包含的冲突。在此之前，我们已经讨论过，真我和自负系统之间存在着冲突，而自负系统内部也存在着一个主要冲突。自卑和自我荣誉化并不会构成冲突。事实上，只要我们能够发现这两种极端相反的现象，就可以认识到它们是相对而互补的自我评价，但我们对这种冲突的驱动力尚不明确。然而，我们可以尝试从不同的角度对这个问题进行观察，这样一来，得到的结果也会有所改变，并且集中在这个问题上：我们是怎样感受自己的呢？

　　"内在群体"对"自我存在感"产生了一种基本不确定性。我是谁？我是卑微、罪恶、可耻的小人，还是骄傲的超人？除了哲学家或诗人，其他人往往不会有意识地提出这样的问题。然而，在梦境中，这种关于存在感的困惑却会呈现出来，而且会以多种形式不加掩饰地表达自我存在感的缺失，例如，梦见自己的护照丢失了；梦见被盘问身份时无法证明自己的身份；梦见老朋友，但其形象与印象中的完全不同；或是梦见自己被一幅画吸引住了，但画面上一片空白。

身份问题往往不会对做梦者造成明确的困扰，但在梦境中，做梦者会用不同的意象来代表自己，例如各种人、动植物或者无机物。在同一个梦境中，他可能既是可怕的猛兽，又是圣人加拉哈德；既是绑匪，又是被绑架的人质；既是囚徒，又是狱警；既是犯人，又是法官；既是审问者，又是受审者；既是响尾蛇，又是受惊吓的孩子。这种自我戏剧化源于个人内心多种不同力量的作用，通过解释梦中的意象，我们可以对这些力量有所认识。例如，有顺从倾向的人可能会梦见自己扮演顺从者的角色，自卑的人可能会梦见厨房地板上的蟑螂。但是，自我戏剧化的意义并不仅限于这些，而自我戏剧化这一事实也体现了我们将自己感受为不同自我的能力，这种能力也可以通过白天生活中对自己的感受和夜晚梦境中的感受之间的极端矛盾体现出来。在醒着的时候，他可能觉得自己是一位智者，无所不能，可以拯救人类；但在梦境中，他可能就变成了丑陋的怪物，或是口齿不清的傻子，或是睡在阴沟里的乞丐。最后，即便是在清醒的时候，神经症患者也可能时而觉得自己是全能者，时而觉得自己是卑贱者。在酗酒时（但不仅限于酗酒时），这种情况尤为明显。他们可能瞬间感觉飞上了云端，夸夸其谈，慨然许诺，但没过多久就变得卑微可怜、裹足不前了。

感受自我的种种方式与既存的内在形象是相符的。暂且不谈更复杂的可能性，神经症患者可以感觉到被鄙视的自我、荣誉化的自我，甚至有时还能感受到真我的存在（更多时候，真我被阻挡在他视线之外）。事实上，神经症患者必定会因此对自己的身份感到困惑。只要"内在群体"依然存在，关于"我是谁"的问题就无法得到解决。然而，在这里，我们更感兴趣的是：对自我的不同感受必然会导致冲突的发生。换言之，由于神经症患者完全以优越而自负的自我，以及被鄙视的自我来鉴定自己，因此冲突是不可避免的。如果他认为自己是一个卓越的人，那么他就会夸大自己付出的努力，或者过于相信自己必会成功。他多多少少会倾向于公然展现自负、野心、攻击性和苛求。他们总是骄傲自满、蔑视他人，需要获得盲目的崇拜和服从。反之，如果他认为自己是一个顺从的人，那么他就会产生一种无助感，从而容易服从、取悦、依赖他人，并且渴求获得他人的同情和怜爱。换言之，他单纯地使用一种或另一种自我来鉴定真我，于是便产生了截然相反的结果，由此还会导致对他人相反的态度、相反的行为、相反的价值观、相反的驱动力以及相反的满足感。

这两种自我感受的方式如果同时发生了，那么他一定会感觉自己好像在被人朝两个方向拉扯，而这恰恰就是完全以两种既存自我来进行身份鉴定的意义所在。可见，冲突不仅存在，而且足以将他粉碎。如果他无法将因此产生的紧张感消除，那么就必然会出现焦虑情绪，于是，他可能会选择借酗酒来缓解焦虑。

然而，就像其他任何一种冲突一样，寻求解决方法的企图和努力都会主动产生。有三种方式可以解释这种解决方法。其一，就像《化身博士》中的情节一样，杰科尔医生具有双重人格（大致为圣人和罪犯，但这二者都不是他自己），他对此心知肚明。他清楚地知道，这两种人格总是处于互相争斗的状态。"我对自己说，如果这两种人格分属两个个体，那么生活中就不会再有那么多难以忍受的事情了。"于是，他研制了一种药物，可以将这两种自我进行分离。这个故事确实具有幻想成分，但抛开这些幻想成分来看，我们就会发现，它体现了一种借分割的方式来解决冲突的企图。很多患者最后都会转向这种态度。他们不断地将自己感受为极度自谦，或是极度高尚与夸张，却没有觉得自己被这种矛盾所困扰，因为，在他们看来，这两种自我是相互独立、毫无关联的。

但正如《化身博士》中所讲述的那样，这个目的是无法达到的，因为它只能解决很小一部分问题，所以，我将在最后一章再对此进行解释。还有一种伴随"合理化"同时产生的企图，这一企图更为极端，目的是永久而坚定地压制一个自我，使另一个自我占据有利地位。解决冲突的第三种方法就是退出内心的战斗，放弃积极的精神生活。

因此，简要来说，自负系统导致了心灵的两种冲突，其一为"主要的内在冲突"，其二为自负的自我与被鄙视的自我之间的冲突。我们发现，在接受过精神分析治疗的人和刚刚开始接受精神分析治疗的人中，这些冲突并不会表现为分离而对立的状态。因为真我只是一种潜在力量，而非实际力量，患者很快就会对自负没有覆盖的部分表现出轻视的态度，真我自然也包括在内。这些原因导致两种冲突趋于合并，变成了自谦与夸张之间的冲突。只有经过大量的分析，主要的内在冲突才会表现出分离的特征。

根据目前所知来看，要想对神经症进行分类，最有力的依据就是神经症患者在解决心灵内在冲突时所使用的主要方法。值得注意的是，分类必须精简，因为我们的目的是满足对于指导和规则的需要，而不是为生活百态做出公正的评判。就人格的分类来讲——就像这里所说的神经症的类型——它只不过是一种工具而已，借助这种工具，我们就能对性格进行观察和分析。而我们所使用的标准，在心理体系框架中是个重要因素。从严格意义上来讲，每一种建立类型的目的都是利弊并存的。在我个人的心理学理论框架中，最主要的内容就是神经症的性格结构。所以，在进行分类时，我不会考虑那些个人倾向和表面症状，而是考虑整个神经症结构的各种特点，而这些特点又取决于个人在解决内在冲突时所使用的方法。

与分类学所使用的大多数标准相比，这个标准涵盖的范围更广，但其应用范围依然是有限的，因为我们需要做出很多保留和限制。首先，虽然使用同一种解决方法的人在性格上存在着很多共同点，但他们所处的阶层、人际关系的性质、天赋秉性以及所取得的成就却是不同的。而且，我们所说的"类型"其实只是个性的横切面而已，神经症的过程可能引发了各种特征鲜明、表现极端的发展，但还有一些"中间型结构"是无法进行详细分类的。而且，由于精神分裂的情况比较极端，解决方法不是唯一的，因此，这也使得情况变得更加复杂。威廉.詹姆斯曾经说过，"大部分病例都是混合型的""不要因为我们的分类而自鸣得意"。这种方法与其说是发展方向，不如说是发展类型。

了解了这些限定后，我们便可以从本书所阐述的问题中区分出三大解决方式，也就是自谦的解决方式、夸张的解决方式和退却的解决方式。在夸张的解决方式中，患者倾向于以夸张的、荣誉化的自我来鉴定自己。当谈到自己时，他所指的是理想化了的自己，如一位患者所说："我要成为各方面都出类拔萃的人。"与这种解决方式相伴而生的是一种优越感，这种优越感不一定被他意识到，但无论是否被意识到，它大体上都决定了人们对生活的态度、行为和努力。于是，生活的吸引力就在于对一切事物的主宰，它将引发人们有意识或潜意识地消除内在和外在的一切障碍，使他相信自己应该能够，事实上也的确能够做到这一点。他应该能够克服一切挫折、智力上的问题，面临的窘境、他人的妨碍以及自身内在的冲突。而控制需求的反面，则是他对一切含有无助之意的事物都感到畏惧，这也是他最为深切的恐惧。

如果从表面对夸张的行为进行观察，我们会发现，他们正在以"合理化"的方式，企图凭借智力和意志力来掌控生活（这就是实现理想自我的手段），而且致力于自我荣誉化、报复性的胜利以及充满野心的探求。此外，除去一些前提条件、个别概念以及术语上的差异外，这就是弗洛伊德与阿德勒对这些人（被自恋式自夸需求或凌驾于他人之上的需求所驱使）所采取的观察方法。但当我们对这些患者进行更加深入的分析后，便会发现他们每个人都存在着自谦倾向。然而，对于这种倾向，患者不仅已经予以压制，而且还表现出憎恶。我们首先观察到的只是他们的一个侧面而已。他们将这一侧面伪装成自己的整体，以此来创造一种主观上的"一致感"。他们之所以坚持固守夸张的倾向，不仅是因为这种倾向具有强迫症，而且还因为他们要消除自责、自卑和自疑的所有痕迹，以及所有自谦的倾向。只有如此，他们才能维持优越感和掌控一切的主观信念。

由此来看，最危险的事情莫过于一个人意识到了有些"应该"无法兑现，因为这会引发自卑感和罪恶感。事实上，没有一个人能够兑现自己所有的"应该"，所以，这种人必然会采取各种有效手段，向自己否认他的"失败"。于是，他通过想象、强调优点、掩饰缺点、外移作用以及完美主义行为等方式，努力维护着心中那个令他骄傲的自我形象；他必定会下意识地虚张声势，在生活中装出聪慧、慷慨、正直的样子。无论什么时候，他都不会意识到他与荣誉化的自我之间存在的差距。从人际关系方面来看，以下两种情感中，必有一种占优势：他可能有意识或无意识地以愚弄别人为傲——因为自负以及对他人的蔑视，所以他相信自己真的能够做到。另一方面，他最怕遭到别人的愚弄，对他来说，这无异于奇耻大辱；或者，他会对当骗子有一种潜在恐惧，这种恐惧比其他类型神经症患者的恐惧更为强烈。例如，即使他通过勤奋努力取得了成就或奖励，他依然心有疑虑，觉得自己是由于其他原因才得到这些荣誉的。因此，当别人指责他虚张声势时，或是当他面对失败和批评，以及失败的可能性时，他都会表现出过度的敏感。

　　在这个集合体中，还有其他很多不同的类型。只要通过简单的观察，任何人都可以从患者、朋友和文学人物中发现相应的案例。在种种个别差异中，最关键的就是关于享受生活的能力以及以积极态度待人的能力。例如，贝尔·基特与海达·高布乐都是自我夸大的产物，但在情感方面，他们却存在着巨大的差异。至于其他有关的差别，则是由各类型为消除意识中对自己"缺点"的认识而采取手段决定的，而他们所提出的"要求"、对"要求"的辩护，以及维护"要求"的手段，也都存在差异。但是，我们至少要考虑到夸张型的三种进一步的分类：自大报复型、完美主义型和自恋型。对于后两种类型，精神医学文献中已有详细论述，我们在此只做简单讨论，而将重点放在第一种类型上。

　　在使用"自恋"这个术语时，我犹豫了一番，因为弗洛伊德在其理论中用"自恋"一词囊括了众多含义，如自我中心、自我夸大、个人利益焦虑、与他人脱离关系等。（参见《精神分析新法》中关于这一概念的讨论。这里所提的观点与之有所不同：我所强调的是自夸，这一说法建立在脱离他人、丧失自我以及自信受挫的基础之上。当然，这些都没错，但据我了解，自恋的产生过程相当复杂。为了区分"自我理想化"和"自恋"，我经常使用"自恋是觉得自己很像理想化的自我"这一意义。所有的神经症都具有自我理想化的表现，而且，自我理想化意味着试图为早期内在冲突寻找解决方法，此外，自恋也是解决夸张驱动力和自谦驱动力之间冲突的唯一方法。）而我在这里使用的是它的本意，即对个人理想化形象的喜爱。更确切地说，应该是：个人将自己视为理想化的自我，并且钟情于这个自我。基于这种态度，"自恋"型神经症患者具有了其他类型神经症患者所不具有的积极和开朗；它给予了他充足的自信，这令那些为自疑而烦恼的人非常羡慕。在意识层面，他毫无疑惑：他就是救世主、命运的主宰、人类的先知、伟大的施舍者、人类的恩人。但是，这其中也包含了一小部分真实性，他往往具有非凡的天赋，年幼时就能轻易获得殊荣，有时候，他还是最受关注、最受疼爱的孩子。

我们要想了解这个类型的患者，最关键的是要认识到他坚信自己的优越和独特。这个信念使他永葆青春和快乐、富有迷人的魅力。然而，很明显，虽然他富有才华，但处境依然危险。他会不断地向别人讲述自己的成就或才能，他需要持续获得别人的崇拜和喜爱以使自己充分肯定他的自我评价。他的掌控感在于坚定不移地相信自己神通广大、无所不能。他确实经常惹人迷恋，对于刚刚认识的新人尤为如此，不管这些新人对他是否有实际意义，他都要给他们留下深刻印象。无论在他自己心目中，还是在别人心目中，他都是一个热爱他人的人。为了得到别人的崇拜，或是回报别人的热爱，他会表现得满腹经纶、情真意切、慷慨大方、甜言蜜语、才华横溢、乐于助人等。他诚心诚意地资助亲朋好友，也在工作岗位上兢兢业业。对于别人的不完美，他能够宽容和接纳；甚至当别人拿他开玩笑时，他也能容忍，只要这些玩笑仅体现他可爱的特点。然而只有一点是他无法接受的，即受到严肃的质问。

分析证明，与其他形式的神经症相比，这种类型患者的"应该"同样残忍，但运用魔杖来对付"应该"是他的特点。在忽视缺点，甚至将缺点转化为美德方面，他似乎有着无穷的能力。头脑清醒的旁观者会认为他肆意妄为，或者至少是不可靠的。他似乎对违约、背叛、欠债、欺诈等行为并不介意。但他确实没有预谋，只是觉得自己的需求或工作非常重要，别人应该让他享受所有特权。他并不怀疑自己拥有的权利，但当他侵犯别人的权利时，却希望对方以"无条件的爱"来接纳。

　　"自恋"型神经症患者的困难体现在人际关系和工作上。在亲密关系中，他必定会表现出"他与别人无关"的特点。简单来说，事实上，人人都有自己的想法和愿望，他们会批评他的缺点，挑剔他的不足，对他提出建议。但这让他感觉受到了奇耻大辱，甚至在心中郁积怒火，直到有一天爆发出来，然后去找那些更"理解"他的人。在他的大部分人际关系中，经常会发生这种情况，因此，他总是孤独寂寞。

　　他在工作和生活中会遇到多重问题。他的计划往往因过于夸张而无法实现，但他却认识不到其中的问题；他觉得自己没有任何缺点，因此总是过于高估自己的能力；他的要求相当复杂，因此总是以失败而告终。虽然他的恢复能力很强，但另一方面，工作和人际关系上的反复打击也会令他无力承受。此时，一度被搁置的自卑和自恨也会爆发出来，开始发挥所有的能量，他会因此而陷入抑郁之中，或是出现精神病的症状，甚至会自杀（十分常见），或是经由自毁的冲动遭受意外或病死（詹姆斯·巴列在《汤米和格瑞兹》中曾有描述，也可参考阿瑟·米勒的《推销员之死》）。

　　最后再谈一下他对生活的感觉。表面看来，他外向而又乐观，渴望幸福和快乐，但事实上，他的内心深处潜伏着悲观和失望。他以"无限"和实现虚幻的幸福为尺度对自己进行衡量，因此必定会感受到的生活中的痛苦矛盾。只要他仍然处于浪尖之上，他便会拒绝承认自己的失败，特别是在掌控生活方面。问题在于生活本身，而并不在于他。因此，他会觉得生活充满了悲剧色彩，但这并非是生活的本来面目，而是他所赋予的。

　　第二种细分的类型以完美主义为行动方向，将自己视为标准。这种人通常蔑视他人，认为自己有着高人一等的道德和智慧标准。然而，他会用友好的态度来掩盖对别人的蔑视（他自己也没有察觉到这一点），因为这种"不道德"的情感违背了他高尚的标准。

　　他用双重方式掩饰无法实现的"应该"。与自恋型相反，他付出了很多努力，通过负责任、尽义务、温和的态度、不明显的撒谎等方式来兑现自己的"应该"。通常，一提起完美主义者，我们立刻就会想到那些刻守本分、过于呆板的人，他们在说话、穿衣、戴帽前必须反复斟酌。但这仅仅是一些烦琐的细节，是他在获得最高成就的需求方面的表象而已，并不重要。对他来说，真正重要的是整个生命的完美无缺和高人一等。然而，由于他只能达到行为主义的完美，因此，他需要通过设计，把自己心目中的标准与事实等同起来——"懂得"道德价值与"成为"一个好人。他最不了解的就是这其中包含的自欺，因为他会强调每个人的行为都要遵循完美的标准，同时，他会轻视那些做不到的人。由此，他们的自责外移了（转移到了别人身上）。他需要的并不是别人的羡慕（他倾向于轻视羡慕），而是别人的敬重，以此来证明他对自己的看法。如前所述，他的要求并非基于对自己崇高之处的"淳朴"信仰（第二章中对此有过描述），而是基于他与生活所签订的"契约"。他认为自己有权受到别人的尊敬，有权享受优厚的生活待遇，因为他是个善良、公正又负责的人。他相信生活中有一种绝对可靠的公正，这一信念使他具有了一种掌控感。因此，在他看来，通过自己的完美，他不仅可以享有优越的地位，而且可以掌控生活。无论好坏，只要是碰运气的事情，他都毫不关心。因此，他的成绩、健康和财富更是证明了他的高尚品德。与此相反，如果遭遇不幸，例如孩子夭折、妻子不忠、发生意外、失去工作等，这个看似完全正常的人可能就会面临精神崩溃。他不仅会抱怨命运不公，甚至精神生活的基础也会因此而动摇，导致他的"统计系统"整体失效，使他回忆起孤独无助的可怕景象。

　　这个类型的人还会因为其他一些事而面临崩溃，就像我们在讨论

"应该"的强权时提到的：他认识到了自己的失败或错误，并且发现自己正在两个彼此矛盾的"应该"之间挣扎。就像"不幸"会摧毁他的立足之地一样，他对于自己"容易犯错"的认识也会达到同样的效果。于是，此前始终被压制的自谦，以及尚未消散的自恨，都在此时显露了出来。

第三种类型是以"自大的报复"为发展方向，这与其他的自负非常相像。他的主要生活动力来自他对报复性胜利的需求。就像哈尔特·卡尔曼在谈论创伤神经症时所说的那样，在这里，报复成为一种生活方式。

在探求荣誉的过程中，包括了对报复性胜利的需求，这部分属于正常范围，因此，我们要关注的不是这种需求是否存在，而是它所具有的巨大强度。为什么一个人会终生被获胜的意念所掌控，并为此竭尽全力呢？这必定是由诸多有利因素促成的，但单凭这些因素尚不足以对其强大的威力做出合理的解释。因此，我们需要从另一个角度来探讨这个问题。其实，正常人身上同样存在着报复性胜利的需求，但它往往因为三个因素而受到限制，这三个因素是：爱、恐惧和自卫。只有当这些制约因素暂时或永远不发挥作用时，报复心理才会掌控整个人格，使其完全向着报复和胜利的方向发展。在这个类型中，不足的抑制和强有力的冲动形成了一股合力，而这个合力就是"报复"，从这个角度也可以对报复的强度做出解释。一些小说家在作品中对这样的合力有过描述，它们甚至比精神医学家的分析还精彩。

我们首先了解一下报复心理在人际关系中的表现形式。这种人由于对胜利有着一种强迫症需求，因此极富攻击性。事实上，他不能容忍任何比他成就高、比他懂得多、比他权力大，或是质疑他优越性的人。于是，他情不自禁地想要将对手击败或毁灭。即使因为工作的关系，他不得不忍气吞声，但他依然为最终的胜利做着计划。忠实感已经无法约束他，他很容易变得阴险狡诈。他勤奋工作，但业绩依然由天赋决定。他精心制订计划，但还是一事无成。这并不是因为他的懒怠，而是因为他的自毁心理过于严重，关于这一点，我们很快就会有所发现。

他的报复性最明显的表现方式就是愤怒，这种愤怒一旦爆发，威力相当可怕，甚至连他自己也担心会失去控制而造成无可挽回的后果。例如，患者在酒精的作用下（平时的控制力不发挥作用时）非常担心自己会杀人。在平时，谨慎的态度可以管控住某些念头，但如果心头涌起报复的冲动，就会冲破谨慎的闸门。一旦处于报复的愤怒中，他的安全、生活、工作以及社会地位都会被笼罩在危险之中。举例来说，司汤达在《红与黑》中描述道：于连看了那封毁谤他的信后，立刻举枪向德瑞那夫人射击。关于这一行为的鲁莽性，我们将在后面的内容中再做探讨。

更重要的是，报复性情感虽然很少爆发，但却具有永久性的特征，并且渗透在他对人际交往的态度中。在他看来，任何人都是邪恶的、不正直的，却要装出一副友善的样子。如果他无法证明一个人的诚实，那么在他眼里，这个人就是虚伪的。可即便已经做出了证明，只要稍有刺激，他也会开始怀疑。在人际交往中，他会公然表现出狂妄，有时会以温文尔雅的虚假姿态来掩饰他的粗暴。他会在有意或无意中，以巧妙或粗劣的方式来羞辱他人、剥削他人。在与女性的交往中，他为了满足个人欲望，不顾对方的情感。他似乎"天真"地以自我为中心，而把别人当作他实现目标的工具。只要是能够对他胜利的需求有所助益的人，他就会与之交往并保持联络，例如，可以在他的职业生涯中当作跳板的人，盲目地跟从他、为他站脚助威的人，以及具有一定的影响力，又能被他征服、受他控制的女性。

他善于摧残他人，堪称这方面的老手，他会摧毁他们的希望，摧毁他们对于关怀、慰藉、时间、陪伴以及享乐的需求。（我和很多人都用"虐待狂倾向"来描述大部分报复心理，"虐待狂"这一术语意味着使用权力令他人痛苦或受辱，并从中获得满足——兴奋、颤抖、愉悦——无论是否与性有关。因此，"虐待狂"这个词便有了全面的意旨。然而，在这里，我用"报复性"这个词代替了"虐待狂"的说法，因为，在"虐待狂"倾向中，"报复"的需求是最重要的动机。）当别人对他的行为表示抗议时，他却认为是对方神经过敏。

在分析中，这些倾向一旦明显减弱，他就会将其视为用以抗争的合理武器，如果不保持警惕，不积聚精力用以自卫，那么他就无异于傻瓜。他必须时刻做好反击的准备，而且无论情况如何，他都要成为最终的胜利者。

他的报复心理主要表现在他所做的"要求"的类型以及维护"要求"的方式上。虽然他可能不会公然提出要求，甚至意识不到自己做了的或正在做的要求，但事实上，他认为自己的神经症需求有权获得尊重，他有权不考虑别人的需求和意愿。例如，他觉得自己有权对看不惯的事情进行批判和指责，但同时，他还有权免受任何批判和指责。他有权决定多久和朋友见一面、见面时做什么，但同时，他也有权阻止别人对此提出任何意见。

无论这些要求的内在必要性可以怎样解释，它们都体现了他对别人的态度是极为轻蔑的。如果这些要求无法得到满足，那么他就会发起惩罚性报复。焦虑感可能导致罪恶感，接着可能导致公然的恼怒，在这一过程中，报复始终存在。一方面，他因为感到受挫而恼怒，但同时，这样的情感表达也是以压制、威胁他人的方式来维护自己的要求。相反，如果他不采取报复的行动，没有坚持自己的"权力"，那么他就会因为自己"变得懦弱"而生自己的气、责备自己。在分析中，当他抱怨自己的压制或屈服时，他只不过是不自觉地因为这些技巧不够完美而表达不满。从个人角度讲，他非常希望通过分析使这些技巧得到改善。也就是说，他并不想克服敌意，而是希望少受一些压制，或者更有技巧地将其表达出来，这样一来，他就会变得令人畏惧，每个人都心甘情愿地来满足他的要求。可以说，这两个因素导致了他的不满，而他确实总是感到不满。从他内心来讲，他认为自己这样做是有理由的，而他必定很愿意让别人知道这一切（包括他的不满），可能都是潜意识的。

一方面，他觉得自己在学问、智慧和眼光上比别人优越，于是便以此来维护自己的要求。更确切地讲，在他看来，他的要求是对他所受伤害的补偿。为了强化这些要求，他必须珍视并不断激活他所受到的伤害，无论这些伤害是以前的还是现在的。他把自己比作一头"永远不会健忘的大象"。他没有意识到，他的主要关注点就是记住那些"轻慢"，因为在他的想象中，任何人都要为轻慢付出代价。对要求的维护，以及要求受挫后出现的反应，这两者构成了一种恶性循环，不断激发着他的报复心理。

报复心理也会浸透到分析关系中去，其表现方式多种多样，这也是"负性治疗反应"的一部分。这种反应是指建设性进展之后出现的急性恶化状况。总之，对人或生活的一切行为，其实都会导致他的要求和报复心理的衍生物面临险境。只要这些行为是他主观上所必需的，那么在分析中，他就必定会对此有所提防。但其中只有少部分的提防是直接的、明确的。患者会坦率地表示自己不会放弃报复："你们别想把它从我手中夺走！你们想让我当个老好人吗？它能刺激我，让我觉得自己还活着，它就是力量！"而大部分的提防都是间接的、微妙的。患者的提防方式对临床治疗非常重要，分析师一定要对其有所了解，因为这种提防不仅会耽误分析的进展，而且会对整个分析过程造成破坏。

它可以主要经由两种方式达到上述效果，它能够对分析的关系产生影响（在无法支配的情况下）。于是，比分析更重要的，就是击败分析师。此外，（鲜为人知的是）这种防御可以决定他对解决哪些问题感兴趣。在一个极端案例中，患者感兴趣的是那些能够导致较大报复的事物，这些报复会立即生效，而且无须他付出任何代价，使他可以平静优雅地实施报复。这种选择性的过程并不是靠有意识的推理形成的，而是靠确信无疑的直觉而形成的。例如，他很想克服自己的顺从倾向和无权力感。另一方面，他不愿意消除自负的要求以及来自他人的侮辱和指责，他只是紧紧地抓住"外移作用"。事实上，他一点都不想分析自己的人际关系，而只是强调他不希望在这方面受到打扰。所以，在分析过程中，分析师很容易陷于混乱之中，直到发现这是一个具有选择性的过程，其中包含了难以克服的逻辑。

这种报复心理是怎样产生的呢？它的强度从何而来？与其他神经症的发展相似，报复心理也是从儿童时期就已经出现了的——当时有过非常恶劣的人性体验，但缺少补偿性因素。羞辱、暴力、冷落、嘲讽和伪善，都会对儿童造成严重的打击，使其变得敏感。有许多人在集中营中度过了艰难痛苦的岁月，对他们来说，要在那样恶劣的环境中生存下来，只有抑制自己柔弱的感情，尤其是对自己和他人的怜悯。我们提到的那些儿童，也都是在恶劣的环境中，经过痛苦的煎熬才活下来的。为了博得喜爱和同情，他们可能付出过努力，但结果却大失所望，最后只好放弃对温情的需求。于是，他们会慢慢地认为自己根本不会得到真正的温情，甚至认为这种情感根本就是不存在的。最后，他们不再奢求它，甚至开始蔑视它。这是一个相当严重的结果，因为，每个人都需要爱，都需要温情，这些感情能够帮助我们养成可爱的品质。如果我们觉得自己不可爱，就会陷入巨大的悲伤之中，关于这个问题，我们将在第九章进行探讨。报复型的人试图以简单粗暴的方式来根除这种悲伤。他已经确信自己是不可爱的，并且对此毫不在意，因此，他无须再有所希冀，至少他可以让满腔怒火在心中自由发酵。

后面，我们将会看到整个发展过程，这里只是开始：经过谨慎地思考和权衡，报复的表现可能会受到控制，但报复心理很少会在同情、喜爱和感激等情感的作用下有所收敛。当人们渴望友情与爱情时，这种压制正面情感的过程依然存在，这是为什么呢？要想了解这一点，我们有必要对他的第二种生存工具进行研究，即对未来的幻想和想象。无论是现在还是未来，他都会比"他们"更好，他们会因他的伟大而备感卑微，他会让他们知道自己是怎样被他们冤枉、误解的。他将成为盖世英雄（在于连的例子中的拿破仑）、领袖、制裁者和科学家，他的英名将万世流传。这些幻想不一定是空穴来风，它们产生于一种对报复和胜利的需求，是可以理解的。它们决定了他的生活道路，因此，他可以让自己在胜利与胜利之间自由驰骋。他生活的目的就是等待"审判之日"的来临。

痛苦的童年使他产生了对胜利的需求以及对"否定积极情感"的需求。这两者从一开始就密切相关，并且因为相互依存、彼此助长而从未发生改变。要想生存，就要将自己的情感硬化，这样才能自由无碍地发展"成功地主宰生活"的驱动力。与这种驱动力相伴而生的是一种能量巨大的自负，到最后，它变成了一只巨兽，将所有的情感吞噬掉。在他眼里，关怀、爱情、怜悯等一切人际关系都会妨碍对荣誉的追逐。因此，这种类型的人会永远被冷漠和孤独包围。

毛姆在描写赛门·费尼莫尔的性格时，曾认为这种对人类欲望的故意压抑是一个有意识的过程。对那些能使自己生活快乐的事情，例如友情和爱情，赛门一律予以拒绝乃至摧毁，因为他要成为一个独裁者。他不需要任何一种能够打动人心的情感，无论这种情感来自自身，还是来自外界。他牺牲了真我，换取了报复性的胜利。对于这种自大报复型的人物，作家通过观察其无意识的行为而得出结论。在他看来，承认自己对人性有需求就是软弱可耻的。经过这样一番分析，情感会自然流露出来，他非常反感这些现象，并因此感到恐惧，觉得自己也变得软弱了，于是就要不断增强自己虐待狂的态度，或者以自杀的冲动进行自我反抗。

至此，对他的人际关系的发展，我们已经进行了一些探讨，并且理解了他大部分的报复和冷漠。但是，关于报复的强度和主观价值方面，以及他的残忍的要求方面，等等，依然存在着很多问题。我们要重点关注心灵的内在因素，还要考虑它们对人际关系的影响，这样才能获得全面的了解。

从这方面看，他的主要驱动力是对自我辩护的需求。因为觉得自己像个无赖，所以他需要证明自己的价值。而只有谎称自己具有超凡的品行和卓越的能力（具体的品行和能力因个人需求而异），才能做出令他满意的证明。他孤立自己，对别人充满敌意，像他这样的人必然不需要别人。他的自负必定会显著地发展为自足。他会变得非常狂妄，对任何事情都既没有要求，也不予接纳。在他看来，如果自己处在接受者的位置，那么就无异于遭受了奇耻大辱，于是他要将一切感激之情扼杀掉，只利用智力来掌控生活。因此，他在智力方面的自负达到了不寻常的地步，认为自己的警觉性非常高，智力过人，拥有远见卓识。而且，在他看来，生活本身就是一种抗争。所以，他对战无不胜的力量充满了渴望，并且认为这种力量是不可或缺的。但事实上，自负对他造成了巨大的耗损，战无不胜固然重要，但这些重要性却太过沉重，他有些承担不起了。但他不能容忍自己受到一点点伤害，因为自负不允许他这样做。曾经，他利用"硬化过程"来对他的真情实感加以保护，但现在，他要集中全部力量保护自负。这样一来，他的自负就比伤害和痛苦的地位还要高了。从蚊虫叮咬到天灾人祸，任何伤害都不能降临到他的头上。这种方法具有双重后果，当他受到伤害时，只要没有任何感觉，那么在相当长的时间里，他也不会遭受任何伤痛。然而，对这个问题也存在质疑：当受伤害的知觉消失后，他的报复冲动也会消减吗？换句话说，如果知觉没有减弱，那么他的破坏性是否有可能增加，或者变得更加残暴？报复的感觉在他的心目中一定会有所减轻，但却以另一种形式出现，即对错误的恼怒，觉得自己有权惩罚犯错的人。但战无不胜的表层一旦被伤害击穿，他就要承受巨大的痛苦。这时，受伤的不仅是他的自负——例如因为无法获得足够的赞赏而感到屈辱——他还会因为自己"允许"某些人或事伤害他而感到屈辱，尽管他对痛苦和快乐没什么感觉，但他的情感依然会面临危机。

他深信自己是不容侵犯的，他也以此为骄傲。免疫与免除惩罚的心理与这种心理非常相似，甚至可以起到补充作用。这种纯粹无意识的心理源于这样一种需求：在他看来，自己有权对他人进行批评和报复，而对方却无权批评和报复他。换句话说，他有权伤害别人而不受惩罚，但别人却不能伤害他而不受惩罚。我们需要分析他对别人的态度，由此找出他这样做的理由。我们已经知道，他因为具有好斗的心理和自负的惩罚，并且毫无顾忌地以此践行他的计划，所以势必会得罪他人，但他似乎并没有表现出敌意。事实上，他已经将自己的敌意大大减弱了。就像司汤达在《红与黑》中描述的那样，于连如果没有被那种无法控制的报复性愤怒所主宰，那么他本应具备很好的自制力，也会表现出谨慎和小心。于是，这种类型的患者就会给人留下奇怪的印象：他待人的态度虽然鲁莽，但又不失谨慎。而这种印象刚好准确地反映出那些作用在他身上的力量。确实，他要在让人感觉到他的愤怒与克制愤怒之间维持平衡。驱使他去表达愤怒的不仅是报复冲动的强度，而且更重要的是他需要威胁他人，凌驾于他人之上，使他人屈服于他的武力。这种需求非常急迫，因为他无法与人和谐相处，只能借助这种方式来维护他的"要求"。而且，对他来说更重要的是，在普遍性的对抗中，进攻是最好的防御。

此外，因为恐惧，他的攻击性的冲动也会有所减弱。尽管在他心目中，自己是非常伟大的，不受任何人以任何方式施加的影响和威胁，但事实上，他对别人还是有恐惧感的。恐惧的产生由多种因素导致，他也担心被他人攻击和报复；他担心如果自己"太过分"，那么自己所制订的与他人有关的计划就会受到干预；他担心别人会伤害他的自负，因为他们的确有能力这么做；他害怕别人，因为他只有在头脑中夸大别人的敌意，才能使自己的敌意合理化。虽然他会否认这些担心，但却无法将它们消除。他需要一些更为有力的保障。他需要通过表达报复性的敌意来应对这些担心，而且在表达时还不能感觉到担心。对免疫的要求会演变为一种对免疫的虚幻信念，如此一来，这个难题似乎就得到了解决。

最后我们要谈到的一种自负与他的诚实、公平、正义相关。显然，他无法做到这三项中的任何一项，他也不会具备这些品质。也就是说，如果一个人在潜意识中置真理于不顾，只想着如何去蒙骗，那么此人必定就是他。但如果对他的前提条件加以考虑，我们就会发现，他认定自己是拥有这些品质的。对他来说，无论是回击还是先发制人，都是反抗其身处的丑恶世界的可靠武器，都属于利己、合理、明智的行为。此外，他毫不怀疑自己的要求和愤怒及其表现的正确性，在他看来，这必定是完全坦率且正当的。

　　而且，由于另一个原因，他对自己的诚实充满了自信，这一点基于其他理由也是非常重要的。他发现很多人都善于伪装，看上去比他们的本来面目更有爱心、更有同情心、更慷慨大方，在这方面，他确实很诚实。他并不假装友善，并且非常鄙视这种做法。如果他停留在"至少我没有伪装……"的层面上，那么他的处境尚且安全。但他还想为自己的冷漠做辩护，于是就会采取进一步的举措，轻率地否定那些对他有益的友善行为。从理论上来讲，他并不否认友善的真实存在，但如果他在某个人身上发现了友善的品质，就会不加分辨地将其视为伪善。这一举措使他再度凌驾于众人之上，让他觉得自己有别于伪善之辈。

　　与他对自我辩护的需求相比，他更不能容忍对爱的伪装。只有经过大量的分析后，他才会像其他夸张型的人那样，表现出自谦的倾向。但相比其他夸张型的人，他对隐藏自谦倾向的需求更甚，因为他已经把自己当作获取最终胜利的工具。当他感到非常的无助和自卑，试图为得到爱而屈服时，就会出现周期性的改变。此时，我们便可以认定，他不仅非常鄙视他人对爱的伪装，而且鄙视他们的顺从、自甘堕落，以及对爱的无助的渴望。简单地说，他不仅唾弃和鄙视自己的自谦，当别人呈现出这些特点时，他也会表示厌恶和鄙视。

　　此时所呈现出的自恨和自卑已经达到了非常惊人的程度。自恨总是残酷无情的，但有两个因素决定了它的强度和效果：其一，自负对个体的控制程度；其二，建设性力量对自恨的抵消程度。这里所说的建设性力量包括：相信生活中存在正面价值，生活中存在建设性目标，以及对自身存在温情的欣赏，等等。这些因素在具有攻击性的报复类型中都是不利的，因此，与一般的患者相比，这个类型的患者的自恨表现得更为严重。即使没有进行分析，我们也能发现他对自己残忍的监视，以及他对自己的摧残程度，而且，他会将这种摧残美化为自我克制。

　　为了对付这种自恨，他需要动用更为严格的自卫措施。自卫也包含了外移作用。与所有的夸张型解决方法相同，这也是一种积极的方式。他鄙视和厌恶别人所具有的自发性、生活的乐趣、纵容的倾向和温顺的表现等。而这些特点也正是他自我压制和厌恶的。他按照自己的标准要求别人，如果别人不能达到要求，他便会对其实施惩罚。这种惩罚具有报复性态度，但也表现得非常复杂，一方面出于报复，另一方面也是自我惩罚倾向的外移，另外，它还是为了维护自己的要求而逼迫他人的手段。在分析中，对这三种原因需要分别进行处理。

他是为了保护自己才与自恨对抗，最明显的表现就是：他要避免意识到自己"没有按照内心的指使做到他应该做到的"。除了外移作用，他的主要防御手段就是"自以为是"，它如同一层厚重的盔甲，无法轻易穿透，并且使他变得不通人情。在所有可能发生的争论中，只要他认定是恶意的攻击，便对其内容的真伪毫不在意，他就像一只被激怒的刺猬，只是机械地发起反击。尽管由此可能导致一些针对其正直的质疑，但他也是熟视无睹。

他保护自己免于意识到自身缺点的第三种方法，便是对别人提出要求。关于这一点，我们已经强调过：他会夸大自己的权力，否定他人的权力，这本身就含有报复性元素。尽管他的报复心很强，但只要不是为抵御自负的猛烈进攻以自保，那么他对别人的要求原本可以更为合理。由此可见，他要求别人的行为不能让他产生任何负罪感和自疑心理。如果他认为自己有权压迫别人，或是让别人遭受挫折，同时要求他们不能表现出愤怒、批评和抱怨，那么他就可以避免意识到自己的剥削或挫败他人的倾向；如果他认为自己有权让别人对温情、感激和体贴不抱期待，那么他们的挫败就只是自己倒霉，而不是因为他没有友善地对待他们。对于自己在人际关系上的失败，或是别人有理由厌恨他的态度，他一旦产生丝毫疑惑，自责就会如泄洪一般奔涌而来，冲垮他所有伪装的自信。

骄傲和自恨在这类人身上的作用我们已经有所了解，我们不仅准确地认识到他身上的作用力，而且对他的整个看法也有了改变。如果我们只把关注的重点放在他对人际关系的处理上，就会觉得他过于狂妄、冷酷、不讲情面、自私自利，而且还是个虐待狂，此外，我们还会想到很多带有攻击意味的词语来形容他，每一个词语都非常精准。但当我们认定他此时正身陷自负的牢笼，为了避免被自恨压垮，他必须努力抗争，那么此时，在我们看来，他就是一个为生存而痛苦挣扎的人。这一结论与前面得出的结论都是真实的。

我们可以从不同的视角对这两种结论进行观察，那么我们能否从中发现二者之间在重要性上的区别呢？这个问题有一定的难度，或许它根本就没有答案。但是，只有当他不愿反思自己在人际关系中的困难时，以及当这些困难小得可以忽略时，分析师才能够找到治疗的切入点。一方面，从这个角度比较容易碰触到他，这是由于他的人际关系很不稳定，因此他极力避免与之接触。但客观原因依然存在，因此，在分析过程中，我们首先要解决的是他的心灵问题。我们已经知道，这些问题正以各种各样的方式使他变得自大，产生明显的报复心。事实上，如果没有考虑到他的自负及其易受攻击的特性，我们就无法了解他自大的程度。此外，如果没有考虑到他为了自我保护而与自恨抗争，我们就无法了解报复的强度。更进一步来讲，这些不仅是加强的因素，而且使他的敌意攻击倾向更具强迫症。对敌意进行直接的处理不仅是无效的，也是徒劳无益的，问题的关键就在这里。只要这些强迫症因素还存在，患者就无意理会自己的敌意，更谈不上对其进行反思。

例如，他对报复性胜利的需求必定是一种具有敌意的攻击倾向，而他需要用自己的观点来证明自己，则使其具有了强迫症。在初始阶段，这种愿望还不具备神经症的性质，这是因为他的出发点在人类价值体系中并不占据重要地位，因此，他要对自己的存在和价值做出证明。接着，他必要要重塑自负，保护自己免受隐藏的自卑的困扰，这使得这种愿望越发急迫。同样，他对正直的需求以及由此产生的对自大的需求（都具有报复性和批判性），也因需要保护自己免受自疑和自责而变得越发具有强迫症。最后，他对外移"自恨"的可怕要求导致了他对别人求全责备、过度处罚、斥责中伤，并且使这些态度具有了强迫症。

如前所述，如果抑制报复心的能力不足，那么这种心理就会急速发展。而造成此结果的原因主要是心灵内的因素。从儿童期开始的抑制温情或同理心的行为被称为硬化过程。为了对抗别人和保护自己，在与人交往的态度和行为中，他需要约束自己的情感。他要让自己对痛苦失去感觉，但由于自负的易受攻击性，这一点得到了强化，最终，因"不易受攻击"的自负而达到顶点。他对温情和爱的渴望（包括付出和接受），首先受到环境的影响，接着又成为追求胜利道路上的牺牲品，最后更是因为自恨的判决而冻结。这种自恨将他贬为不可爱之人。在他的潜意识中有这样一种想法："显然，他们应该爱我。但他们却对我充满了仇恨，因此，他们至少还是畏惧我的。"正常的自私心理有时也会导致报复的冲动，但由于他对自身的幸福并不在意，这就导致这种心理始终处于低潮，虽然在一定程度上他也害怕别人，但可以制服那种具有"免疫性"和"不易受攻击性"的自负。

关于抑制力的缺乏，有一个值得一提的重要因素，即哪怕他真的有丝毫的同情心，也很少会同情别人。这种缺乏同情心的情况是由多种原因造成的，但其共同点则是对他人的敌意以及对自己缺乏同情心。然而，对别人的冷漠最有可能是出于嫉妒心理。这种嫉妒是一种隐秘的恨意，并非针对某一方面，而是源于一种普遍的感觉——自己被生活所排斥。他生活在迷茫中，那些有益于成长的快乐、创造、愉悦、情爱等美好的事物都离他远去。按照最简单的思路分析，我们会问：他对自己的生活毫无兴趣吗？他对一切都加以排斥，是因为他的控制力强吗？这样做能给他带来成功的愉悦吗？他是否在抵制各种积极的情感？果真如此，那为什么还要嫉妒别人？然而，事实就是这样。显然，如果不做分析，那么对于这样的事实，他是不会轻易认同的，这依然是由他的自大心理导致的。但经过分析，他或许会承认别人比自己更好；也可能认识到，自己对别人的嫉恨，是因为别人总是很快活或能够拥有感兴趣的事物。他还会间接地表达出这样的理由：在他看来，人们在他面前炫耀自己的幸福感受，并以此来羞辱他。这种念头导致了一种报复的冲动，试图将别人的快乐和幸福扼杀掉，而且还以一种奇特的无情来抑制了他对别人的痛苦之同情。他的嫉妒就像"鸠占鹊巢"所描写的那样，在他眼里，别人想得到什么或不想得到什么，都能轻而易举地实现，但对他来说却非常困难，于是，他的自负便因此受到了伤害。

但这种解释过于浅显。经过分析，我们发现，尽管他认为生活对他来说就像一颗酸葡萄，但这颗酸葡萄依然非常具有诱惑力。我们应该牢记，他对生活的愤懑并非出于自愿，他集贫弱于一身，对生活发起进攻也并非他的本意，而无非只是生活的替代品而已。也就是说，他对生活依然有兴致，这个兴致并没有泯灭，只不过被抑制了。在分析的初始阶段，这还只是一种希望，而且比我们想象的还要丰富，其真实性是可以得到证明的。这种强烈的兴趣恰恰是治愈的基础，如果连他自己都失去了生活的信念，我们又如何为他提供帮助呢？

这种解释也与分析师对待患者的态度有关。绝大多数人对这种类型患者的态度不是完全拒绝就是被迫顺从。显然，如果分析师愿意接纳他为患者，那么就是有意向对他提供帮助。如果分析师从内心拒绝患者，出于无奈而接受，那么就不可能为患者提供行之有效的解决方案，这样的治疗也不会有效果。所以，分析师需要了解患者的情况——虽然他表现出抗拒，但其实是被病痛所折磨——这样，分析师就能够理解他、同情他了。

归纳总结一下这三种夸张型解决方法，其共同目的都是要控制生命。这是他们克服恐惧和焦虑的方法，他们从中获得了一些生活的乐趣，他们的生活也因此具有了新的意义。他们试图以不同的方式支配生活：让命运符合他们的最高标准；运用自我崇拜和神秘的力量；做一个不可战胜的人，以报复性胜利的心态掌控生活。

与此相似的是，情感状况中的差别也是非常显著的：从偶然出现的乐趣和真诚到逐渐冷淡，甚至变得冷酷。特定的情感状况主要由他们对其积极情感的态度决定。当情感迸发时，自恋型在某些条件下会表现出善意而慷慨的一面，尽管它们或许是建立在伪善之上；完美主义型则会表现出明显的善意姿态，因为这是他应有的姿态；而自大报复型却对善意表现出敌视和压制的情绪。这些类型都包含了深深的敌意。但在自恋型的条件下，宽容可以掌控敌意；在完美主义的条件下，敌意是不被允许的，因此可被制服；在自大型的条件下，敌意则张狂登场，而且就如我们探讨过的那样，它的破坏性会变得越发强烈。他们对别人的期待包括需要他们的忠诚和敬仰，需要他们的尊崇乃至顺从。在潜意识中，他们对生活的要求基于对伟大纯真的信仰，对生活的谨慎态度，以及认为自己在受伤后有权得到补偿。

可以预料的是，以这种分类级别来看，成功治疗的概率会逐级减少。但需要提醒注意的是，这里所做的分类，表明的只是神经症的发展方向。事实上，治愈的概率还会受到其他因素的影响。其中最主要的问题是：非正常心理倾向到底有多顽固？是什么因素促使它们呈现不平衡状态？其中的动机强度有多大？

第九章
自谦型的解决方法：渴求被爱

我们现在要分析内在冲突的第二种解决方法，即自谦型的解决方法。从本质上讲，这种方法与夸张型的解决方法截然相反。只要了解了夸张型的相反性质，就不难理解自谦型的解决方法了。由此看来，我们有必要先回顾一下夸张型的性质，然后再来探讨以下问题：他是怎样美化自己的？他厌恶什么？鄙视什么？他对自己的压抑表现在哪些方面？他又培养了自己什么？

他将自身所有具有主宰倾向的因素都予以培养和美化。从人际关系看，他要居于主导地位，他要比任何人都优越，他是最成功的，他有权掌控他人，别人应该对他有依赖感。他要从别人对他的态度中感受到这一点。他总希望别人对他表示顺从和尊崇，他希望别人都能自我贬损，这样就能对他更崇拜、更敬仰。他绝不允许自己对别人表现出顺从和屈服。

此外，当发生突发事件，而他能应对自如时，他会感到非常骄傲，而且他相信自己确实能够做到，他是全能的，没有他做不到的事情，或者说不应该有他做不到的事情。他要做命运的主宰，而且他感觉自己正在成为命运的主宰。当感到无助时，他就会非常惶恐，因此他憎恨自己的任何无助心态。

　　就其个人而言，主宰命运的意义就在于理想化的自傲。在意志力和理性的支配下，他成为灵魂的主人。在他的潜意识中有一种力量，它受意识的支配，但他很难发现这种力量，只有在一种强力的控制下，他才会承认这种潜意识的存在。无论他对自身冲突的认识，还是对他无法马上解决问题的原因的认识，都毫无顾忌地受到阻拦，从而使他产生了一种隐藏着耻辱的悲伤。在分析中，他很容易发现个人的自负，却对自己被"应该"掌控的事实抱以莫视的态度。他觉得自己应该不受任何事情的控制。可能的话，他就要保持一种幻觉：他可以自己制订计划并实现计划。所有让他感到无助的事物，无论是外部的还是内部的，他都非常痛恨。

　　在自谦型解决方式的所有分类中，我们可以发现一个相反的现象，这个现象很重要。与他人相比，他不能有意识地发现自己的过人之处，他的行为举止也不包含这样的情感反应。相反，他会表现出这样一种倾向：鄙视自己，屈服于他人；对他人有依赖感，取悦他人。一个突出的特点是，对于无助与痛苦，他的态度与夸张型正好相反，他对此不但没有抵触，而且还会加以培养和夸大。如果有人对他表示赞赏，把他追捧到很高的地位，他就会感到不安。他需要的是帮助、保护和宠爱。

　　这些特点我们可以从他对自己的态度中有所发现。他总是处于一种失败感中，这与夸张型形成鲜明对比，他因此觉得自己很卑下，甚至有罪恶的感觉。失败感导致自恨和自卑，这种"外移"是被动的——他认为自己遭到了别人的指控或鄙视。相反，他对自负、自大的夸张情感和自我荣誉化予以否定。无论哪方面的骄傲，都被严加禁止。于是，骄傲被埋没，被否定，被抛弃。他被自我所驯服，他像一个偷渡的人，没有任何权利可言。他还对任何可能萌生的野心、报复心和争强好胜的意念进行打压。总而言之，他要做出自我牺牲，以此压制所有夸张型的驱动力，解决内在的冲突。通过分析，我们才能对这些冲突的驱动力有所认识。

　　从很多方面可以看出，这些人在急于逃避自负、优越感和胜利。尤其在竞争中，这种对胜利的恐惧很容易被察觉到。例如，一位患者的依赖症已经非常严重。他是一名网球高手或下棋高手。当忘记自己高手的身份时，他就会发挥正常。但如果在竞技场上意识到自己是个高手，一定要把对手打败，那么他就无法正常发挥自己的技艺，甚至会在棋盘上忘记取胜的明显步骤。在分析之前，他也能意识到自己并非不想取胜，而是没有勇气取胜。他是被自己击败的，对此他也感到恼怒，但这个过程对他来说是不自觉的，因此他也无法加以制止。

这样的情绪在其他条件下也会出现，这一类型有如下特点：他对自己的能力并不了解，因此也就不能有效地加以利用。在他的心目中，特权成了一种负担，通常情况下，他不知道自己是可以大有作为的，所以，他无法适时展现自己。无论处于何种环境下，他都会感到紧张惶恐。例如，在权利尚未明确的情况下，他会对仆人提供的帮助感到不知所措，或者即使他提出一些合理的要求，都会感觉自己是在占别人的便宜，并为此深感愧疚，于是，他会尽量不给别人添麻烦，也不会带着一脸愧疚的表情去请求别人的帮助。如果有人已经对他形成了依赖关系，他就会觉得自己其实无法为他们做什么。如果有人羞辱了他，他也无力保护自己。那些在他身上打主意的人，早就觉得他是个好猎物。而他对此毫无防备，总是到最后才发现自己受到了愚弄，然后就会对自己和欺人者大发雷霆。

与他在竞技场上的表现相比，他对胜利的恐惧还会体现在其他更严重的事情上，例如，众目睽睽之下他会感到恐惧，获得成功时他会感到恐惧，被人夸奖时他也会感到恐惧。他非常害怕当众表演。当他克服一切困难终于取得成功时，他会对这样的结果感到怀疑。他为此感到担忧，在他看来这或许就是运气好，甚至会报以轻视的态度。如果他认定是好运气带来的成功，那么他就会觉得成功与他无关。在他看来，成功和他内心的自信成反比关系。虽然他取得了成功，但他的自信却并不因此而有所增长，相反却使他更加焦虑，甚至会因此恐慌。例如，有的演员或音乐家会因为这种担忧而拒绝丰厚的报酬。

此外，他还会避免一切"肆意妄为"的设想、感觉和姿态。在潜意识中，他会出现自贬心理。他要避一切自大、自夸和对成功的赞美，这种心态有时会发展到非常严重的程度。他要忘记自己知道的、做到的以及一切善举。在他看来，觉得自己可以处理好自己的事情、觉得自己提出的邀请别人会欣然赴约、觉得自己能够得到漂亮女孩的青睐，这些想法都带有自负的性质。他认为自己想做的所有事情都反映出一种自大的心理。他会把自己的所有成就视为走好运或虚张声势的结果。他认为自己的想法和信念都过于张扬，所以会轻易地放弃它们，并且屈服于相反的意志，就像风车一样。在他看来，坚持己见就是狂放不羁，例如，当遭到不公正的处罚时为自己辩解、在餐桌上点餐、要求老板增加工资、在签合同时维护自己的权益、追求自己喜爱的异性等。

通过间接的方式，既有的优点和成就或许会得到认可，但却无法从感情上体会到它们。"患者认为我是个好医生"，"朋友夸我很会讲故事"，"在大家眼里我很有魅力"。有时，就连真诚的赞美也会被他否定："老师夸奖我，说我聪明，其实那是他们搞错了。"对于财富，他也存在这样的心态，他对财富缺少感觉，尽管他拥有财富，凭借自己的努力挣到了钱财，但他依然觉得自己很贫困。在过度谦虚的背后，他的恐惧会经由任何寻常的观察和自我观察暴露出来。甚至他只要一抬头，就会产生恐惧心理。无论是什么原因导致的自贬，都被一种强力所维系。这种限制将他圈在一个狭小的空间，拒绝受到任何打扰。他认为自己应该易于满足，应该无欲无求，一切渴望、努力和追求，都是违抗命运的危险挑战，是一种鲁莽的行为。他不应该试图通过调整饮食或锻炼来改变体形，不应该用漂亮的服饰来改善外表。他甚至不应该借助心理分析来改善自己，当然，他也可能因为被逼无奈才来进行分析。在这里，我们不讨论个人在对待特殊问题上的恐惧心理。他努力进行自我保护，对分析并不配合，在这些情况背后，他一定受到了很多因素的阻挠。在他看来，"为自己白白浪费时间"是非常"自私"的行为，这反映了他对分析的价值意义持相反的态度。

被他视为"自私"的事情与被他视为"肆意妄为"的事情有着同样广度。他认为，一切为自己考虑的事情都属于自私。一般来说，他喜欢的事物很多，但却不喜欢独自享受，因为那样就是"自私"。他不清楚这些限制会导致什么结果，但却认为"有福同享"才符合常理。事实上，与人同享美食、音乐和大自然成为真正快乐的事情。如果不能与人同享，这些事物也就失去了意义和价值。在个人开销上他非常吝啬，甚至到了不可思议的地步，但他对别人却非常慷慨大方。如果他打破了这种限制，转而为自己消费，那么即使这种消费是合理的，他也会感到非常不安。在个人精力和时间的分配上，他也非常计较。闲暇时读的书一定要与工作有关，要想写私人信件就只能在两场约会之间挤时间写。他不善于规划个人财产，除非有人希望他这样做。他对个人形象也毫不在意，除非为了别人，例如赴约、参加聚会或工作需要，他才会稍微打扮一下。当然，对于能使别人受益的事情，他会全力以赴。例如，有人需要参加社交活动，他会给予协助；有人希望求得某个职位，他也会尽力帮助。如果这些需求属于他自己的当务之急，他就没有那么积极了。

虽然他的心里也有很多敌意，但只有当情感受到困扰时，他才会将其表现出来。此外，他还害怕人际关系中的矛盾或争吵。他将自己的翅膀折断，让自己无法也不再是一个好斗的人。他担心别人对他产生敌对情绪，因此他选择退让。在对他的人际关系进行分析时，我们能够更进一步地了解这种恐惧。但与其他限制相一致且包含于其中的，是一种对"攻击性"的限制。他无法容忍自己对某个人、某个看法或某件事情的厌恶之情，如果需要的话，他还会与之抗争。他不能长期保持一种敌对状态，对他人的厌恶也不能有所表露，他的报复性冲动处于潜伏状态，只能以间接伪装的形式表现出来。他不能公开表达自己的真实态度，更不能责罚别人。即使提出批评和指控是必要的，他依然很难做到。就算开个玩笑，他也不允许自己使用刻薄、讽刺的语言。

总之，我们发现，他的限制针对一切狂放自大、富于攻击性和自私自利的表现。如果对限制所覆盖的范围进行分析，就会清楚它们对个人的发展、战斗力、自卫能力以及个人利益都会产生严重的阻碍作用。伴随着这些限制会形成一个退缩的过程，人的身心因此而萎缩，他的感觉就像一位患者在睡梦中看到的一幕：一个人被残酷地责罚，他蜷缩成一团，处境非常窘迫，甚至陷入呆傻状态。

如此说来，自谦型的人一旦开始武断专行、富于攻击性，就会冲破自己的限制，这样一来，他就会感到自责和自卑，变得莫名的惊恐失措，或者内心萌生罪恶感。如果自卑的情绪非常明显，他就会担心被人嘲笑。在他心目中，自己是渺小的，如果自己超越了界限，就会对嘲讽产生恐惧。如果这种恐惧被意识到，一般来说就会有所表现。例如，他会觉得当他在讨论中大声地发表意见、担负一项工作或萌发了写作的冲动时，别人就会嘲笑他。但这种恐惧一般都处于潜意识状态。无论如何，对于这种恐惧的巨大影响，他似乎毫无感知。但正是这一点使他低人一头。这种担心被嘲笑的特点尤其能够体现出自谦倾向。这和夸张型的表现完全相反。夸张型表现为极度的狂妄，但自己却意识不到这有多可笑，也意识不到自己在别人眼中的窘态。

自谦型的人乐于为他人做事，他认为自己应该对他人有益，应该关心体贴他人、善解人意、慷慨大方、富有同情心和爱心，还要敢于牺牲个人的利益。在他看来，牺牲和爱是不可分割的，爱就意味着牺牲。

这样看来，"限制"和"应该"似乎达到了一致，但它们之间依然存在着矛盾。以我们的观察可以认定，这样的人对那种骄傲自大、富有攻击性和报复性的人充满了厌恶之情。但他的态度却是矛盾的。他非常讨厌这些品质，但又公开或私下推崇它们，同时对真正的自信和虚幻的自负，以及真正的力量与自私的蛮横不加区别。我们很容易就能发现，他经常被这种过分的谦虚所困扰。如果别人拥有攻击性的能力，而他却没有，那么他就会对这种能力非常羡慕。但经过观察，我们会逐渐发现这种解释是片面的。在他身上还有隐藏很深的价值观。这种价值观与前面所说的截然相反。我们还观察到，他非常羡慕攻击性的人所拥有的那种冲动，但这种力量却被他压制住了。因此，一方面否认自身的自负和攻击性，同时又羡慕别人具有这样的品质，这种矛盾的心态对他病态的依赖性产生了巨大的影响。我们将在下一章中探讨这种可能性。

当患者变得坚强起来，有能力面对自己的冲突时，就会激活自己的驱动力，并且成为"无畏"的战士。他全力维护自己的利益，能够对冒犯者实施反击。他从根本上鄙视自己的胆怯、无能和屈服。这样一来，他就处于一种矛盾的状态中，有所行动也会自责，无所行动也会自责。当别人向他借钱或者因为其他的事情而有求于他时，如果他拒绝了，他会因此而愧疚，如果他答应了，又觉得自己太容易被人欺骗。如果他提醒冒犯者注意自己的言行，他又会因此而恐惧，觉得这样很不可爱。

只要他不能避免这种矛盾状态，就要抑制这种攻击性的意识，那么他的意志就会更加坚韧，自谦将被加剧和强化。

经过分析，我们发现他的情况是这样的：他对自己持续加压，使自己蜷缩起来，努力避免夸张行为。另外，我们在前面已经提到，他感觉自己始终被一种自责或自贬的力量所压迫。这种力量是事先预设的，他不得不屈服于它。他很容易担惊受怕，努力试图缓解这种痛苦的心理，关于这一点，我们还将在后续的章节中进行详细的讨论。在此之前，我们先来了解一下，是什么因素导致了他的改变，以及它的发展情况。

那些在后来倾向于使用自谦型解决方式的人，往往会在早期借助"亲和力"来解决人际冲突。从一些典型案例来看，他们的早期环境特点与夸张型有着显著区别。夸张型的人或是很早就被人推崇，在严格的标准限制下成长，或是曾遭受残酷的待遇，曾经被侮辱，被人欺负。而自谦型的人则是另一番情况，他在家人的呵护下成长，有美丽的母亲，有既仁慈又威严的父亲，有爱护他的哥哥姐姐。因为恐惧的不可预测，所以这种状态也不稳定。但他很容易通过低调的忠诚来获得爱。例如，一位长期生活在困苦之中的母亲会让子女感到无法给她更多的关照是自己的过错；有些家长在得到追捧时会表现得非常仁慈、大方；有的兄长可能在家庭中的地位比较高，只要夸赞他、讨好他，就能得到他的关照。有些儿童就是在这样的环境下长大的，长此以往，抵触的概念和情感的需求就会逐渐淡化，渐渐地，他没了脾气，变得温顺；他学会了喜欢所有的人；在自己敬畏的人面前，他会有一种无助的感觉，但他还要依赖他们。他对别人的敌意非常敏感，并希望能够缓和矛盾。他知道要想争取别人的首肯，就要培养自己的好品质，这样才能被接纳。在青春期到来时，他可能会出现叛逆心理，他雄心高涨，情感热烈，他要追求爱情，但最终还是放弃了这种夸张型的驱动力。这种倾向的后续发展取决于叛逆和雄心被压制的程度，或者趋于顺从或爱的程度。

与其他型神经症一样，在早期的发展中，自谦型的人也是通过自我理想化来解决各种需求的。他以可爱的特点来塑造理想化的自我形象，例如无私、善良、谦逊、慷慨、慈悲、神圣、伟大等，还有被美化了的无助、痛苦和牺牲等。与自负报复型不同的是，他在生活中对情感的依赖更强，这种情感包含了快乐和痛苦，不仅针对个人情感，而且针对群体性的普遍情感，例如自然、艺术以及各种价值观。其形象的一部分就包含了情感因素。当他与别人处于冲突状态时，他会选择自我牺牲来解决问题。只有强化这种倾向，他才能满足与情感有关的"内心指使"。同时，他以一种模糊的态度处理自己的自负。因为他认为他的价值就在于假我所拥有的高贵品质，所以他必定以此为傲。一个患者这样评价自己："我谦逊地认为，我拥有美好的品德。"对于这种自负，他表示了否定，从他的行动中也没有发现自负的倾向，但他却以间接的方式表现出了这种神经症患者的自负倾向，例如，容易被伤害、爱面子、回避等行为。同时，他神圣和可爱的一面又不允许他感到骄傲，无论哪一种自负，他都要予以消除。这样一来，他便开始了萎缩的过程。在他眼里，自己不是那个骄傲尊贵的自我，而只是被压制、受伤害的自我。他感到非常无助，甚至产生罪恶感，对别人来说他是不重要的，他不可爱，他愚蠢，人们不需要他。他认为自己是个失败者，是个被奴役的人。在他看来，要想解决内心的冲突，只有让自己从自负中挣脱出来。

截至目前，经过分析，我们发现这种解决方法存在两方面的缺点。第一，这是一个退缩的过程，就像《圣经》中所说的那样，这是一种

"原罪"，它掩盖了个人的才能。第二，关乎"限制性夸张"使他成为自恨的无助牺牲品的方式。从这个因素来讲，在分析中可以发现，有很多自谦型患者会因为自责而感到恐惧。要想在这种类型中发现自责和恐惧之间的关系是比较困难的，唯一能感知到的就是恐惧这个事实。通常情况下，他对自责倾向能够有所察觉，但没有多加思考，就认定这是诚恳待己的标志。

如果有人指责他，他会立刻接受，只有当事情过去后他才会发现这些指责毫无根据。他很容易承认错误，轻易不会责怪别人，对此，他的理智根本无暇干涉。他不知道自己在虐待自己，也不知道这种虐待已经达到了什么程度。在睡梦中，他充满了自卑和自责，例如，他似乎正站在刑场上，即将被执行死刑，他不知道自己究竟犯了什么罪，但他却接受这种结局。对于他的处境，没有人表示关心和同情。或者，他会梦见自己正遭受折磨，这或许源于对某种疾病的恐惧：头痛发展成肿瘤，咽喉疼痛发展成肺结核，胃病发展成癌症。

在分析过程中，他对自我的扭曲和自责会逐渐明显起来。关于他的障碍的所有分析都会将他击倒。他似乎在慢慢意识到自己的敌意，可能觉得自己是个潜在的杀手。他对别人寄予了很多期待，他因此觉得自己是个剥削者，总是对他人进行掠夺。当他意识到自己在时间管理和财产管理方面的混乱时，他很担心自己会因此"堕落"。受焦虑情绪的影响，他感觉自己精神很不正常。如果这种表现是公开的，那么在分析一开始可能会使情况显得恶化。

因此，我们起初会有这种印象：与其他神经症患者相比，他的自恨和自卑表现得更为强烈。但随着深入了解，通过对比临床经验，我们放弃了这种可能性。我们发现，他的自恨是无能为力的表现。对大部分夸张型适用的回避自恨的方法，在他那里就会失效。尽管他有着独特的限制和"应该"的方式，但却借想象和借口掩饰这种症状，这一点和其他神经症表现相同。

他无法借助"自以为是"的方式消除自我控制，因为这样的结果就违背了他对自负和狂妄的限制。他摒弃了自身的一些东西，但却无法要求别人像他一样，他对别人充满了理解和宽恕。任何对别人的指责和敌意，都会使他感到不安，因为他对攻击性采取了限制的措施。如果他对别人有需求，那么他就不会与人发生冲突。综合以上材料，我们发现他不善于争斗，从他的人际关系以及对个人的攻击中也能发现这一点。也就是说，无论是他人的攻击，还是自我扭曲、自卑和自责，他都无力抵抗。他心甘情愿地接受这种局面，接纳自己内心残暴的审判，他对自己已经削弱的情感也因此被进一步削弱。

即便如此，他依然需要自卫，他有自己的一套防卫措施。自恨的攻击同样会引起他的恐惧反应。但只有当这种防卫措施没有很好地发挥时，恐惧才会发生。自贬可以避免夸张的态度，可以保证自己所设置的限度，对自恨也是一种缓解。一个自谦型的人一旦遭到攻击就会采取措施进行回应，例如，他会立刻承认自己的错误："你说得对……不管怎样都是我的错……都是我不好。"他试图以道歉、悔恨和自责的方式来乞求对方的谅解，并且以同样的方式来缓解自我指控的痛苦。在他的内心中，罪恶感、无助感被夸大，他感到一切都那么糟糕。简言之，他是在不断强调自己的痛苦。

他用以消除内心紧张的另一个办法，即消除外移作用，表现为感觉自己被人指责、辱骂、剥削或受到不公平的对待。这种方法虽然也有缓和焦虑的作用，但不如积极外移有效。此外，（与一切外移作用相同）他的人际关系因此被扰乱，他对这一点非常敏感。

尽管拥有这些防卫措施，他的处境还是不能得到改变，内心的不安也得不到缓解。他需要一种更有力的慰藉，因为即使当自恨保持在一定水平时，在他看来自己所做的一切也是毫无意义的，他只有自贬而已。于是，他感到自己更缺乏安全感，他会按照一贯的做法，希望从别人那里得到赞赏、希望、接纳、需要、喜爱和认可等，因为只有别人才能给予他这一切，所以，他加大了对别人的需求，同时这种需求还显得很狂乱。我们由此了解了"爱"对这一类型的吸引力。我把"爱"当作所有正面情感的公分母，包括同情、爱情、温柔、感恩、被认可、性爱和被需要、被欣赏等。我们会单独用给一个章节探讨爱的吸引力，分析它对人的爱情生活会产生什么影响。在这里，我们只讨论它对人际关系的作用。

夸张型的人需要别人对自己力量的肯定，对自己虚假价值的证明，以及对其自恨做出安全保障。但因为他更看重智慧的作用，并以自负为支撑，因此，他对别人的需求不像自谦型那样急迫。所以，关于自谦型对别人的需求的基本特点，我们可以用这些需要的性质和强度加以说明。总之，邪恶就是自大报复型的期望，当然，除非证明是错的。真正意义上的独立类型（后面我们还会对这一类型进行探讨）对于善恶没有期待，但自谦型却对善意充满期待。从表面上看，他对人类的基本良知充满信心。这种品质在别人身上的反应也是他格外在意的。但由于他的期望带有强迫症，因此无法分辨真伪。他往往无法区分真情和假意，所以他容易接纳任何温情和关爱。他的内心也在告诉他应该爱所有人，对人不该存有疑心。最后，敌视和可能发生的争斗会导致他的恐惧心理，他因此会鄙视并放弃撒谎、邪恶、剥削、残酷和狡诈。

当发现自己具有这些特点时，他会感到诧异，但他还是不承认自己有任何欺诈、侮辱或剥削的意向。尽管他常有被人欺侮的感觉，但依然不曾改变自己的期望。从自己痛苦的经历中，他感到没有什么群体或个人对他表示友善，但他依然在有意或无意中坚守着对友善的期望。尤其当这种情况发生在一个精明人身上时，他的朋友和同事会感到惊讶。但这只表明这种情感的需求是非常强烈的，以致他忽略了证据的存在。对别人越是抱有希望，就越会将别人理想化。所以，他并不是对所有人都充满信心，只是表现出一种乐观精神而已。不容置疑，这样的结果就是失望，以及在人际关系中更加缺乏安全感。

现在，我们简要探讨一下他对别人有何希望。首先，他希望别人接纳他。这种接纳对他很重要，而接纳的形式是没有定论的，诸如关心、认可、感激、喜爱、同情、爱情或性的需求等，都包含在内。通过比较，可以使之更加清晰：就像人们通常以收入评估自己的价值，而自谦型的人用"爱"作为衡量自己价值的标准。这里所说的"爱"带有普遍意义，包括所有的接纳形式。人们对他有多喜爱，对他的需要和希望有多少，对他的爱有多少，这些都体现了他的价值。

他不能独处，即使片刻也难做到。所以，他离不开朋友，他需要社交活动。他很容易就会产生失落感，犹如自己被生活所抛弃。这是一种痛苦的感受，但在一定限度内，他还是可以容忍的。如果自卑或自责表现强烈，那么这种失落感就会成为一种恐惧感。此时，他对别人的需求就会变得非常疯狂。

他对朋友充满了希望，他认为孤独就是不被人需要以及不讨人喜欢。所以，他的内心深处隐藏着一种羞耻感，即对朋友的需要。独自去度假或独自观影会让他产生这种羞耻感，别人出席周末的社交活动而他却在独处也会让他产生这种羞耻感。他的自信心来自朋友的关爱，所以，他非常需要朋友。他还希望别人关心他的一切，为他所做的一切赋予意义。一个自谦型的人需要有人为他做饭、置办衣物、整理花草，需要有人为他弹琴，还需要一些信赖他的患者或客户。

除了情感上的需求，他还需要多多益善的帮助，在他看来，自己所需的帮助是合情合理的，一部分是因为他的需求多数都是潜意识中的，还有一部分是因为他所需的帮助集中在那些看似孤立与唯一的需求上，例如，帮助他与老板沟通，为他找份工作，陪他购物或替他购物，借钱给他等。此外，在他看来，自己希望得到帮助是合乎情理的，因为这些希望包含了很多普遍的需求。然而，经过分析，我们发现他对帮助的需要实际上就是他对别人为他提供帮助的希望。别人应该帮助他，为他干活、对他负责，使他的生活更有意义，这就是他所需要的生活方式。当认清了这些需要和希望后，我们就会明白"爱"对自谦型的人有多大的吸引力。"爱"可以缓解焦虑，一旦缺失了爱，生活就失去了意义，也失去了价值，所以，爱是自谦型解决方式的固有成分。这种类型的人离不开爱，就像离不开氧气一样。

显然，他会把这些希望带到分析中。在他看来，求助是理所当然的，这一点和夸张型有所不同。他会夸大自己的需要和无助感，以此赢得别人的帮助。他非常希望用"爱"让自己康复。在分析中，他尽心尽力，但我们随后就会明白，他需要的是鼓励、帮助和救赎，而所有这些都要来自外界（在分析中则来自分析师），通过别人的接纳来实现。他希望经由分析消除自己的罪恶感。如果分析师是个异性，这种爱就可能是性爱，而在更普遍的方式中，这种爱指的是友情和关照。

就像神经症中经常出现的情况一样，他的需求变成了要求。这意味着他认为自己有权拥有他应该拥有的东西。于是，对爱情、关注、同情或帮助的需求会变成："我有权享受爱情，有权被关注、理解和同情，我有权让别人为我服务，我有权享福，而且无须亲自追求幸福。"和夸张型相比，自谦型的这些要求更加处于潜意识状态。

在这里需要提到与此有关的问题：自谦型要求的基础是什么？他如何保持了这些要求？努力让自己讨人喜欢，努力让自己对他人有用，就是最实际、最有意识的基础。随着气质、神经症结构以及处境的改变，他可能会变得温顺、体贴、乐于助人、容易察觉别人的意愿、富于牺牲精神。当然，他会高估自己对他人的作用，而在别人看来，他们根本不需要这种帮助。他的帮助是有附加条件的，但他对此却没有意识。他没有注意到自己的一些品质是令人讨厌的，在他看来，自己的行为都是非常善意的，即使要求别人对他表示感恩也在情理之中。

他的要求的另一个基础对他来说是有害的，对别人来说更具强迫症。因为他害怕孤单，所以别人应该陪伴他；因为他害怕喧闹，所以别人就要轻手轻脚。这成了对神经症的需求和痛苦的补偿。在潜意识中，对这些要求的维系是以痛苦为代价的，这不仅压抑了"想要压制痛苦的动机"，而且还以不恰当的方式对痛苦进行夸大。当然，这并不是说他的痛苦是虚伪的，是为了表演给人看的，这对他的影响方式更为深刻，因为他要向自己做出证明——他有权享有他所需要的。在他看来，自己苦难深重，所以有权得到帮助。换句话说，这个过程使人感到自己的痛苦比实际遭受的更加强烈，只因为它具有潜意识中的战略价值。

第三个基础是他觉得自己受到了虐待，因此他需要得到别人的补偿。这是一个破坏性过程，包括在潜意识范围内。他梦见自己被伤害，以致无法恢复，所以，他的任何要求都有权得到满足。要想了解这些报复的原因，首先我们要分析他被伤害的缘由。

对于典型的自谦型来说，在其全部的人生过程中都贯穿着受虐感。如果用三言两语概括的话，他具有这样的特点：一方面渴望爱，但同时又感觉受到了虐待。首先，正如我们以前讲到的，他奉献的热情和自我牺牲都被别人所利用。在他看来，自己毫无价值，也无力保护自己，所以，对于这种虐待，他也没有什么感知。尽管别人对他并无恶意，但他却因为畏缩以及这一过程的后果而无法大胆行动。事实上，在一些特定时期，他比别人更有运气。但因为"限制"心理的约束，他也无法对此有所了解，他会暗示自己（事实上他常有这样的感觉）：他的情况比别人差多了。

此外，如果他的要求没有得到满足，他会觉得自己受到了虐待，例如，他帮助了别人，而对方没有及时答谢，他就会觉得自己受到了对方的虐待。比起"要求"受挫，受到不公平对待的感觉会让他的自怜更容易引起愤怒的反应。

他的自我贬低、自卑、自我扭曲和自责会导致自我虐待的强化，虽然这一切都被他外移了。随着自辱的加剧，外在的良好条件越发难以战胜它。他常会对人讲述他的凄惨故事，希望以此博得同情。但事实上，他的真实情况没有他说的那么严重，我们从中可以看出这就是他的自辱表现，自责一旦突然出现，随之就会产生被虐待的感觉。例如，当他在分析中被告知他的自责是困难所导致时，他马上就联想到曾经遭遇的困境，这些困境有的是儿时记忆，有的是对治疗或工作的记忆。他会把别人对他的不公夸大，并且对此耿耿于怀。在他的人际关系中，这些也都是司空见惯的事情。例如，当他模糊地意识到自己或许并不关心他人时，他就会立刻产生被虐待的感觉。总之，即使事实上是他对不起别人，或是把一些隐秘的要求强加给别人，对犯错的恐惧都会迫使他感觉自己是牺牲的一方。由于反抗自恨的方式之一就是"觉得自己被伤害"，所以，他一直对此进行着严密的防守，维持着它的战略地位。随着自责的加重，他会变得非常暴躁，他认为别人都冤枉了他，一再夸大别人对他的伤害，而且他对这种伤害的感受会越来越强烈。这种需求有时显得非常有说服力，以至于在那一刻他无法接受他人的帮助。因为一旦接受帮助，并且承认有人相助，他的受害者的防御地位就会发生动摇。与此相反的是，探寻提高罪恶感对增加受虐感非常有利。在分析中经常会出现这样的情况：只要他意识到自己也参与其中，并且能够正确地观察此事，也不再自责时，他感到的不公就可以缩减到合理的程度，也许真的不再感到冤屈了。

　　自恨外移的过程是消极的，甚至超越了被虐待的感觉。经过密切观察，我们发现他不但认为自己被虐待是有原因的，而且他会接纳这种被虐待的感觉，甚至对这种感觉充满期待。可见，被虐待的感觉也起到了一定的作用，他的夸张驱动力受到了压制，而被虐待的感觉则提供了一个通道供它宣泄，并且将其掩饰起来。所以，他认为自己比别人更优秀，他有理由向别人发起攻击。最后，他还对自己的攻击进行伪装，我们会看到，所谓痛苦就是压抑和敌意的表现。所以，在他看来，冲突的障碍就是被虐待，而自谦可以解决这种冲突。然而，对各个因素的分析可以减轻被虐待感觉的顽固性，只要能够面对这种冲突，他的这种感觉就会消失。

　　通常情况下，被虐待的感觉不仅难以消除，而且还会逐渐加剧。只要这种感觉存在，就会导致对别人的报复心理。这种报复心理存在于潜意识中，能量非常强大，如果不加严控，就会导致危险的发生，并危及他的所有主观价值，还会损伤他的善意和崇高的理想化形象，他会因此觉得自己不被别人喜爱。此外，他对别人的期待也与此相冲突。他觉得在内心的指使下，他会成为一个宽容厚道的人，但被虐待的感觉却对其造成阻碍。所以，当憎恨来临时，他不仅会攻击别人，也会攻击自己，可见，在这种类型中，憎恨是最首要的破坏性因素。

一般来说，这种怨恨会受到普遍的压制，但谴责依然会以缓和的形式出现。当他意识到自己被驱赶到悬崖边上时，紧闭的闸门就会冲开，谴责的洪水喷涌而出。虽然这种方式或许能够准确地表达出他的强烈沮丧，但他往往会因为担心自己的举动过于令人不安而予以放弃。但他依然会通过受苦来表达报复性怨恨。愤怒可以转化为更多的痛苦，它们来自所有身心性疾病的症状、屈服感和沮丧感。如果在分析中，患者的报复心再次出现，虽然他不会明显地表现出愤怒，但也会因此受到伤害。他会产生抱怨，认为分析不仅没有让自己好转，反而恶化了。或许分析师知道以前的分析中患者受到过什么打击，并且尝试着让患者有所认识。但患者对于缓解痛苦的各种关系并不感兴趣。他不断强调自己的痛苦，仿佛要让分析师知道他的抑郁情绪正在发酵。他还希望分析师因为他的痛苦而产生负罪感，但这种想法属于无意识的过程。这样一来，受苦的另一种功能便体现出来了：转化愤怒，让别人产生负罪感，以此作为报复的唯一手段。

这些因素导致他对待别人的态度出现一种奇怪的现象：表面上看，他天真乐观地信任他人，但实际上却隐藏着不理智的愤怒和猜忌心理。

报复心会导致内心剧烈的紧张，他的问题不在于情感方面，而在于他竭尽所能要维持正常的心理平衡。内心的紧张程度，决定了他能否做到这一点以及能够坚持多长时间，当然，环境因素也很重要。从他对别人的依赖感和他的无助感可以看出，与其他神经症类型相比，环境因素对他来说更为重要。有利于他的环境不会对他产生任何限制，不会让他感到压力，让他即使患有神经症也能够正常工作和生活，并且根据他的心理结构所允许的范围提供给他满足自己的方式。如果他的神经症不太严重，那么他就可以努力为他人做出贡献，过这样一种有益于他人的生活，并且从中得到满足，因为他会感到别人需要他，他也被人喜爱。但这种生活即使内外条件优越，其基础依然不稳定。他的患者会去世或者不需要他照料了，他坚持的主张被否定了或者对他来说失去了意义。正常人一般可以平安度过这样的失落期，但对他来说，这些状况却是难挨的。他的焦虑感和无能感越发强烈。此外，还有一个来自内部的危险因素。他所否认的对自己和他人的敌意中包含了诸多因素，这些因素会引起一种令他无法承受的紧张感。也就是说，他太容易产生被虐待感，无论在哪种环境中，他都无法保证自己的安全。

此外，常见的环境条件或许一点都不包括前面所说的有利因素。环境的恶劣和内心的紧张会让他无比痛苦，并且使他的心理出现失衡。惊恐、失眠、食欲不振或其他症状都会导致他的精神面临崩溃，敌意就像堤坝溃决一样，将整个系统瞬间淹没。他将积聚的对别人的不满全都宣泄出来。他进行公开的毫无理性的报复。他的自恨是有意识的，而且不可克制，他感到彻底的绝望。需要注意的是，他或许有着强烈的恐惧感，并伴有严重的自杀倾向，与此形成鲜明对比的是那种非常懦弱，又爱讨好人的情况。在某一种神经症的发展进程中，初期和末期只是其中的一部分。有一种错误的观点认为，神经症末期出现的大量破坏性因素始终处于压制状态。当然，在理智的外表下，紧张情绪远比我们感觉到的要多，但是，只有挫折和敌意的急剧增加才会引起末期的爆发。

有关自谦型的解决办法，我们将在病态的依赖性中进行讨论，因此，我愿意借助有关神经症的痛苦评论来总结这种结构的大致情况。无论是哪一种神经症，它所引发的痛苦，远比我们看到的要多。自谦型的患者要约束自己，要自责，对别人的态度不明朗，这一切都成了枷锁，让他感到无比痛苦。这些都是真实的痛苦，它不受某个神秘目的驱使，也不需要伪装。但这些痛苦还是具有一定的功用，我认为可以将这一过程的痛苦称为神经症或功能性痛苦。关于这些作用的部分内容，我们已经有所介绍。例如，这种痛苦构成了他的要求的基础，他不仅需要得到呵护、同情和关爱，还要拥有享受这一切的权利。他的解决方式是以痛苦来维持的，并且借此发挥整合作用。对他来说，报复也是以痛苦的形式表现出来的。类似的案例有很多。例如，夫妻有一方患上了神经症，发病时就会向对方使用这一武器，或是向孩子强加负罪感，由此影响了孩子的正常发展。

他给别人这样多的加害，自己怎么能够心安理得呢？毕竟，他是那么迫切地希望不去伤害任何人的情感。他给周围人带来了麻烦，但却不愿承认这个事实，因为他被自己的痛苦赦免了。简言之，因为他痛苦，所以他要求别人对他宽容，他所有的需求、沮丧和暴躁都应该因此而被宽容对待。痛苦对他的自控起到了化解作用（这一现象被亚历山大描述为"受惩罚的需要"，他还列举了诸多案例来印证这一点，在认识心灵内过程方面，这是一大进步。但我的看法与亚历山大略有差异。我认为，并非所有患者都会借痛苦来消除神经症的罪恶感，而只有自谦型患者才会如此。而且，一般的痛苦也不足以消除他的罪恶感，他内心有着大量且顽固的残酷指使，所以他不可避免地又要陷入自虐之中。），也阻止了别人的指责。于是，他对宽容的需求又成为一项新的要求。他痛苦，所以他有权被"理解"；如果别人指责他，就说明别人没有人情味。他的一举一动都要赢得同情，每个人都要帮助他。

痛苦还以另一种方式使自谦型的人免受责罚。他无法过上有意义的生活，他的宏伟目标没有实现。痛苦为这些寻找到了借口。虽然我们看到他急切地要回避雄心和胜利，但实际上他依然心向往之。痛苦为他保全了面子：在有意无意中，他会这样想，如果不是受到病症的影响，自己完全可以大有作为。

最后要说的是，神经症的痛苦会导致他的想法瓦解，在潜意识中，他可能会做出愚弄自己的决策。在沮丧时，这种做法的吸引力更大，而且是自觉的。此时，能够进入意识中的只有恐惧的反应，例如，对心理、生理或道德堕落的恐惧，或者对一事无成的恐惧，对因为年老体衰而无所作为的恐惧。从这些恐惧可以发现，因健康的部分所希冀的生活是幸福完美的，而对相反部分的反应则会引发焦虑。这种倾向也在无意识中起作用。他可能没有意识到，自己的整体健康已经受损，例如，办事能力下降，对别人存有恐惧心理，并且感到绝望。只有当他清醒后，才会感到自己正处于颓唐状态，感到身上的重压，这时才会有所醒悟。

当悲痛袭来时，他感到自己"被毁灭"了，这种感觉会产生巨大的能量，他可以利用这种能量逃避所有的困难：爱情是可望而不可即的，所以他打算放弃；他还要放弃为实现各种相互矛盾的"应该"所做的努力。既然接受了失败这个现实，自己就有理由摆脱自责的困扰。借助这种方式，他得以从消极状态中寻求解脱。它没有自杀倾向那样积极，这一时期也很少出现自杀倾向。他只是放弃了努力，自暴自弃。

对他来说，世界是冷酷无情的，在这个世界的攻击下，他只有选择自我瓦解，而对他来说，这就是最终的胜利。他采取的方式就是"死在攻击者的门槛上"。但更常见的是，它并非是一种示威性痛苦，并非通过对别人的羞辱来表明自己的要求。它陷得更深，因此也更加危险。总之，对患者来说，这意味着胜利，但尽管如此，这种胜利也是潜意识的。在分析中，当我们揭示了这一点时，我们会发现被混乱的部分真实性所掩饰的对软弱与痛苦的美化。痛苦为高尚做出了证明。对于一个敏感的人来说，在这个卑鄙的世界上，除了崩溃，他还有什么选择？他只有宽恕别人，牺牲自己，殉道成了他最好的选择。

神经症痛苦所表现出的这些功能，是对其顽固性和深刻性的证明。整体结构的极端需求导致了它们的产生。要了解这些作用，首先就要了解其背景。但从治疗的角度讲，整体结构不发生改变，其痛苦的作用就无法缺少。要想了解自谦型的解决方式，就要对全貌进行考虑，也就是对人格发展的全过程做全面的了解。简单研究这一主题后，我们就会发现，理论的不适宜是因为仅仅专注于某一点，例如，仅仅专注于心灵内或人际关系方面的因素，这样的观察就会囿于片面。我们要想理解这些驱动力，仅从某一方面进行观察是不够的，除非我们完全了解了人际关系冲突引发的某种特定的心灵内变化的过程，而心灵内的结构不仅由人际关系的原本模式决定，而且能够改变人际关系的模式，使其变得更有破坏性和强迫症。

另外，像弗洛伊德与卡尔·梅宁哲的某些理论都过于关注明显的病态表现，例如，为自己寻找痛苦、沉重的罪恶感以及受虐的变态心理等，而忽略了与正常人相近的表现。的确，战胜他人、与人亲近、过安宁的生活等需要都由恐惧和软弱来决定，因此很难清楚分辨，但它们也包含了正常态度的根源。这一类型的谦恭和对自己的低估比攻击报复型的自我炫耀更接近正常人。这样看来，自谦型的人似乎比其他神经症患者更有人情味。在此，我指的并不是他的防卫，而是刚刚提到的倾向导致他脱离自我，并且引起随后的病理发展。我只是想说，如果不把这些需求当作整体解决方式中的一部分来理解，那么就必定会导致对整个过程的错误理解。

最后，有些理论非常关注神经症的痛苦，这固然重要，但如果将痛苦与整个背景分割开来，则必然会导致过度强调战略计划。因此，阿德勒把痛苦当作某种吸引关注、逃避责任以及获取不正当优势的手段。而狄奥戴尔·莱克认为，表现性痛苦可以帮助人获得爱或者表现报复。在法兰兹·亚历山大看来，痛苦具有消除罪恶感的功能。这些理论的基础都是现实的观察，但是由于没有深入整个人格体系，因此尽管这些看法已经得到人们的认可，却仍然值得商榷，例如认为自谦型纯粹追求受苦受难，或者只有在痛苦中才会感到愉悦。

了解病症的整体情况不仅对于理解理论非常重要，而且对于分析师对待患者的态度也很重要。由于他们隐藏的"要求"，以及特有的"病态式欺骗心理"，他们很容易引发他人的憎恨，但事实上，他们或许比其他人更需要一种怜悯的谅解。

第十章
多重因素造成的病态依赖

　　在三种解决自负系统内在冲突的方式中，最令人无法满意的似乎就是"自谦"。它不仅具有任何一种神经症解决方法的不足之处，而且还会在主观上产生一种比其他方法更强烈的不快乐的感觉。与其他神经症相比，自谦型的真实痛苦可能不算大，但因为他承受的痛苦多，所以他个人感觉自己比别人更不幸。

　　此外，因为他对别人有需求，所以形成了对别人的依赖。虽然任何强加的依赖都会带来痛苦，但这种不幸更为特殊，因为他与别人的关系会因此破裂。但他仍然能够感受到生活中具有普遍意义的爱。而性爱这种特殊的爱对他的生活具有特殊的意义。关于这个问题，我们会进行专门的讨论。尽管这样难免会出现一些重复，但我们可以借此机会对整个结构中的某些因素进行了解。

　　性爱对这一类型的人是很有诱惑力的，甚至居于成就的最高层次。爱是通往天堂的一张门票，那里没有悲伤，没有孤单，没有失落，没有罪恶感，也没有无用感，在那里，不用对自己负责，不用参与人世间残酷的争斗。在那里，可以体悟到呵护、帮助、关爱、鼓励、同情和理解。因为得到了爱，他感到了自己的价值，也感到了生活的意义。爱既是一种补偿，也是一种支持。因此，他不足为奇地把人们被分为有产者和无产者，这样的划分实际上并不是以社会地位和经济状况为标准，而是以婚姻状况为标准。

他将自己所期望的能够因为被爱而获得的所有事物中都寄予了爱的意义，由于那些探讨过依赖者之爱的精神医学专家片面地对这方面给予了极大的关注，因此他们称其为依赖性的、寄生性的或口欲性的。这方面或许的确成为人们关注的焦点，但在典型的自谦型的人（自谦倾向非常明显的人）看来，爱与被爱具有相同的吸引力。对他来说，爱就意味着失去，意味着自己将陷入狂喜之中，与另一个人结成新的整体，并且从对方身上找出自己所不具有的统一性。他渴望得到爱，渴望奉献，渴望统一。对他来说，这些渴求都有着深厚的根源。如果忽视了这种根源，我们就无法了解他的情感有多深。人类最大的驱动力就是对统一性的追求，而这对于内心分裂的神经症患者来说更为重要。在大多数宗教形式中，人们都希望有某种值得崇拜的事物让自己顺从，或者为之做出奉献。尽管自谦型屈服是对正常渴求的一种扭曲，但它的力量与后者相同。它不仅表现在对爱的渴望中，而且还表现在很多其他方面。我认为，对"自毁"的渴望可以给受虐现象提供一个基本的解释，这是他的癖好中的一个因素，他很想让自己在不同的情感中迷失，例如，迷失在泪水的海洋中，沉溺在对大自然的狂喜中，深陷罪恶的泥沼，或者于睡梦中沉缓地呼吸，或者沉浸在极度兴奋（性高潮）之中。他经常迷失在对死亡的期待中，以此渴求终极的自我毁灭。

我们再来进行更深层的透视。对他来说，爱的吸引力不仅表现在对满足、和平与统一的渴求中，而且通过爱他能够实现理想化的自我。在爱中，理想化自我的美好品质可以得到升华；在被爱中，他获得了理想化自我的最高证明。

在他看来，爱的价值是独特的，因此，即使自我评价的标准有很多，但"可爱"被他排在了榜首。我已经讲过，他对爱的渴求，在前期就表现为尽力让自己变得可爱。精神的宁静对于这种需求来说非常重要。要想变得可爱，就要抑制夸张的行为。"可爱"是唯一具有一种受制的自负的特质，后者表现为他在这方面对一切猜疑或责问都很敏感。当他慷慨待人或尽力满足他人需要却不被对方认可甚至招致反感时，他就会感觉受到了深深的伤害。由于他将"可爱"作为自我评价的唯一因素，因此，一旦它遭到了拒绝，在他看来就是对他的彻底否定。所以，他非常害怕被拒绝，甚至对此感到恐惧。对他来说，遭到拒绝不仅意味着失去了依赖他人的全部希望，而且还会让他产生一种彻底的无用感。

　　经过分析，我们可以发现"可爱"的品质是怎样通过严格的"应该"系统得到加强的。他既要富有同情心，还要对别人绝对理解。他应该完全没有受伤害的感觉，而一旦出现受伤害的感觉，他就会责怪自己心胸不够宽阔，责怪自己太自私。尤其是他不应该受到嫉妒心的伤害，然而，对于一个恐惧被拒绝和被放弃的人来说，这样的"应该"是难以执行的。他最多只能装成心胸开阔的样子。一切冲突都是他造成的。他应该更加仁慈、体贴和稳妥。通常，一些属于他的"应该"范畴内的元素会被"外移"到伴侣身上。他所意识到的是他迫切地希望能够满足对方的期待。在这里，有两种非常重要的"应该"，即他应该使伴侣爱他，以及应该使爱情处于一种和谐的状态。如果他发现关系出现了问题，难以维系，而且他知道最好的解决办法就是结束这段关系，那么他的自负也会认为这种解决方法意味着失败和耻辱，他应该挽回这段关系。同时，无论这些"可爱"的品质有多虚伪，它们都被一种隐秘的自负所笼罩，因此，它们也成了他诸多要求的基础。它们让他有权获得独有的忠诚，有权满足我们在前一章中所说的那些需求。他觉得自己有权被爱，不仅是因为他关心别人（这种关心有可能是真实的），也是因为他的软弱和无助，以及他的痛苦和自我牺牲。

　　在"应该"和要求之间，时有冲突发生，他会深陷其中难以脱身。如果有一天他遭人辱骂，而他本身并没有错，那么他或许会下决心痛骂妻子。但随后他又会为自己这样的决定而恐惧。因为这不仅自私自利，而且还把矛头指向了无关的人。他担心自己会失控。这样一来，情况就从一个极端转向了另一个极端。此时，自责占据了上风。他感到自己不该怨恨别人，应该冷静，对别人应该充满爱心，应该体谅别人。无论如何都是他错了。同样，他对伴侣的评价也没有定数。在他看来，对方时而强大可爱，值得尊敬，时而残酷无情，缺少人性。一些都处于迷蒙之中，他无法做出任何定论。

当他进入爱情关系后，有些状况可能不稳定，但还不致有什么灾祸发生。如果他的破坏性不强，而且伴侣属于正常人，同时能够对他的神经症以及他的软弱和依赖给予了关怀和照顾，那么他就会感到非常幸福。尽管伴侣时而对他的依赖感有些不满，但他也因此成了呵护的对象，他能得到这样忠实的守护，会感到自己非常强大和安全。可以说，这是一种成功的神经症解决方式。自谦型的最佳品质恰恰是通过感受到被爱和被保护而产生的。但从解决心理问题的角度来说，这种情况反倒是不利因素。

这些只是偶然情况，发生的概率不在分析师的判断范围内。分析师关注的是那些"不幸"的关系。这时，夫妻之间冲突不断，依赖的一方处境痛苦，不断地摧残自己。我们说这种依赖是病态的，它不仅限于性关系方面，而且在与性无关的方面也会体现出来，例如，师生之间、家长与子女之间、医患之间、上下级之间等。表现最突出的还是爱情关系，对爱情关系进行分析，也有助于对其他关系的分析，因为爱情关系不会被忠诚或责任等合理化借口掩盖。

选择配偶出现错误，就会造成病态的依赖关系。确切地讲，我们不该强调"选择"。事实上，自谦型并没有经过选择，他只是沉迷于某些类型而已。显然，他只青睐于更为健壮、更为优秀的同性或异性，正常的对象不会吸引他的目光。他喜欢与众不同的人，假如他看上的人经济条件优越，社会地位高，有较高的声望，或者具有某些天赋，他就很容易爱上一个和他一样具有"快活"的自负的外向自恋型的，或是爱上一个在公开场合敢于大胆提出要求而毫不在意自己的傲慢无礼的自大报复型的人。从多种因素看，具有这些性格特点的人对他最有吸引力，因为这些特点正是他所缺乏的，而且他一直因为缺乏这些特点而鄙视自己。

他追求自立、自信以及优越的社会地位，他需要鼓起勇气，需要炫耀和夸大，他渴望具有强烈的攻击性。而在这些优势强大的人身上，他感到了某种满足。一位女患者就有过这样的幻想：当她的房间起火，或者乘船遇险，或者在夜间遭遇强盗时，只有肌肉强壮的男人才能将她解救。

他被迷惑和蛊惑，原因就在于这种迷恋的强迫症因素的作用，也就是他的夸张驱动力受到了抑制。正如我们已经知道的，对于这种驱动力，他一定要予以否定。无论他有什么隐秘的自负，无论他的征服欲是什么，这些对他来说都是外在的，他认为，只有自己自负系统中的无助才是他的本质反应。此外，退缩过程给他带来了痛苦，他要借助攻击性和自大的方式征服生命。对他来说，这就是最有价值的事情。在有意无意中，他觉得只有自己可以不拘无束，如同西班牙的征服者一样骄横，世人都要向他俯首。他因此而感到了"自由"。但这是不可能实现的，所以他才将其寄托在他人身上。他将自己的夸张驱动力外移，对别人的夸张驱动力非常崇拜。他们的傲慢和骄横令他沉醉。他没有意识到，要想解决自己的问题，还是需要他自己。他想通过爱来解决自己的问题，于是，他就会爱上一个自负的人，他要和这个人结合，他要通过这个人兑现自己的需求，在这种关系中，他一旦发现神的脚是泥做的，就会大失所望，因为这意味着他无法再将自负转移到对方身上。

另一方面，具有自谦特点的女性不会引起他的性冲动。他也会喜欢这样的女性，但只会当作朋友交往，因为她比别人更具有同情心，更善解人意。然而，一旦深入交往，他可能就会感到厌倦。对方就像一面镜子，他从中看到了自己的软弱，因此，他会鄙视对方，至少会感到愤怒。他很担心对方会对他产生依赖，因为这意味着他必须成为强悍的一方，他为此感到恐惧。这种负面情感使他无法珍惜对方的优点。

对于一个依赖感非常强的人来说，自大报复型的人更具吸引力。但深入了解依赖者的个人利益，我们会发现他实际上依然存在恐惧心理。因为吸引力的来源就是他们的自负心理，更重要的是，这种自负有可能被对方打败。自大的一方最初的举止可能非常粗野，我们从毛姆的《人性的桎梏》中即可看到，菲利普与密特莉初次相遇就是这样的情形。类似的例子还有斯蒂芬茨的《狂乱》。从这两个例子中，我们可以发现，依赖者最初的反应就是愤怒，还有对攻击者（在两个例子中攻击者都是女性）的报复冲动，但又被对方所吸引，认为自己为对方神魂颠倒，自己已经无可救药了。于是，在冲动的驱使下，他就要努力争取对方的爱。他就是这样被摧毁，或者几近摧毁的。《人性的桎梏》和《狂乱》这两部书富有戏剧性，但与现实还是有差别的。依赖的产生常常源于侮辱行为，实际表现往往隐晦而微妙。如果在这种关系中没有侮辱行为发生，反而会令我感到诧异。这些侮辱或许仅仅是对人缺乏兴趣、自负的冷漠、讽刺式玩笑，或者对对方的职业、学识、成就等优点不为所动。对于所有以"让对方爱上自己"为傲的人而言，拒绝就意味着侮辱。通过此类现象发生的频率，我们可以了解到超凡脱俗的人对他的吸引力，而侮辱性的拒绝就是由他们的冷漠和难以接近构成的。

此类事件似乎更加强调了这样的概念：自谦型的人渴望痛苦，他会抓住侮辱带来的所有痛苦感受。但事实上，没有什么比这个概念会对病态依赖的真正理解起到更多的阻碍作用了。而且，由于它还带有一点真实性，因此更容易对人产生误导。我们都知道，对他来说，痛苦具有很多神经症的意义，犹如磁铁的吸引力一般，侮辱也对他产生了巨大的吸引力。错误在于，人们在这两种事实之间搭建了一种简单的因果关系，认为他的受苦渴望是由这种吸引力决定的。原因在于我们曾提及的两个方面：其一，别人的自负与进攻性对他的吸引力；其二，他本人对顺从的需求。可以认定，这两者比我们之前所认识到的关联更为密切。他渴望灵魂和肉体的双重牺牲，而此时正是他的自负被破坏或没有居于主导地位的时候。也就是说，最开始的攻击性之所以对他有吸引力，就是因为他的自甘屈服和自我摆脱，而不是因为他受到了伤害。一位患者曾这样讲："那些对我的自负发起攻击的人，使我从自负中解脱出来。"或者："如果他能够侮辱我，就意味着我其实是个普通人。"此外，他还会说："只有到了那时，我才能去爱。"我们不禁联想到比才的《卡门》，当卡门失去爱情时，她的热情却骤然升腾起来。

　　显然，他放弃了自负，转而去追求爱情，这就是病态的表现。特别是（就像我们马上就能看到的）明显的自谦型，只有当感到自己被贬损时才会去爱。我们知道，即便是正常人也会有谦逊与爱并存的情况，如此看来，前面提到的现象并不神秘，也并不少见。我们起初认为这会完全有别于夸张型的情况，但事实上，其差别也没有预想的那么大。夸张型的人对爱的恐惧主要是由潜意识决定的，他需要抛弃自负才能谈情说爱，所以，他对爱情充满了恐惧。也就是说，爱情和神经症患者的自负处于敌对状态。夸张型的人不太需要爱情，在他们眼里，爱情是危险的，所以，他们采取了逃避的方式。在这一点上，自谦型则认为，要想解决问题，就只能屈服于爱，这种做法非常重要。夸张型也一样，只要他们的自负遭遇挫折，他们就会败下阵来，表示臣服，但如此一来，他们也就沦为情感的奴隶。在小说《红与黑》中，马蒂尔德对于连的爱情就是很好的例子。可见，自大的人对爱存有恐惧心理是有根据的。他们在多数时候都过于警觉，以免堕入爱河。

　　尽管我们可以从任何一种关系中对病态依赖性的特点进行分析，但这些特点在自谦型和自大型的性关系中表现得最为明显。一般来说，这种关系所引发的冲突比较强烈，而且发展程度也比较完整，因为夫妻关系往往比较长久。有自恋倾向的一方或超脱的一方更容易对对方强加给自己的要求感到厌倦，所以也更容易主动退出（参加法国小说家福楼拜的著作《包法利夫人》。包法利夫人的两个情人都因为厌倦她而离开了她。同时，参见《自我分析》一书中克莱尔的自我分析。）；而受虐狂的一方则会把自己与牺牲者绑在一起。于是，依赖者要想从自己与自大报复型之间的关系中解脱出来就更不容易了。他对此没有任何准备，这是由其自身缺陷导致的，他如同一艘军舰，只适合在风平浪静时航行，却要去惊涛骇浪中冒险。他能够察觉到自己缺乏坚定性，以及自己人格中的所有弱点，对他来说，这些都意味着毁灭。同样，对于一个自谦型的人来说，平时的生活可以过得很好，但如果卷入这种关系所引发的冲突中，他所隐藏的神经症因素就会被激活。我在这里只是从依赖者的角度进行描述。简言之，我们可以假设女性为自谦型的一方，而男性则代表了攻击型一方。但从很多例子可见自谦型和女性没有关系，攻击性也与男性无关，但在现实中，这种结合却司空见惯，两者都明显带有神经症的特征。

引人注目的是，这种女性对此类关系非常关注。在生活中，她以对方为中心，一切都围绕着对方运转，她的情绪受对方对她的态度的制约，无论什么事，她都不敢做主，生怕被对方冷落，或者担心失去和对方共度春宵的机会。她的关注点就是他，以及如何给他帮助。只要是对方的要求，她都尽力满足。她只担心一件事，即违背他的意愿、失去他。因此，她没有任何其他的兴趣，在她看来，自己的工作也没有意义，当然，只要是与他有关的事情，她都会感兴趣。甚至在职业领域也会发生这种现象，除非她极其热爱自己的工作，或是在工作中业绩突出。当然，后者会感受到更大的痛苦。

其他的人际交往都被她忽略了，她甚至还忽略了子女和家庭。只有当他不在时，她才会借助友情来打发时间。一旦他回来了，她的全部注意力就又回到了他身上。他的存在对于其他关系是一种损伤，因为他会使她越来越依赖他。她甚至开始经由他的双眼来看待自己的亲友。当她对别人表示善意时，他会不以为然，并且引导她像他那样怀疑一切，这样一来，她就会逐渐变得贫乏。此外，她处于低潮的利己思想会继续下沉，她可能会债台高筑，她的健康、声誉和尊严都会受到损伤。如果她正在接受心理分析或自我分析，那么她对自我认识的兴趣会急速减弱，转而渴望了解他的动机，为他提供帮助。

问题从一开始就出现了。但从短期看，有些事情或许是个好兆头。从神经症的角度看，俩人非常般配，她需要被降服，而他需要降服别人。他一声令下，她就会服服帖帖。她只有在自负受损时才会顺从，而他基于自己的原因也必定能做到这一点。这是两种截然相反的气质，对于二者而言，或者说对于两种神经症而言，迟早会发生冲突。对于情感来说，爱情是主要问题，冲突也发生在这里。她希望得到爱和亲密的关系，但他却对此非常恐惧，因为在他看来，表露情感过于粗俗。他觉得她对爱的态度是虚伪的，我们也看到，实际上，她是出于一种奉献精神与他结合的，而并不完全出于对他的爱。他不能不对她的情感有所抵触，这样自然就会伤害她，让她感到被冷落和侮辱，她因此而焦虑，对他的依赖感也更加强烈。这时，我们又发现了一种新的冲突：虽然他使用很多方式让她依赖自己，但当她真的对他有所依赖时，他又感到恐惧和厌倦。他对自己的弱点感到非常的恐惧和鄙视，同时，他也鄙视她的弱点。对她来说，这就意味着拒绝，她的焦虑和依赖感随之更加强烈。而在他看来，她的委婉要求就是一种胁迫，他只有加以回绝，这样才能维持自己的权威。她的无助是强迫症的，对他自信的骄傲形成了冒犯。她坚持去"理解"他，但他却因此感到自尊受到了伤害。虽然她做出各种努力，但还是无法真正了解他，事实上，她也不可能真正了解他。此外，她的"理解"中夹杂着很多谅解和宽容，因为她认为自己是诚心诚意的。而他会觉得对方在道德上占据了优势，这对他来说就是一种羞辱，于是，他恼羞成怒，想将她的伪善面孔撕破。从本质上讲，双方都认为自己正确，所以，这样的关系很难讲清。于是，在他眼里，她只不过是戴着伪善的面具，而她对他的残酷也有了初步的认识。如果用建设性的方式将她的伪装撕掉，那么不失为一种有效的做法。但如果这个过程充满了讽刺和诽谤，那么她就会受到伤害，感到更加无助，从而更加需要依赖对方。

推测这样的冲突可能对双方相互间有所帮助是毫无意义的。虽然有些时候他会接受一定的"软化"，她也会接受一定的"硬化"。但更多时候，他们会被彼此的神经症需求所束缚。能够造成最坏结果的恶性循环长期作用于他们身上，其后果就是相互的折磨。

她所面对的挫折和缺点并没有多大的区别，最多也只是涉及文明与否、强烈与否。他们之间的关系犹如猫和老鼠，时而彼此冲突，时而又彼此吸引。性关系虽然美好，但随之而来的也许是粗暴的侮辱；良宵过后，转眼就忘记了约会；通过她而获得自信，但又利用这样的自信去挖苦她。或许，她也很想玩一把相同的游戏，但却总是处于被抑制的状态，显然，在这方面她不是高手。她始终都只是游戏中的一个工具，当他向她进攻时，他的情绪很好，这让原本绝望的她错误地认为一切还是有希望的。他认为自己有权做很多事情，他的要求包括经济支援，或是给他和他的亲友送礼；为他工作，例如打字、做家务等；发展他的事业；优先满足他的需求。此外，还有一些要求可能与时间安排有关，例如，他专注做事时不能打扰他、批评他；陪着他，或是不陪他；在他郁闷、烦躁时保持安静，等等。

不管他需要什么，在他看来都是理所应当，他不会因为她满足了他而表示感激。如果他的要求得不到满足，他就会抱怨、恼怒。他认为自己并没有提出什么要求，而她却过于吝啬、粗俗、不解人意、目光短浅——他总是在忍受着她的各种虐待。同时，他敏锐地发现了她的要求，在他看来，这都是神经症的要求。她在时间、情爱和陪伴方面表现出了占有欲；对于美食和性，她的欲望非常放纵。于是，他必须根据自己的理由来约束她的需求。因此，他觉得自己并没有给她造成挫折。对待她的需求，最好的处理方式就是不予理睬，这样她就会产生羞愧感。事实上，这个技巧很高明，它压制了痛苦，同时又消弭了欢乐，让她感到自己被冷落，对方不再需要自己，无论身体上还是精神上都在回避她。其中，最有害且最不易察觉的就是他轻视、冷漠的广泛态度。即使他能够尊重她的能力和品性，他也很少表露出来。同时，我说过，他看不起她的软弱、小心和拐弯抹角的性格。他需要积极地外移他的自恨，于是他就会斤斤计较，对别人造成伤害。如果她指责他，他就会大为恼火，为自己找借口，或是试图证明她只是在报复他。

在关于性的问题上，我们发现这种关系有各种不同的表现，而唯一能让人满意的交往或许就是性关系。如果他因为受到限制，不能享受性爱，他就会让对方也受到伤害，让对方也感到痛苦。由于他缺少体贴和温柔，因此，在她看来，性爱就成了爱情的唯一证明，或者，性爱是他羞辱她、贬低她的方式。他会表明，她对他来说只是具有性属性的一个物件，他还会夸耀自己同其他女人的关系，同时贬损她不如她们迷人。他的虐待或者缺少温柔体贴，使得性交也成了堕落。

对于这种虐待的，她的态度非常矛盾。我们很快就会看到，这种反应不是静止的，而是变化的，她会面临更多的冲突。首先，面对攻击，她感到非常无助，她无力与他对抗，同时也无力保护自己，她对攻击型人的态度一向如此。于是，她只有选择屈服，并且很容易萌生一种犯罪的感觉。她认可他的指责，如果这种指责带有某些真实性，她就会更加认可。

于是，她对他会更加顺从，而顺从的性质也发生了变化。此时，依赖体现了她在取悦他、缓和关系方面的需求，而且，此时对依赖起决定性作用的是她彻底屈服的渴望。当然，她之所以这样做，是因为她的自尊已经受到了伤害。于是，她会在暗中迎合他，与他积极配合。可见，她的自负被他击垮了——即便他是无意识的。她无法阻挡自己潜在的讨好冲动，并试图牺牲自己的自负。在性行为中，这种冲动尤为突出。她在激情和纵欲中，使自己处于屈辱的地位，任凭他辱骂和殴打。她只有在这样的处境中才能获得彻底的满足。这种借助自我堕落的手段以求完全顺从的冲动，似乎更能解释受虐倾向。

她在表达贬低自己的欲望时如此坦率，可见这种驱动力的威力有多么大。在幻想中也会出现这种情况——通常涉及手淫——性的愉悦因为被激活而有所消减，这些幻想关于在公众场合赤裸着身体，被当众挨打、绑架或奸污等。这种驱动力还会在梦境中展现出来，例如，梦见自己赤裸裸地躺在臭水坑中，他把她抱起来；或者梦见对方把她当成妓女；或者梦见自己苦苦地哀求他。

这种自我堕落的驱动力由于伪装过度而显得模糊。但对于一个有经验的观察者来说，它依然会通过多种形式显露出来，例如，她急迫地想要掩饰丈夫的不正当行为，甚至替丈夫承担责任，或者卑躬屈膝地服侍丈夫。她认为，顺从就是爱和谦卑的表现，所以，除了性关系外，她总是处于压抑中，这种冲动让她衰退，但她丝毫没有感知。然而，由于这种冲动依然存在，因此就会在无意中形成一种被迫的屈从。正是这个原因导致她在很长时间内都没有注意到他的暴行，即使在别人看来，这些行为充满了罪恶；或许她也有所察觉，但对此并无实感，所以也就没有在意。有时候，朋友们出于关心她的情感生活，会提醒她，她也有所意识，也明白朋友的好意，但她只会表现出恼怒而已。事实上，这是不可避免的，因为在这样的谈论中，她的冲突就会被触动。当她试图努力摆脱这种局面时，情况就会更加明显，她会一再地回忆起他的所有侮辱态度，希望借助这种力量来抵抗他的暴行。但经过长时间的尝试之后，她诧异地发现，自己的努力都是徒劳。

出于彻底屈从于对方的需要，她必定会美化对方。因为她只有在她托付了自负的人身上才能找到自己的"统一性"。所以，他应该值得她骄傲，她也会依附对方、顺从对方。我曾讲过，她最初就为他的自负着迷。这种有意识的迷惑虽然会消退，但她以微妙的手法继续美化对方。在此之后，经过多方观察，她对他有了更多的了解，也有了更理智、更全面的判断。但她很难改变对他的美化。例如，在她看来，虽然他也存在问题，但他的优点依然占据主要地位，而且他比别人懂得更多。她一方面表现出对他的顺从，一方面又将他理想化，这两种因素相互发生作用。她淡化了自我，消除了自我，甚至以他的眼光来看待他、自己以及别人，这是她难以解脱的另一个原因。

这很像两个人之间的竞争游戏。当她下的赌注不能兑现时，情况就会出现转折，这个转折可能需要很长时间，因为她的自贬基本上（虽然并非完全）是有目的的：通过屈服于对方，与对方融合，从而找到内在的统一性。要想兑现这个心愿，对方就要接受她对爱的奉献，同时给予爱的回报。遗憾的是，在这一点上，他没能让她满足。我们已经知道，他会采取一种神经症的方式。所以，虽然她并不在意，甚至暗中喜欢他的自负，但还是非常担心被他拒绝，担心在爱情上遭遇挫折。这关系到她的求助，关系到她希望得到他的爱。此外，她无法轻率地放弃寄予厚望的目标。所以，对于他的虐待，她只有感到焦虑、灰心丧气、绝望，但又希望出现转机。虽然情况的发展与她的想象相反，但她依然执着地相信他还会爱上她。

也就在此时，冲突出现了。首先是短期冲突，但很快就被消除，而此后却逐渐变成了深刻且持久的冲突。她一方面感到失望，努力改善这种关系。在她看来，这是培养爱情的好方法，但对他来说，这却意味着依赖性的增加。从某个角度来说，双方都没有错，但他们却忽略了问题的本质，即她在为了达到完美而努力，她越发小心地取悦他，以他的判断为标准，把所有错误都揽到自己身上，她不去憎恨他的任何粗鲁行为，体谅他，极力掩饰自己的不快。其实，这些努力都没有达到预期目标，反而偏离了方向，然而她却全然不知，以为自己正在纠正这些错误。同样，她依然固执地坚持着自己的幻想，坚信情况已经"好起来"了。

另一方面，她也开始了对他的抱怨。起初，这种抱怨处于压抑的状态，因为她担心自己的希望会因此而破灭。她有些觉悟了，意识到了他对她的侮辱，但她依然在犹豫着不愿面对。此时，报复性倾向也在逐渐显露，乃至出现了真正的怨恨的爆发，但她还是没有意识到这种压抑的真实性。她开始变得苛刻，因为她不愿再处于被压迫的状态。这种爆发心理多以间接的方式表现出来。她向别人哭诉，对别人有了更多的依赖心理。报复性因素在她的目的中发挥了作用，这些因素曾以隐晦的形式存在，现在却陡然猛增，犹如癌细胞在迅速扩散。她依然渴望得到他的爱，但这种渴望却在演变成关乎报复性的胜利。

从多方面考虑，这毫无疑问对她没有任何好处。虽然它仍然处于潜意识中，但却是十分重要的问题，关键在于她的真正不幸始于问题被尖锐地割裂开来。而且，由于这是一种潜意识的表现，因此，在报复心的驱使下，她把自己与他捆绑得更紧，因为这样她就得到了一种力量，得以朝着"幸福的目标"而努力。如果他不是非常固执，她的自毁倾向也不强烈，那么他是有可能爱上了她的，但即便如此，她也不会从中受益。她赢得了胜利，但对胜利的需求却减弱了；她的自尊获得了回报，但她却感觉兴味索然。他给了她爱，她为此而感激，但同时感觉这爱来得太迟了。事实上，她的自负一旦被满足，她便不会再爱了。

如果经过努力，她没能改变基本的局面，那么她就会更加猛烈地攻击自己，这样一来，她就处于前后夹击的火力中。屈服已经没有意义，她感到自己遭受了太多的屈辱，这是一种被剥削的感受，她因此而痛恨自己。她认识到自己的爱就是一种病态的依赖（也许她会使用其他说法）。这样的认识是进步的表现，但最初她会感到自卑。此外，对自己的报复倾向进行反思时，她会非常怨恨自己，最后，她因没有得到他的爱而无情地责备、诋毁自己。她对这种自恨多多少少是有所感知的，但一般来说，它表现出了自谦型的特点，因为它以被动的方式被外移了。这说明她已经明显意识到自己被侮辱了，这使她对他的态度又发生了新的变化，她的仇恨在增加，甚至因此丧失了理智。然而，自恨太过可怕，以至于她更加需要爱情的保证来疗伤，或是出于纯粹的自毁而强化自己忍受虐待的能力。对方成了她进行自毁的执行者，于是，她要遭受折磨和羞辱，因为她厌恶自己、鄙视自己。

我们来看一下两位患者的情况，根据他们的自我观察，可以对自恨所充当的角色进行解释（他们都有摆脱依赖感的要求）。第一位是男性患者，他对一位女性产生了依赖感，但他不知道自己的真实情感是什么，为了得到验证，他决定独自去做一次短途旅行。我们可以理解他的用意，但事实证明，这并没有多大意义。一部分原因在于这个问题带有强迫症因素，所以不易理解，另一部分原因在于他并没有真正关注自己的问题，以及这些问题与情况之间的关系，他只是企图凭空"验证"自己是否爱对方。

从这个案例来看，他下定决心寻找原因的行为也会得到结果，虽然他必定无法找到问题的答案。他所纠结的感情是存在的，事实上，他陷入了一场感情的旋涡。首先，他沉浸在自我的感觉中，认为对方非常冷酷，他要对她进行惩罚，而且任何惩罚都不过分。但很快，他的感觉就变了，他强烈地感到自己愿意为她的点滴善举做出任何牺牲。他在感情上出现了极端的跳跃，无论哪种感情的出现，对他来说都是真实的，一种感情会立刻取代另一种，让他暂时忘却了被取代的那种感情。经过了数次的感情交替，他才意识到自己正处于感情的矛盾中。他也意识到，无论哪种极端感情都不是他真正的感情，他会发现它们都带有强迫症。他开始觉悟了，没有再从一个极端走向另一个极端，而是将它们视为需要解决的问题。我们来看下面的简单分析，从中或许能发现，这两种感情在本质上与他自己内在过程的关系比其与对方的关系更加密切。

我们可以通过两个问题对感情的变化进行分析：为什么在他看来，对方的冒犯就像猛兽的进攻？为什么他要经过那么长的时间才会对自己内心的矛盾有所认识？我们从第一个问题中可以发现这样的顺序：几个因素导致自恨的增加；被女人折磨的感觉增加；将自恨外移，由此产生对女人的报复心。认清了这三个过程，第二个答案就容易找到了。他的感情只有在用来体现他对她的爱与恨时，才是相互矛盾的。事实上，大脑中"任何惩罚都不过分"的报复性想法让他感到震惊和恐惧。他希望通过她来缓解自己的焦虑，以此来安抚自己。

另一个案例关于一位女患者。她处于两种矛盾的感觉中：冲动地想要给对方打电话，但同时又想保持独立。每一次，当她拿起电话时，她清楚地知道，电话一通，就意味着情况会变得更糟。她幻想着自己被捆绑在柱子上，就像尤利西斯那样（荷马史诗中奥德赛中主角，在特洛伊战争中，他是智勇双全的英雄），为什么会这样想？但他捆绑自己是为了抵抗瑟茜（奥德赛中的女巫）的诱惑，瑟茜具有法力，能把人变成猪。（她混淆了塞壬和瑟茜，但这并不影响她的发现的真实性。）于是，她发现自己正在受到一种想要让自己被丈夫侮辱且自甘堕落的剧烈冲动的驱使。她认为这是事实，这个过程也因此结束了，于是，她可以对自己进行分析了，她给自己提出了这样的问题：刚才的冲动为什么如此强？接着，她就会体验到很多从未体验过的自恨和自卑。往事的再现，使她加剧了自我的对抗。她由此感到了内心的轻松和踏实，因为她已经准备离他而去。通过这样的分析，她认清了她将自己与他捆绑在一起的原因。在接下来的分析中，她会说："对于我的自恨，我要有更深入的了解。"

这些因素会导致内心越发混乱：减少了对成功的希望，更多的付出，报复和厌恨的出现，同时还产生了对抗自我的不利影响，以及自我伤害。内心的情形越发难以防守。事实上，她正处于成败的紧要关头。此时，有可能出现两种不同的举动，而最终的选择则取决于哪一种会胜出：就像我们前面提到的，其中一种举动就是毁灭，对于这类人来说，这一举动具有解决一切冲突的作用。她会以自杀相威胁，会尝试自杀，甚至会真的付诸实施。她还会因病倒下，甚至因病而死。她会变得非常莽撞，例如，她会陷于毫无意义的事务中。她会以报复心攻击她的丈夫。她对丈夫造成了伤害，但她对自己的伤害更大。或许在不知不觉中，她丧失了生活的兴致，变得懒惰，不再注意仪表，也不想工作，身体逐渐发胖。

另一种举动就是遵循正确的方向，尽力摆脱这种境遇。她有时也会意识到自己已经濒于崩溃的边缘，也可以说神经快错乱了，但这恰恰让她勇气倍增。这两种举动时而交替出现。试图从中摆脱出来是个痛苦的过程。摆脱的力量和动机有正常的来源，也有神经症的因素。例如，它们有可能源于逐渐觉醒的建设性的自利，也有可能源于对丈夫越发强烈的憎恨，这不仅是因为侮辱是真实存在的，同时也因为她从对方那里感到了欺骗，感到失去了自尊。同时，她面临着混乱的局面：她已尽力避免与人接触，避免发生冲突，但她非常害怕处于孤立无援的境地。这种逃避的做法无异于在宣告自己的失败；但同时，另一种自负却会对此发起反抗。这两者不相上下，例如，她时而觉得自己可以离开丈夫，时而又觉得无法离开，宁愿忍辱负重地和他在一起。这就像在两种自负之间展开的争斗，她对此感到非常恐惧，结局会是怎样的呢？其中的影响因素有很多，大部分都来自她自己，但也有很多因素可能来自她的生活，例如，朋友或分析师的帮助也是重要因素。

如果她明确地想要摆脱这种感情纠葛，那么她的行动价值将取决于以下问题：她用尽各种手段摆脱了一种依赖关系，但她是否会陷入另一种依赖关系中？或者因为过于谨慎而将所有的依赖都赶尽杀绝？她此后的样子好像很正常，但实际上却满是伤痛。或者她已经发生了彻底的改变，但她真的更坚强了吗？这些都是有可能发生的。当然，这些神经症的问题困扰着她，给她带来了痛苦，要想摆脱这些问题，就要借助"分析"所提供的最佳时机。但是，如果她能够在痛苦中充分调动建设性力量，并且在苦难的磨炼中使自己成熟起来，她就会以真诚的态度看待自己的努力和奋斗，并且获得内在的自由。

病态的依赖是我们必须解决的问题，而这个问题非常复杂。如果我们对人类心理的复杂性持否定的态度，同时用简单的方法对其进行解读，那么就很难真正地了解它。当我们对其进行整体性的解释时，不能草率地用"受虐狂"的多个分支来对其定性。假如它是真实的，那么它就不是原因，而是由很多因素所导致的结果。它也不容许一个弱者演变成虐待狂。专注于其寄生或共生的方面，或专注于患者所丧失的自我驱动力，并不能让我们了解它的重点。仅凭自毁以及将痛苦强加于自身的冲动也无法解释其原理。当然，我们也不能认为全部情况都是自负和自恨的外移，把某一方面视为全部现象之根源的做法是片面的，我们不可能由此获得全部特征。而且，这样的解释都过于静止了。事实上，病态依赖并非静态的情况，它也有一个过程，其中大部分乃至全部因素都会发挥显著的作用——按照重要性递减的顺序，一种因素会对另一种因素起到支配或强化的作用，当然，也有可能与之冲突。

依赖性的整体状况虽然和以上讲到的因素关系密切，但这些因素又有消极之嫌，无法对强烈的感情做出解释。这种感情或者是一种积聚，或者是突然的爆发。然而，没有渴望，就没有强烈的感情。神经症是否会导致这些渴望的萌生？这已经不重要了。对统一的追求就意味着完全的屈服，以及渴望与对象完全结合。这个因素是难以从自身分割出来的，如果要深入了解，就必须考虑整个自谦型人格结构。

第十一章
逃离内心的战场：追求自由

　　要想解决内在的冲突，还有第三种方法，即放弃内心的战场，以示与己无关。坚持这种放弃的态度，加上自己的努力，内心的冲突就不再会对他造成过多的困扰，他也能享受到表面的安宁了。因为他只有放弃积极的生活才能达到这样的境界，所以用"放弃"来命名这种解决方法似乎很合适。从一定意义上讲，这是最彻底的解决方式，或许就是因为这一点，它才能比较顺利地发挥作用。此外，我们在判断正常情况时往往比较迟钝，因此经常会把"放弃"视为正常现象。

　　放弃具有一定的建设性意义。我们可以从很多老年人身上发现，他们已经意识到追求远大目标和成就一番事业在本质上都是徒劳的，于是他们放弃了期望，从而显得老于世故和明智。许多宗教都倡导舍弃无关的东西，这是寻求心灵的更大发展与取得成就的必要条件。例如，放弃个人的意志乃至性欲，放弃尘世间对财富的追求以接近神明，放弃对某种事物的短暂热望以求得永生，放弃个人的欲望和努力以获得内在的精神力量。

　　当我们对神经症的解决方式进行研究时，发现"放弃"具有"营造无冲突的宁静"之意。从宗教的角度看，宁静并不意味着放弃进取，而是让进取达到更高的境界。但在神经症患者看来，这就等同于放弃进取，使这一过程缺少了建设性。所以，放弃就意味着退缩，意味着被约束，而且也消减了生活和成长的过程。

我们将在后面看到，神经症的放弃与正常的放弃之间的区别并没有前面讲的那样简单。尽管在我的描述中也蕴含了积极的价值，但从我们观察到的范围来看，这一过程只体现出负面的特质。只要重温一下前两种解决方法，我们就能够比较清楚地认识到这一点。那两种解决方法中都充满了狂热和混乱，即对某种事物的追逐、某种狂热的需求，而无论它们是否与爱或征服有关。我们能够从中看到期盼、恼怒和绝望。就连自大报复型的患者也是如此，尽管他们非常冷酷，缺少热情，但还是抱着一种希望，那是一种被激励的希望，他们希望建功立业，希望取胜，希望赢得权力。相反，长期持放弃的态度，生活就会陷入低谷，这样的生活虽然没有冲突和痛苦，但也缺少了激情。

于是，毫无疑问，神经症放弃的基本特点便可借一种约束感，或者一种规避的、不需要的、不愿做的感觉加以辨别。神经症患者都具有放弃的倾向。在这里，我们要探讨的是以放弃为主要解决方法的那一部分人的横切面。

神经症患者逃离了自己内心的战场，此时，他成了自己的旁观者，也是生活的旁观者。我们可以将这种情况视为缓解内心紧张的一种方法。他有着明确而广泛的态度，例如，脱离世俗，远离世人，只做一个生活的旁观者。在他看来，生活就是一出戏，他只是戏院里的一个观众而已。这出戏也不会唤起他的兴致，他就是抱着这样的一种超然的态度。他算不上是好观众，但他的内心是敏感的。在第一次心理治疗中，经过分析，他对自己有了更多的了解，其中的观察是坦率的。但他往往会进行这样的补充：即使知道了这些也没有什么意义。改变确实没有发生，因为他的发现都没有经过自己的体验。做自己的旁观者，这只能意味着对生活的消极态度，但在潜意识中对这种做法又非常抵触。他在分析中努力保持同样的态度，虽然他表现出极大的兴趣，但也仅仅是把它当作一种娱乐而已，而且这种兴趣是短暂的，不会发生什么改变。

但如果发现自己面临冲突，他就要发挥自己的聪明才智来进行躲避；如果遭遇袭击，身处险境，他就会极度恐慌。但多数情况下，他会保持高度的警惕，不会被任何事情所触动。换句话说，他也在极力说服自己，以否定冲突的真实性。当分析师洞察到这种躲避时，就会告诉他："看，你现在所面临的就是这样的危险生活。"但患者未必能够理解这番话。在他看来，这不是他的生活，而是他看到的生活，他并没有主动参与到这样的生活中去。

第二个特征与"不参与"关系密切，即缺乏奋斗意志，没有理想和追求。放弃者最突出的表现就在这里，我们有必要对这两种态度进行分析。我们看到很多神经症患者都能积极参与某件事，但如果中途遇到挫折，他们就会非常恼火。但放弃者的表现却与此不同，他是在无意识中放弃了奋斗。他会削弱甚至否认自己的优点，或者只是勉强认可一部分。即使有反证摆在眼前，他也不会改变态度，而只会徒增烦恼：分析师是否要强迫他再造雄心？或者希望他当选美国总统？如果到最后他被迫发现自己是有天赋的，他也会感到非常惊讶。

此外，在想象中，他能谱写优美的乐曲，他在写作和绘画方面也极有天赋。只要将希望和奋斗呈现在幻想中，他就不需要再付诸实际行动了。他可能对某些主题具有独到的见解，然而，要想将其写成文章，就需要进行精心的组织和谋篇布局，最后还需要修改润色，所以，他手中的稿纸最终依然是一片空白。他可能模糊地希望写出一本小说或剧本，但他却把这种希望寄托在灵感上，他相信，灵感一旦光临他的大脑，他就能出口成章了。

虽然无所事事，但他却能为自己找出一堆借口：辛辛苦苦写出来的书究竟能有多好？无论如何，市面上普普通通的书不是已经随处可见了吗？如果集中精力专注于某件事，那么别的兴趣不就减少了吗？自己的眼界不就变窄了吗？进入政界或加入竞争，不就是败坏自己的道德吗？

他厌倦奋斗，甚至厌倦所有的活动。懒惰就是这样形成的，他办事拖拉，无论是购物、写作还是读书，都一拖再拖。或者他会背离内心的抗拒，慢吞吞地、无精打采地、毫无效率地去做这些事。对于许多要做的事情，例如大量积压的工作需要他马上处理，他也会在行动之前就开始感到厌倦。

无论大事还是小情，他都缺乏计划和目标。事实上，他从未考虑过自己应该处于一个怎样的生活状态，甚至他根本就不考虑这个问题，好像他与此毫无关系。这一点与自大型正好相反，二者形成了鲜明的对比，对于自大型的人来说，制订长远而精密的计划是非常重要的。

经过分析，我们发现，他不仅缺少目的性，而且精神上还非常消极被动。在他看来，所有的障碍和症状都应该在分析中被清除掉，例如，在陌生人面前他会表现得很腼腆，在公众场合缺少勇气，这些都是分析应该解决的。此外，分析还应该消除他的惰性，例如无法安心读书。对于目标，他或许也有更广博的看法，这种看法可能比较模糊，用他的话来概括就是"安宁"。但这对他来说，这只意味着没有烦恼和麻烦事。当然，他以为这个目标很容易就能兑现，既无痛苦也无辛劳，如果需要付出努力，那也是分析师的事，因为他们毕竟是专家。请专家做精神分析治疗就应该像看牙医，或者请医生打针一样。分析师会告诉他怎样解决问题，他也能耐心倾听。假如患者不需要说太多话，那就更好了。分析师应该有特别的手段，就像X线那样能够洞察患者的病情，或者使用催眠术，这样，患者就不需要做什么了。如果出现了新的问题，使得他不得不做很多事情，那么他首先会感到愤怒，就像前面所说的。他并不介意自己被观察，他只是介意为改变做出努力。

继续深入分析，我们就会发现放弃的本质所在，既限制愿望。我们在其他类型中已经看到了一些对于愿望的限制，但那只是针对某种愿望的约束，例如，渴望胜利，希望与人亲近等。我们对愿望的不稳定性已经有所了解——他所渴望的内容决定了他的渴望。在这里，这些特点都是存在的，都在发挥作用，而自发的愿望在内心的驱使下也会变得模糊。除此之外，具有放弃倾向的人在有意无意中会认为没有愿望或者没有期待会更好一些。他时而对生活的前景感到失望，认为即使付出努力也不会有什么结果，或者认为没有什么值得自己去努力的。更多的时候，他随意地想起一些事，觉得它们还是有必要去做的，但这也无法让他的愿望变得具体而积极起来。即使他萌生了某个愿望，或者突然开始对某件事感兴趣，并且暂时打破了漠然的态度，但很快又会回归到原来的状态，重新感到一切都无所谓，一切都不重要。这种无望的心态会体现在工作和生活中。例如，谋求一份好工作或升职的愿望，对婚姻、住房、车子和钱财的愿望等，在他看来，这些愿望就是沉重的负担，还会给他的另一个愿望造成破坏，而这个愿望就是不被打扰。我们在前面已经讲过三种基本特征，所谓愿望的缩减都和这些特征密切相关。当他只是一个生活的旁观者时，就会对一切失去兴趣。没有了目标的激励，他就不会产生渴求的心愿，并且导致最终放弃一切努力。因此便产生了两种显著的神经症要求：生活应该是轻松愉快的，没有痛苦，也不需要精心打理，以及他的生活应该不受打扰。

他想摆脱一切，不对任何事情产生依赖感，对他来说，没有什么会重要到必须拥有，没有什么是不可放弃的，他可能喜欢乡村生活，喜欢可能某种饮料，或者可能喜欢一个女士，但不能因此产生依赖感。当他意识到某个人、某个团体或者某些事情对他非常重要，而一旦失去又会给他带来痛苦，他就会立刻放弃这种感情。无论是谁，都不应该认为他们对他来说是必不可少的，也不应该将他们的关系视为理所当然。如果他怀疑某人存有这两种态度，他就会放弃与之交往。

在人际关系上，他同样主张"不参与"的原则，他仍然在做生活的旁观者，仍然在超然物外，在感情上与人们拉开距离。他能够接受疏离的关系或短暂的接触，但他不会付出真实的情感。他不能对别人产生依赖感，拒绝接受别人的帮助和陪伴，更不能和女人发生关系。这样的态度是很容易维持的。他比其他神经症类型的需求要少，即使遇到紧急情况，他也不去求助。同时，他或许乐于帮助别人，当然，前提是不能投入感情。对于对方的感谢，他既不需要，也不期待。

对这一类型的人来说，性的作用是有差别的。他有时利用性与别人交往，于是，他拥有了一些短暂的性关系，但最后都会放弃。这种关系都不会发展到爱情。或许他很清楚自己需要不受牵连，或许他会以好奇心得到了满足为理由来结束一段关系。在他看来，所谓好奇心就是为了满足全新的体验，基于此，他才与女性交往。当然，一旦他体验到了这种全新的感受，他就会对女人失去兴致。有时，他把女性当作情投意合的好友，或者就像欣赏一幅全新的风景画。当他了解了对方后，好奇心也就泯灭了，于是他会调转方向，开始关注其他事物。这已不只是他对自己的超然态度进行的合理化解释。他比任何人都更像是一个生活的旁观者，有时，他还会披上"积极生活"的外衣进行伪装。

有时，他会排斥性，在他的生活中没有性的内容，他甚至已经熄灭了这方面的念头。任何有关性的幻想都不会出现在他脑海中，或者，即使他有所谓的性生活，也不过是毫无结果的幻想而已。所以，他的人际关系只维持在淡薄的友善上。

当他必须与某个人维持长期关系时，他就会有意识地与对方保持一定的距离（可以称之为适度的疏远），这与自谦型的人有所不同，自谦型的人希望与伴侣融为一体。而他为了保持距离，会采取各种各样的方法。例如，在长期关系中排除"性"的元素，而通过陌生人来满足性欲；或是与之相反，只和伴侣过性生活，而不分享其他的经历和感受。（弗洛伊德已经观察到了这一现象，他认为这是爱情生活的特征之一，而且只会发生在男人身上。在解释这一现象时，弗洛伊德试图使用男人对待其生母的态度进行说明。）在婚姻生活中，他对妻子可能很好，但从不过多谈论自己。他坚守着属于自己的时间，也可能会独自出行，甚至只利用度假或旅行来维系关系。

在此，我想加上一条评语，随后我们会了解其中的含义。他在情感上担心与人有牵连，这并不意味着他缺少积极的情感，相反，假如他对所有的温情都予以拒绝，那么就不会如此谨慎了。他其实也有着丰富的情感，只是将它们隐藏在内心深处。这属于他的隐私，与别人无关。在这方面，他与自负报复型不同。自负报复型也很超脱，但潜意识却促使他拒绝积极的情感。两者之间的区别还表现在：前者不希望卷入别人的是非之中，不希望与人结怨，也不希望以任何形式与人发生冲突；但后者却容易动怒，并且会无所顾忌地与人争执。

放弃者还有一个特征，即对各种影响、压力、威胁和约束非常敏感。这在他的超脱中也是一个重要因素。当他准备和人交往，或者准备参加社团活动时，即将受到长期约束的预感便会令他无比恐惧。他会不停地思考"我该怎样救助自己"。在结婚之前，这种恐惧会演变成惊恐的心理。

他憎恨强迫的事情，包括各种形式的契约，例如租赁合同或长期契约等。还有来自身体上的不适，例如身心的压力，甚至是腰带、纽扣和鞋子，也可能是敌对的看法等。他还怨恨别人对他的期望，怨恨别人向他索要东西，例如圣诞卡、信件，甚至是按时付款的要求等。他怨恨的内容甚至包括了风俗习惯、交通规则、法律规定等。他虽然没有直接参与抵抗行为——因为他并不想做一个斗士——但他的内心是反叛的，对于他人的主张，他会有意无意地通过不作为来进行消极的抵制。

对于"强迫"，他有着敏锐的感觉，这可能是他的惰性或愿望缩减所导致的。他不好动，对他来说，别人对他的期待就是对他的威胁，就是一种强迫行为，即使是善意的希望，他也非常抵触。而这种敏感与愿望缩减之间的关系则更为复杂：任何怀有强烈愿望的人都会令他感到恐惧，在他看来，他们会利用强烈的愿望来强迫他，以坚决的态度要求他去做某事。在这里，"外移"也会发挥作用。如果他从未有过愿望和爱好，那么当他有了实际追求时，就很容易感觉自己正在屈从于别人的愿望。生活中就有这样的案例：某人收到了一场舞会的邀请，但舞会的时间刚好与他和女友的约会时间相冲突，所以，他觉得自己应该拒绝参加舞会。最后，他确实赴约了，但他觉得自己是在屈从于女友的愿望，并对她的"强迫"手段感到怨恨。一位患者对此的评价是："人生来就怨恨空虚。当你对自己的愿望保持沉默时，别人的愿望就会闯进来。"事实上，我们还可以加以补充：闯进来的不只是他们存在已久的愿望，还有他们外移到别人身上的愿望。

在分析过程中，患者对强迫的敏感会带来实际的困难，困难越大，患者就会越发消极，并且越发抵触。他们会产生更持久的疑虑：分析师是在影响自己，并且按照计划改造自己。他的疑虑越深，他的惰性就会对任何建议都越发抵触，而分析师却希望他能进行更多的尝试。由于分析师施加了过多的影响，因此，他对任何关于其神经症的直接或间接的疑问、陈述和解释都持抵触态度。关于这方面的分析面临着很多困难，主要原因在于他厌恨冲突，所以长期地不把猜忌表现出来。他或许会单纯地认为这都是分析师的喜好和偏见，因此他无须上心，只要当作无关紧要的事情丢弃掉就好了。例如，当分析师建议患者关注一下他的人际关系时，他就会非常警觉，认为分析师是在强迫他融入群体。

最后，与放弃相伴的是对新事物的憎恶。在这一点上也会表现出强弱的不同。惰性越显著，他就会越发抵触任何的新变化。他宁可忍受现状，无论是工作、生活、人事还是配偶等方面，他都安于现状。他从未想过要改善处境。例如，对重新布置家具，腾出更多的时间，帮助妻子解决困难等。对于相关的建议，他都会予以冷漠拒绝。究其原因，除了惰性使然，还有两点：其一，他对环境并无奢求，所以也不想有所改变；其二，在他看来，任何事情都是不可改变的。而且，他认为所有人都是如此，人们的习性就是这样的。这就是生活，这就是命运。对于大部分人都无法忍受的环境，他却安之若素，他的忍耐很像自谦型的牺牲。但这只是表面现象，两者的根源是不同的。

至此，我们提到过的关于"憎恶变化"的案例都仅限于外在方面。我们还不能认定是这些原因导致了放弃。在一些人身上，对改变环境所持的犹疑态度相当明显；但另一些放弃者却与之相反，主要表现为不能安宁。我们观察每一个病例，会发现对于内在的变化，患者都表现出了明显的厌倦情绪，几乎所有的神经症患者都有这样的特征，但只是在解决问题时，才会表现出厌倦情绪。例如，在对患者进行分析时，分析师想将与患者的解决方式有关的某项因素清除，此时，患者就会非常厌倦。放弃型患者也有这种情况。但在他的解决方式中，存在着牢固的自我静止的概念，仅仅提起变化这个词就能让他感到厌倦。这一解决方式的本质就是放弃积极向上的生活，放弃理想和信念，也放弃规划，不再努力和奋斗。即使他会谈论改变，甚至对改变有过赞誉之词，但他依然认为一切都不可改变，从这一点也能看出他对自己的认知。他认为，分析的目的就是对过去的揭示。他希望将他的问题一次性地解决掉。从一开始，他就不清楚分析需要一个过程，在这个过程中，我们看待问题的视角是全新的，在找到问题的根源之前，在他的内在状况发生改变之前，我们要了解新的关系，还要发现新的意义。

放弃态度可能是有意识的，在患者看来，它是一种高明的智慧。但根据我的经验，更为普遍的情况是，患者对此并无意识，最多略知一点表层的东西。对于这个问题，他有着不同的看法，所以对其的解读各有思路。最普遍的情况是，他只能察觉到自己对于断绝关系的态度，以及对强迫的敏感。但我们的重点是关注"神经症的需要"，因此，当他在遭遇挫折时表现出冷漠、暴怒、怨恨和懈怠的反应，我们便可由此了解放弃者的需要。

了解这些基本特征对分析师判断全部病情是有帮助的。当我们注意到其中一个特征时，就要去发现其他的特征，我们极有可能找到它们，我已经说过，它们之间并非没有关联，而是相互交织的整体。从基本的构成来看，它们组成了一幅统一和谐的画面，好像一幅画被涂上了同一种颜色。

我们要对这幅画的动力变化、意义和经验进行解读。我们知道，所谓放弃就是将内心冲突放弃，这是解决冲突的主要方式。起初，我们认为放弃者只是不再具有远大志向。放弃者自己也是这个态度，认为这就是整体发展的开端。在他身上，雄心的变化是非常明显的，他的经历也证明了这一点。年少时，他经常会做一些能够展现天赋的事情。他非常聪明，能够清除经济上的障碍，为自己奠定一定的社会地位。在学生时代，他就胸怀远大抱负，在同学中出类拔萃，在各种活动中都表现优秀。他至少在某一段时间内表现得非常积极，对很多事情都抱有浓厚的兴趣。例如，在一段时间内，他对传统观念表现出抵触情绪，他谋求发展，希望在将来有所作为。

随后，他遭遇了一段比较艰辛的岁月，他为此烦躁和抑郁，或因为反叛的性格导致生活出现困境，在他看来，自己就是个失败者，这让他感到无比绝望。这段时间过去后，他的生活似乎变得平稳了，在别人的眼里，他变得能够适应环境、能够安定下来了。人们这样评价他：年轻时展开翅膀飞向太阳，但最终还是落回地面。在他看来，这是非常正常的过程。但经过认真分析，就会发现其中的问题非常严重。他似乎失去了生活的信念，对很多事情都不再有兴趣，他的天赋也不再有展示的机会，他也不再主动抓住任何良好的机遇。在他身上究竟发生了什么？

当一个人遭遇困境时，他的翅膀或许的确会被剪短，但其实，这种境遇并非极度恶劣，问题的根源也并不在于环境，而在于精神上的压力（例如悲痛等）。但人们对这个答案可能不满意，毕竟很多经历过内在困境的人都能够从中走出来。事实上，这种变化既非冲突存在的结果，也非冲突强弱的结果，而是他与自己之间达成的某种平衡。真正发生的事情是他体验到了内心的冲突，于是便决定放弃。为什么要选择这样的解决方式？这事关他的个人经历，以后我们会谈到这一点，在此之前，我们首先要对放弃的性质进行一番探讨。

我们首先要注意自谦驱动力和夸张驱动力之间的内在冲突，我们在前三章里对这两种类型进行过探讨，其中一种驱动力比较明显，另一种则受到压制。如果"放弃"成功了，那么我们看到的与此有关的典型印象就是不同的，无论是自谦倾向还是夸张倾向，似乎都不会被压制。如果我们熟悉这些表现和意义，就能够很容易地对其进行观察，并且让患者也对此有所察觉。事实上，如果我们以夸张型和自谦型对神经症进行划分，那么放弃型就无法进行归类。我们只能认为，在一般情况下，无论是从意识能够察觉到的程度而言，还是从其意义的强烈程度而言，这两种倾向只有一种能够取胜。从神经症的整体类别来看，普遍倾向部分地决定了个体差异，但有时二者也会达到某种平衡。

在他的幻想中，无论是他所能承担的责任，还是他的综合素质，都存在着夸张的成分。此外，他时常认为自己比别人高明，并且在行为中表现出夸张的个人尊严。在这种自我的情感中，他陶醉于骄傲自大，但对于放弃型而言，他引以为骄傲的性格却成为放弃的助力，这与夸张型截然不同。他的自负主要针对自己的超凡脱俗、禁欲、独立、自足、厌倦强迫和远离竞争等。他很清楚自己的要求，所以他能对这些要求加以维护。但这些要求的具体内容存在着差异，因为它们源于他要保证自己远离世俗生活。在他看来，他有权拒绝别人进入他的密室，有权拒绝别人打扰他的生活，有权什么事也不做，有权不对任何人负责，也不需要为生活操劳。最后，在由基本的放弃演化出的后续发展中也会出现夸张倾向，例如，他非常重视追求名誉，或公然表现出叛逆，等等。

但这些夸张的倾向已经无法提供积极主动的力量，因为他已经放弃了远大的抱负，也放弃了对这些目标的追求和努力。他决心不再关注这些目标，也不再想实现这些抱负。即使他准备开始做一些有意义的工作，但一旦置身其中，就会表现出对工作的不屑，他的态度总是与周围环境的需要相背离。这就是反叛型的特征，他不想为了报复或报复性胜利而努力，他实际上已经放弃了主宰别人的驱动力，在他看来，做一个领导者，对他人施加影响和控制，是非常令人厌恶的，这一点也印证了他的超凡脱俗以及远离人际交往的特征。

但从另一方面看，自谦一旦占据主导地位，放弃者就会低估自己。他胆小，觉得自己并不重要。我们如果不知道完整的自谦型解决方法，就会认为他的态度就是自谦型的表现，然而这是错误的判断。他对别人的需要非常敏感，会花上大量的时间去帮助别人，或者为一项工作而努力。对于外界的攻击和欺骗，他缺乏防备；对于别人的指责，他宁愿独自忍受也不愿反驳。他不会去伤害别人的感情，在这一点上，他对自己要求严格，而且也会表现出顺从倾向。与自谦型不同的是，他的顺从并非因为需要爱，而是因为要避免冲突。此外，他还有一种处于隐蔽状态的情绪，即恐惧。恐惧的产生源于对自谦的潜在力量的惧怕。例如，他的内心有一种恐慌感，觉得别人可能会彻底打压他，因此，他必须与别人保持距离才能避免这样的局面。

从我们所了解的来看，与夸张倾向相比，自谦倾向更像是一种态度，而不是强大的驱动力。由于对爱的追求，这些驱动力表现出非常狂热的特征，但在放弃的作用下，他对别人也失去了信心，避免和他人发生感情上的纠葛。

现在，我们已经清楚了从自谦驱动力和夸张驱动力之间的冲突中退出的意义何在。消除了二者中的积极因素，它们就不再处于对抗的状态，也就不会再发生冲突。对这三种解决方式进行研究，我们发现，消除其中一种冲突以达到人格的统一是它们的共同特征。从放弃型解决方式来看，他希望将两种冲突的方式统一起来，他之所以这样做，就是因为他已经放弃了对荣誉的追求。当然，他还是理想化的自我，这就意味着他的自负系统和"应该"仍在发挥着作用，但他已经放弃了为理想而努力的积极驱动力，也不愿做实际的努力。

这种强化有可能是他的真我在发挥作用，他仍然要做自己，但由于他对自己的进取心、努力、鲜明的愿望以及奋斗都加以抑制，因此，自我实现的驱动力也受到了抑制。无论是对于他的真我还是理想化的自我来说，他所强调的都是"存在"，而非获取和发展。但他还是要做自己，因为只有如此才能在情感上保持自主性。由此看来，他并没有像其他神经症患者那样远离真实自我。他在宗教、艺术和自然方面有着强烈的感情。将他与自谦型做比较，我们会发现，这种被保留下来的能力更加明显了。同样，自谦型从不抑制积极真实的感情，甚至会将这种感情夸大，使其变得扭曲，对他来说，爱就意味着一切，也就是奉献自己的一切，或者屈服于别人；他渴望让自己与情感一同迷失，最后通过依附于他人来寻求统一感。但放弃型的人却要掩饰自己的感情，他厌倦与人交汇的感觉。他渴望能够"做自己"，虽然他对这其中的意义并没有清晰的认知，事实上，他并没有意识到这一点。

正是这个过程导致了放弃的消极性和静止性，但我在这里要提出一个重要的问题。这种静止带有消极的特征，新的观察必定能够证实这一点。但我们能因此就对所有现象做出同样的判断吗？没有人能够仅凭否定一切而生存下去，那么，我们对放弃的了解是否存在漏洞？放弃者难道不去寻求外界的积极事物？他们是否愿意为寻求宁静付出代价？事实确实如此，但负面特征依然存在。在另外两种解决方式中，除了对完整统一性的需求外，还具有一种能够给生活带来积极意义的强大驱动力：对征服的渴求，和对爱的渴求。然而，在放弃型的解决方式中，是否也存在着某种积极的渴求呢？

如果在分析过程中遇到此类问题，那么最有益的做法就是认真倾听患者的看法。通常情况下，他会说出我们没有注意到的事情，我们要仔细观察这种类型的人对自己的关注点。他和别人一样，会对自己的需要做出合理化修饰，因此，这些需要会表现出一种优越感。但我们有必要区分具体情况。有时他会为自己的需要寻找理由，例如，他会说自己已经超然于竞争之上，所以没有必要去奋斗。对于自己的惰性，他以轻视体力劳动为借口进行辩解。在接下来的分析中，他会逐渐不再继续这些美化，自然而然地结束这个话题。但也有人不会轻易放弃，因为对他们来说，这些都是非常有意义的，它们关乎独立和自由。事实上，如果从自由的角度来看，那么我们就会发现，放弃的多数特征都是合理的。依赖越是强烈，自由就越是缩减，对于"需要"来说也是如此。他会对"需要"产生依赖，而"需要"也会令他更容易依赖别人。一旦他将精力集中于对某个事物的追求上，那么他对其他可能感兴趣的事物的追求就会受到影响。

所以，在分析中，患者会拒绝讨论这个问题。人类对自由的追求难道不是与生俱来的吗？在压力下做事难道不会令人感到郁郁寡欢吗？他的一些亲友不正是因为总要按照别人的期望做事而觉得生活乏味吗？分析师是否正在试图让他听话，强迫他变成另一种模式，使他成为像是一排整齐划一的房子中的一座？他厌恨与控制有关的事情，无法忍受看到

动物园里的动物被关在笼子里，甚至因此而拒绝去动物园，他只愿意做
自己想做的事情。

我们先来探讨他的一部分论据，而另一部分则放在以后讨论。从这
些依据中，我们发现，对他来说，自由就意味着做自己想做的事情。在
这里，分析师发现了一个漏洞：患者全然不知自己的希望是什么，因为
他的希望都被自己禁锢了，于是，他最终一事无成，一无所有。然而这
并不会影响到他，因为他对自由的定义便是"不受干涉"——无论这种
干涉是来自人还是法规。我们暂且不论是什么原因使得这种心态如此明
显，他势必要对这种心态加以保护，并且为此抗争到底。我们认为，他
所定义的自由只是一种消极的回避，而非真正的自由。但他却能够从中
感受到其他解决方式所不具备的吸引力。自谦型需要依赖他人，因此他
们对自由充满了恐惧。而夸张型则鄙视关于自由的想法，因为他们有着
强烈的征服欲，对胜利充满了渴望。

我们要如何解释自由的吸引力呢？是什么内在的原因导致它的产生
呢？它又具有什么意义呢？在这里，我们要对一些后来以放弃的方式来
解决问题的患者的早期经历做些回忆。从这些案例中我们发现，这些患
者在儿童时期就遇到过一些限制性的影响，这些影响非常大，以致无法
触及，使得他们无力进行抵制。此外，他们还曾面临来自家庭的逼迫，
情感上受到了严重影响，使得他们的个性得不到发展，从而产生了一种
被压抑的感觉。但从另一方面看，他们的父母可能很爱他们，但这种爱
的方式是他们难以接受的，他们没有因此而感到幸福。例如，父母中的
一方非常关注自我，他不了解孩子的需求，却要求孩子了解他或是在情
感上支持他；或者父母的情绪不稳定，时而充满了关爱，时而又大发脾
气。总之，在过去环境或明或暗的影响下，他们的自尊被吞噬，个性被
泯灭，他们不可能在这样的环境下发展自己的人格。

可见，这些孩子陷入了烦恼之中，这种烦恼可能是短期的，也可
能是长期的，他们渴望被关爱，但却总是失望，同时，他们厌倦来自身
边的约束，因此，他们在这两种情感中备受煎熬。为了解决这一早期冲

突，他们就要努力放弃与他们人的关系，在感情上远离他们人。他们不再想与人争执，也不再指望得到别人的关爱。这样一来，与他们对立的情感便不再会给他们带来困扰，他们也能与这种情感和平相处了。此外，他们通过退缩到自己的领地，挽救了自己的个性，使之不被完全吞没。他们在早期的超然不仅有利于统一，还具有积极的意义，即保证了内心生活的完整性。对自由的追求为他们带来了内心的独立，但他们必须进一步抑制亲近他们人或抵抗他们人的情感需要，以及被别人理解这一与生俱来的需要，此外，还有与人分享经验的需要，对同情、呵护和情爱的需要，在别人的帮助下实现自己心愿的需要。但这还有更深层的意义，即他们只能独自一个人享受快乐，忍受痛苦和悲伤。例如，他们要独自克服对狗和黑暗的恐惧，而不让任何人知道其中的艰辛。他们情不自禁地要求自己掩饰痛苦，甚至让自己感觉不到痛苦。他们不需要别人的同情和帮助，这不仅是因为他们怀疑它们的真实性，还因为这些暂时的帮助意味着威胁性的束缚。他们要抑制这些需要，他们觉得自己必须阻止别人了解与他们有关的事情，这样才能保证他们的愿望不受挫折，保证他们不会对别人形成依赖。在他们看来，只有如此才是安全的。他们开始收回一切希望，放弃的特征开始显露出来。他们清楚自己会喜欢某件服装、某个玩具或某只宠物，但他们不会说出来。在恐惧的影响下，他们逐渐发现只有放弃任何需求才能得到安全。愿望越少，在退缩的过程中才会越安全，越不容易受到别人的控制。

至此，我们所谈论的依然并非放弃本身，但已经涉及放弃的发展根源。即使情况没有改变，未来的发展依然因此而面临危机。人在与世隔绝的真空状态下是不可能成长起来的。同时，情况也不可能停滞不前，除非环境改善了，否则这个过程只会借助自身的动力而发展，并且出现恶性循环，就像我们在其他神经症发展过程中观察到的那样。为了保持超然的状态，患者就要抑制自己的愿望和努力，但消除愿望具有双重作用，一方面他会拒绝对别人的依赖，同时也会变得软弱，不再具有活力，失去方向感。于是，当别人对他寄予期望时，他越发无力反抗，因

此，他必须加倍抵制一切干扰和障碍，就像哈利·斯塔克·苏利文说的
那样：他必须"制造出一种用来与人保持距离的机器"。

从早期发展来看，心灵内的过程是其主要强化因素的来源。促使
人追求荣誉的需要，也在其中发挥作用。如果他一直坚持早期与世隔绝
的态度，那么与别人之间的冲突就会因此消除。但愿望是否真的能够撤
销决定了解决方法的可靠性。这个过程在早期是被动的，尚未形成一种
坚决的态度。此时，他依然试图从生活中寻求更多的东西，内心的宁静
还不是他的首选。例如，当面临强烈的诱惑时，他会再次投入亲密关系
中，于是新的冲突就会出现，使他更加需要完整性。但早期的发展不仅
割裂了他，而且使他丧失了自信，疏远了自我，以致他感觉自己对真实
的生活没有任何思想准备。只有和别人保持安全的情感距离，他才能与
之交往。如果与别人关系密切，他就会感到压抑，会对矛盾产生畏惧心
理，会受到限制。所以，他也受到了驱使，在自我理想化中寻找这些需
要的答案。他会尝试着去实现自己的远大抱负，但由于自身的原因，他
很容易放弃这种追求。他的理想化形象就是对这些既成的需要进行的美
化处理，将其整合成自信、自立、静默、安详、超凡脱俗和情感自由的
集合体。在他看来，公正就是不承诺与不触犯他人权利的理想化，而不
是美化报复，后者只适用于那些攻击性的类型。

与这种形象共同存在的"应该"给他带来了新的风险。为了保护内
在的自我，他应该与外界争斗，但此刻他还要对抗内在的暴行，这种暴
行非常恐怖。对内在的保护能够达到什么程度决定了会有怎样的结局。
如果达到了一定的强度，而且他在潜意识中也准备竭力维护它，那么他
还可以保持一部分内在的生命力，即便他必须为此付出代价——加强此
前我们探讨过的那些限制，即退出积极的生活，或抑制自我实现的驱
动力。

没有临床证据表明这种"内心的指使"会比其他神经症类型更迫
切。他对自由的需求非常强烈，这就是差别所在，因此他会更为恼怒。
为了应对"内心的指使"，他尝试着将其外移。但由于所有的攻击都受

到了限制，因此他只有采取消极的方式，可见，对他来说，别人的期待或他所认为的别人的期待也都含有命令式的特征，必须坚决执行。此外，他坚信如果自己违背了别人的期待，那么他必定会遭到他们的攻击。从本质上来讲，这意味着他所外移的不仅是"应该"，而且还有自恨。别人对他的攻击如同他无法满足自己的"应该"时对自己的讨伐一样。此外，外移作用还表现出对这种敌意的猜疑，这样一来，他就无法运用相对的经验来进行弥补。例如，在长期的分析中，一位患者即使能够感觉到分析师的耐心和宽容，但他依然觉得自己处于被监控的状态，一旦反抗分析师，就会被对方抛弃。

他对外界本来就非常敏感，此时这种感觉更加强化了。现在我们可以理解他为什么会感受到外界的压力，即使这种压力微乎其微。此外，"应该"被外移后，虽然他的紧张情绪得到了缓和，但新的冲突又出现了：他应该满足别人的期望，不应该伤害别人的感情；他要保持独立性，但还要平息别人的敌意。他与别人的关系表现出矛盾的一面，其中就包含了冲突。从各种变化来看，这种冲突是顺从和蔑视的矛盾结合体。例如，对于别人的某个要求，他会礼貌地接受，但随后可能就忘记了实施，或者是再三地拖延时间。这样就导致了一些阻碍的出现，所以，他要准备一个记事本，把约会的时间和其他的安排都记录下来以免忘记，只有如此，他才能保证生活的条理性。但也可能出现另一番情形，表面上他按照别人的要求去做了，但心里却无意识地想要破坏自己的行动。例如，在分析中，他会按照规则去做，遵守时间、说出真实的想法，但对于分析的具体内容，他却没有深入了解和吸收，所以，整个分析工作等于徒劳。

这种冲突也会影响到他的人际关系，会给他带来一种压力，甚至是巨大的压力。无论他是否感觉到了这种压力，他都会觉得自己必须远离人际关系。

那些没有被外移的"应该"中也会体现出他对别人的期望的消极反抗。"应该做点什么"的念头一旦出现，他就感到兴致全无。这种潜意识中的消极态度如果仅仅针对他不喜欢的那些事情，例如社交、舞会、写信、付款等，那么尚且无关紧要。但是他把个人愿望消除得越彻底，那么他所做的无论是好事、坏事，还是无所谓的事，就越会成为他"应该"做的事，例如刷牙、读报、散步、工作、吃饭或性爱等。他对一切事物都采取消极抵制的态度，由此便会导致广泛的惰性。于是，他把活动限定在最小的范围内，或者经常处于压力的状态下。这就造成了他效率低下，容易疲倦，或是因长期疲劳而感到痛苦。

在分析中，如果这种内在的过程变得清晰，那么就意味着有两个因素可以维持这一过程。只要患者不去求助于他的"自发力量"，他就会意识到这种生活方式纯属浪费，没有任何好处，但患者又不知道自己能否改变，因为在他看来，如果不督促自己，他几乎无法做任何事情。另一个因素就是惰性，它具有重要的作用。在他的内心世界中，心灵的麻痹所造成的痛苦已经无法改变，他利用这种痛苦逃避自责和自卑。

在其他因素的影响下，他的惰性也受到了鼓励。这与他在解决冲突时所采取的"止息"的方式一样，他也尝试着让"应该"不再发挥作用。所以，他要避免"应该"导致的困扰。他不愿与人交往，对任何事物都没有兴趣，其中的原因就在于此。他在潜意识中会铭记这样的信条：只要什么事都不做，就不会违背任何"应该"和禁忌。他有时会觉得自己的任何追求都会对他人的权利造成伤害，于是，他的逃避行为也就因此而被合理化了。

从很多方面看，心灵的内在过程会强化那种超然物外的解决方法，很多纠结由此产生，这也导致了放弃的形成。在自由的吸引力中存在着积极的因素，如果没有这些因素，治疗就比较困难，因为患者很少能够改变动机。对于这些患者来说，如果这种积极因素占据了主导地位，那么与其他人相比，他们会更加密切关注内心指使的有害之处。如果情况顺利，他们很快就能发现这些指令，并且不假思索地予以抗拒。这种想法和态度当然还不足以将它们驱散，但对克服它们还是有所帮助的。

如果从维持统一性的角度对放弃的全部结果做一个回顾，我们就会发现，有些观察结果是相当切合且意义深远的。首先，如果观察者具有敏锐的观察力，那么他们就会在那些断绝了人际关系的人身上发现人格的统一性。我一直都很注意这一点，但过去我却没有意识到它是这种构成的固有及核心部分。超然的人可能对现实情况不感兴趣，有些因素由于具有很大的影响力，因此他们总会对其持谨慎的态度，但他们的反抗意识却是强大的，所以他们才会懒散、无所事事，甚至难以相处。但他们本质上依然具有基本的真诚和坦率，很难受到权利、利益、阿谀和"爱"的诱惑。

此外，在保持内在统一性的需要中，我们可以发现决定这一基本特征的另一因素。首先，我们看到这些规避和限制都是为实现统一性服务的。随后我们又发现，起决定性作用的还有对自由的追求，但其意义何在？我们尚不可知。现在我们仅仅知道他们所谓的自由就是避免受到牵连和影响，不被压制，不承担责任，不参与竞争，这样才能维护他们的内在生活，使其免受污物所染。

对于这个问题，患者可能不愿讨论，我们对此也感到迷惑。事实上，从他们多次间接的表述中，可以看出他们希望保存"自己"，他们担心经过分析自己的个性会消失，担心自己会和别人一样，担心分析师会依照自身的模式来改造他们。患者的这些表述往往会令分析师难以理解。实际上，患者是在暗示他们想保持自己"神经症的自我"，或者夸张的理想化的自我。可见，患者是在为自己的现状做辩护。从他们的坚决态度可以看出，他们急于保持真我的完整性，虽然他们还无法对此做出解释。只有经过分析，他们才能真正了解一个古老的道理：只有失去自己（即在神经症中被美化了的自己），才能找到真实的自己。

这个基本历程衍生出了三种截然不同的生活方式。第一种：自始至终保持永远的放弃。第二种：反叛型，自由的吸引力变消极的抵制为积极的反叛。第三种：衰退的过程占据了主导地位，导致浅薄的生活由此开始。

第一种形式的个体区别与自谦倾向和夸张倾向哪一种占优势有关，

也与放弃的程度有关。有些人虽然在人际关系上存在情感距离，但无论这种距离有多远，他们依然能为亲友或打过交道的人提供帮助。此外，由于他们没有私心，因此，他们经常能够提供有效的帮助。与自谦型和夸张型相比，他们不求获得多少回报。而与自谦型不同的是，如果他们的乐于助人被别人误解为是出于个人情感或有所图谋，他们就会被激怒。

无论行动是否受限，很多类型的人都能做好日常工作，即使违背内心的惰性会让他们感到有压力。当工作积累得很多，需要主动地为支持什么或反对什么而战时，这种惰性就会变得更加突出。通常情况下，例行工作的动机都是复杂的，除了经济需要和传统的"应该"外（对放弃的特征我们暂且不去分析），通常情况下，还有一种希望自己有益于别人的需求。此外，参加日常工作还能消除他们独处时萌生的无用感。他们不知道怎样打发闲暇时间，在人际关系上感觉压力大，享受不到什么乐趣。他们喜欢独处，但做事效率很低，即便在读书时也会被内在的阻力所妨碍，所以，他们对那些既省力又有好处的活动感兴趣，例如，听音乐、做梦，或者亲近大自然。他们在潜意识中都会恐惧"无能"的感觉，并且对此一无所知，但他们会下意识地安排自己的工作，以便减少闲暇时间。

最后，和惰性形影相随的对日常工作的厌倦感会占据主导地位。假如经济上出现困难，他们也会去找个差事，或者相反，依靠别人的接济。否则的话，如果经济上还过得去，他们就会对需要进行限制，从而获得自由。但他们做事都从嗜好出发，或者完全屈服于惰性。果卡洛夫塑造出了奥布洛摩这个令人难忘的形象，从他身上我们可以看到这种特点。此人易怒，甚至对穿鞋这种小事都感到非常恼火。朋友邀请他去国外旅游，还为他做好了一切准备，此时的奥布洛摩已经想象出自己置身于瑞士高山上的情景，但我们不禁要问：他真的会去吗？答案当然是否定的，他根本无法忍受旅途的奔波。

即使情况没有那么极端，但惰性扩散所导致的危险依然非常严重，我们从奥布洛摩及其仆人后来的命运中也能看出这一点。这种惰性不仅导致懒于做事，而且对思想和感觉也会造成阻碍，使其呈现消极状态。分析师的评价或谈话可能会令他产生某些想法，但由于它们无法激发动力，因此很快就会消失。某次拜访或信件也有可能带来一些正面或负面的感受，但它们也会很快消失。当看到一封信时，或许会产生回信的念头，但如果没有立刻实施，这个念头也会很快消失。在分析中可以发现，思想的惰性对工作的影响非常大。由于惰性的阻碍，即使简单的心理分析也会变得非常困难。一个小时中的分析内容很快就会被他忘记，这并不是"抗拒"的作用所导致的，而是因为患者将分析的内容当作异物置于脑中。在分析中，他有时会感到混乱和无助。当他阅读稍微困难的书籍，或是谈论稍微困难的问题时，这种反应也会出现。对他来说，将各种信息联系起来就是一件压力巨大的事情。我们从一位患者的梦境中就能看出这种反应：他梦见自己身处世界各地，但他并没有想要去这些地方，他不明白自己是怎么到了这些地方，也不知道随后还要去哪里。

随着惰性的扩散，个人情感所受的影响也会加大。他需要更加强烈的刺激才能有所反应。公园里的美丽树林无法唤起他的情感，他需要的是鲜艳的夕阳。情感上的惰性带来了悲剧的色彩，正如我们所了解的，放弃型为了保持感情的真实与完整，对大部分的夸张倾向进行了限制。但如果行为过度，这个过程就有可能将本来需要保持的活力扼杀掉。所以，如果他的情感生活陷入麻木状态，那么他因情感消亡而感受到的痛苦就会比别人更强烈。他迫切地想要改变这一点。随着分析的深入进行，如果他的情绪能够变得活跃起来，那么他就会察觉到自己感情正在逐渐孕育充沛的生命力。但即便如此，他依然不愿承认情感的消亡源于惰性的扩散，只有减少惰性，情感才会出现变化。

如果能够维持一些活动，而且生活条件也合适的话，那么这种坚持放弃的情况可能就会静止下来。放弃型的特点有很多，归纳如下：抑制希望和斗志，厌倦变革和内心的斗争，具有一定的忍耐力，等等。然而，一个特殊的因素——即自由对他的吸引力——则会对这些特点造成影响。事实上，放弃者是具有反叛精神的，只不过这种精神被压制了。截至目前，我们在分析中发现，这种特质表现在对内外压力的消极抵抗中。但它随时都会发生转变，焕发出积极反叛的精神。而这种转变能否真的发生，则取决于个人对挽救生活的积极程度，以及自谦倾向和夸张倾向哪一种更占优势。夸张倾向越突出，他就会越活泼，但对生活的限制也会越发不满。如果对外在环境的不满占优势，那么这种不满就会表现为"为反抗而反叛"；如果对自己的不满占优势，那么这种不满就会表现为"为争取而反叛"。

他可能会变得对工作和家庭环境非常不满，最后，他决定不再忍受，而采取公开的方式进行反叛。他或许会提出辞职，或许会离家出走，也可能向所有相关的人发起攻击，甚至会反对风俗习惯和法律法规。"无论你要我做什么，都与我无关。"他的态度便是如此，而不管表现出来的是粗俗还是文雅。从社会的角度看，这是一种自私的表现。如果他的攻击主要针对外部世界，那么其本质上并不具有建设性意义。他虽然能够得到发泄，但也因此更加远离自我。

但这种反叛更有可能是一种内在的过程，其反抗的对象是内心的暴政。所以，它只能在一定范围内发挥作用。在这种情况下，它表现出渐进的发展过程，而并不混乱；与其说它是一种变革，不如说它是一种演化。所以，对于自身的束缚，他会感到更加痛苦，他很清楚自己被严重地束缚着，他不喜欢这样的生活方式。尽管他非常守规矩，但对周围的人却非常厌倦，非常抵触他们的生活标准和道德标准。正如前面所说的，他极力推崇"做自己"，这是一种神奇的混合物，包含了对抗、自夸和真诚的成分。如果他的能量得以释放，凭借天赋，他一定能够有一番作为。在《月亮和六便士》这本书中，毛姆通过描述画家斯特里克兰的性格，展现出了这一过程。无论是斯特里克兰的原型高更，还是其他艺术家，似乎都有过类似的经历。显然，他的天赋和技艺决定了作品的价值。此外，这不是获得成就的唯一方式，它只是将此前被限制的创造力重新发挥出来而已，对此我们无须过多解释。

在这些情况中，发泄的作用也是有限的。许多已经超然物外的人依然没有摆脱放弃的特点。他们还在小心地维护着"断绝人际关系"的心理，在与人交往时依然保持着斗争和防卫的姿态。对于个人生活，他们依然毫无兴致，只有与创造性有关的事情才会引起他们的关注。由此可见，他们并没有真正解决自己的冲突，只是采取了一种妥协的方式而已。

这一过程也会出现在分析中。由于最终会产生一种问题得到解决的效果，因此很多分析师（参见丹尼尔·施耐德在1943年纽约医学会上发表的论文《精神症模式的动向：创造性的胜利与性力的扭曲》）会认为这个结果是值得肯定的。但我们要牢记，这种方法只能部分地解决问题，而只有对放弃的全部结构进行分析，才能令患者释放出创造力，并且使其与自己和他人建立起良好的关系。

从理论上讲，通过积极反叛的结果可以看出，在放弃的人格结构中，自由的吸引力具有非常重要的意义，并且与维持下来的自主的内在生活关系密切。相反，我们将会看到，一个人越是疏远自己，他的自由就会越发失去意义。他从内心冲突、积极的生活以及对自身发展的关注中撤出，这样一来，他就会面临另一种危险，即与真情实感的疏远。无用感会导致对空虚的恐惧（在永久的放弃中，这是一个大问题），在这种虚无的影响下，他的内心感到非常烦恼。由于奋斗和努力的行为受到了压制，因此，他迷失了方向，到头来，只能随波逐流。因为追求生活的安逸，回避痛苦和冲突，一些腐化的因素便由此产生了。特别是，他一旦沉溺于金钱、名利和声誉的诱惑，就更容易滋生腐化。长期的放弃意味着生活受到了约束，但这并非失去了希望：生存还是有依靠的。但如果他依然忽略个人的自主性和生活的深度，那么放弃的消极特性就会长久地维持下去，从而失去其积极价值。此时，放弃就会变成绝望。于是，他被抛向生活的边缘，从而展现出最后一种类型的特征——浅薄的生活。

　　就这样，他用离心的方式与自己疏离，失去了感情的深度和强度。在与人交往时，不管对谁，他都采取同样的态度，任何人都可以是他"最好的朋友"，都可以是"美女"或"好人"。但如果很久没有联络，他的感情就会变得淡薄，他甚至不去思考原因，仅仅因为一点小事就不再对对方感兴趣，于是，"事不关己"的态度便从断绝人际关系中发展而来。

　　同样，他的兴趣也变得非常浅薄，生活的主要内容就是闲聊、吃喝玩乐、性生活以及吵闹。他已经失去了对"本质"的概念，只关心事物的表面。他没有自己的判断，没有自己的信念，只是随波逐流。他常常会被"大家"的想法所震撼。除此之外，他对自己、他人以及任何价值的信心也都丧失殆尽了，剩下的只有愤世嫉俗。

　　我们可以将浅薄的生活分为三种类型，其区别就在于各自的侧重点不同。第一类是追求"享乐"，换句话说，就是追求愉悦的事情。放弃型具有"无欲无求"的特征，与之相比，追求"享乐"体现了强烈的生活情趣。但其发展动力并不是兴趣，而是要通过转移注意力来消除"无用"感。有一首诗，名叫《胜利的源泉》，就描述了这种追求享乐的画面：

　　　　啊，给我一个家吧，

　　　　一个百万富翁的家，

　　　　可爱的少女在那里玩耍，

　　　　优美的话语在那里静默，

　　　　而我们徜徉在金钱里。

　　但这首诗所描绘的并不只是安逸的有钱人，同时也包括了收入有限的社会阶层。毕竟，这只关乎金钱。说到享乐，奢华的夜总会、鸡尾酒会，以及歌剧院，这些都是追求享乐的场所，此外，在家里饮酒作乐也是一种享乐方式。更小众一些的享乐方式还包括集邮、品尝美酒或看电影等等，可见，只要没有占据生活的全部，则这些就都是正常的。它不一定是一种社交活动，也可能是读有趣的故事、看电视、收听广播，甚至做白日梦。而社交性的享乐则必须规避两件事：严肃的对话和独处。前者被认为是一种恶劣的态度。愤世嫉俗被"容忍"和"大度"的表象所覆盖。

第二类关注的是名誉或投机的成就。放弃的特征——压制努力和奋斗——在他们身上依然存在。其动机相当复杂，不仅有用金钱换取舒适生活的愿望，而且还有提高自我评价的需求。因为这种浅薄的生活原本并不包含任何自我评价。但由于内在自主性的丧失，这一目的便只能借助在别人眼中抬高自己来达到。例如，为了畅销而写书，为了金钱而结婚，或者为了某种利益而加入一个团体。在社交中，他们不关注享乐，而是关注自己处于哪个社会阶层，或享有怎样的名望和地位。其中，唯一的道德准则就是机智地做坏事以规避抓捕。英国作家乔治·艾略特在《罗摩拉》中描绘了投机商狄托的形象，从他身上我们可以发现对冲突的逃避，他非常看重懒散舒适的生活，沉湎于道德的堕落。当然，后果可想而知。

第三类是"具有良好适应性"的机器人。由于丧失了思考和情感，因此，这类人的人格受到了抑制。美国小说家马昆德对这种人的性格曾有过多次描述。这种人容易盲从，随大流。别人希望什么，他们也希望什么；别人怎么认为，他们也怎么认为。与另外两种类型相比，这种人的感情衰退得比较明显，但还不算严重。

弗洛姆曾对这种"过度适应"的现象做过详细描述，并且发现了它的社会意义。如果将其与另外两种类型的浅薄生活做比较，就会发现其意义相当重要，因为这种生活方式是最常见的。弗洛姆发现这种人不同于一般的神经症患者。显然，他们既没有受到明显的驱使，也没有受到冲突的困扰。他们没有表现出焦虑和抑郁的一些特殊"症状"。总之，无论怎样的困难和阻碍，都无法困住他们，但他们还是缺少了一些东西。弗洛姆的结论是：这些表现都属于缺陷，而并不属于神经症。在他看来，这些缺陷不是与生俱来的，而是源于早期生活中曾受到过的压制。我所说的"浅薄的生活"和他所说的"缺陷"，看似只是说法不同，但这种不同恰恰意味着对某一现象的解释存在着差异。事实上，弗洛姆的论点涉及两个有趣的问题：其一，浅薄的生活到底是否真的与神经症无关，抑或像我说的那样，是神经症发展的结果？其二，人一旦沉溺于浅薄的生活，就真的会丧失深度、道德准则和自主性吗？

这两个问题相互关联。我们来看看分析观察的结果是怎样的。由于这类患者经常会向分析师求助，因此我们有很多机会可以对其进行观察。如果浅薄的生活有个完整的发展过程，那么精神分析治疗的需求也就不会产生了。而如果这个过程是不完整的，那么他们的身心就会受到影响，工作中容易反复遭受挫折，还会导致焦虑、抑郁等心理问题，以及与日俱增的"无用感"，他们能够意识到自己的状态变得越来越差，并为此心生烦恼，所以，他们非常渴望得到精神分析治疗。在分析中，我们对他们的初步印象已从好奇心的角度进行了描述。他们停留于表面，似乎缺乏心理上的好奇心，而且总是狡辩，他们感兴趣的只有外在的名誉和财富。我们由此认定，他们的经历要比看上去的复杂得多。正如之前我们对放弃倾向的普遍进程所做的描述，在青春期或青春期前后，抑或其他较早的时期，他们也曾积极奋斗过，在情感上也有过痛苦的经历。这不仅说明了这种情况出现的时间要晚于弗洛姆的主张，而且明确地指出了它是神经症发展的结果。

继续深入分析，我们会发现这样的情况：他们的清醒状态和梦境之间有着令人费解的矛盾。这些梦境可以再现他们情感上的深度和狂热，那些深藏的伤感、自恨、自怜、焦虑、失望以及对别人的厌恶，都会通过梦境表现出来。可见，虽然他们看上去很正常，但事实上，他们的情感也是有深度的，他们的内心也存在着冲突。我们希望能唤起他们对梦境的兴趣，但他们却试图将其遗忘。他们仿佛来往于两个截然不同的世界。我们越发清楚地看到，他们并没有沉溺于浅薄，而是急切地想要规避自己情感的深度。对于外界以及自己的感觉，他们只是匆匆地扫一眼，随即便紧闭双眼，仿佛什么都未曾发生过。而在清醒的状态中，那些被抛弃在深渊里的情感便会突然升起，某些记忆会令他们失声痛哭，怀旧的场景或宗教的情感会涌上他们的心头，但随后便会消失。这些观察结果在后期的分析中得到了进一步的证明，可见，它们不同于"缺陷"，而且体现了逃离内在人格的决心。

无论对于预防而言，还是对于治疗而言，将浅薄的生活视为神经症发展的结果都体现了积极的作用。如今，浅薄的生活已经成为一种普遍现象，需要我们将其作为一种障碍，预防其发展蔓延。这种预防方式与一般的神经症的预防方式相同。这方面的工作已经有了一定的进展，但还需要更多的努力，尤其需要学校的配合。

对于放弃型患者的治疗，最重要的是发现其心理上的问题，而不能将其视为文化特征从而加以忽视。因为后者意味着这种状况是难以改变的，或不在神经症的治疗范围内。但与其他神经症问题相比，人们对它的了解并不多，因此也没有引起多大的关注，其原因有两点，首先，在这个过程中，个人生活虽然会被压制，但表现并不明显，因此患者的治疗需求并不强烈。其次，人们并未将这一背景导致的总体障碍与这一基本过程联系起来。其中，神经症医生只对"断绝人际关系"的心理因素有所了解，但放弃所涉及的范围非常广，并且会在治疗中体现出特定的问题和特定的困难。只有对其动机和意义有了充分的了解后，才能有效地予以解决。

第十二章
人际关系中的神经症困扰

截至目前，本书一直都在探讨心灵内的过程，但在叙述的过程中，我们不能忽略人际关系的过程，因为这二者之间是相互联系、不可分割的。在介绍"对荣誉的探求"时，我们已经了解到了很多因素，例如，比他人优越的需求，战胜他人的需求等，这些需求都和人际关系非常密切。神经症的需求虽然来自内在，但却指向他人。我们探讨的内容不能仅仅局限于神经症患者的自负方面，因为它的易受攻击性会对人际关系造成严重的影响。我们已经了解到，任何单独的心灵内因素都有可能被"外移"，而且这个过程从根本上改变了我们为人处世的态度。最后，我们也探讨了每一种内在冲突的主要解决方式，以及在人际关系中表现出来的特殊形式。在本章中，我们将从个别回到一般，对这个问题进行系统而简要的研究，探讨一下自负系统对我们的人际关系产生了怎样的影响。

第一，自负系统使神经症患者形成以自我为中心的概念，从而把自己与别人相隔绝。在这里，我们要避免一个误解，即"自我中心"并不意味着自私和自负，也并非只考虑个人利益。神经症患者可能是自私自利、不讲情义的，但也可能是相反的。在这一点上，他们并没有共性。但"以自我为中心"却是他们的共同特点，也就是说，患者只关注自己的事情。但从表面来看，这一表现并不明显，他有可能是个自私的人，也有可能是个无私的人。无论如何，他的生活离不开自己理想化的形象，同时必须坚守自己的"应该"。最终，他不仅在感情上处于孤立状态，而且难以将别人与自己区分开来，意识不到别人也有自己的权利。在他看来，只有关系到他个人利益的事情才是最重要的，任何人都要把他放在首位。

这样一来，别人的形象就显得模糊了，但还没有被扭曲。此外，自负系统中还有另外一些因素会发挥阻碍作用，使他更加看不清别人的实际情况，对别人的印象也会发生严重的扭曲。我们不会轻易地说我们对别人的印象如同对自己的印象一样模糊，虽然情况大致如此，但却会引起误导，因为它提出了对别人看法的扭曲，与对自己看法的扭曲之间的简单比较。如果我们对自负系统中出现的这些扭曲的因素进行审视，就能够更加准确地了解它们。

有一种原因可以导致扭曲的产生，即神经症患者在自负系统中根据自己的"需要"对别人进行观察。这些需要或许直接指向别人，或许间接地影响到他对别人的态度。因为他需要一种奇妙的帮助，于是便赋予别人神奇的力量；因为他需要赞赏，于是便把别人视为自己的崇拜者；因为他需要成功，于是便把别人视为自己的仇敌或随从；因为他需要自己完全正确，于是在他看来别人都容易犯错，或者都有缺陷；因为他需要自己有权伤害别人却不受到惩罚，于是在他眼里，别人都成了"神经症患者"；因为他需要贬损自己，于是他便把别人看得非常高大。

最后，他根据外移作用看待别人，自己没有体验到"自我理想化"，却对别人进行了理想化处理。他没有意识到自己的残暴，却把别人都视为暴君。在所有的外移作用中，自恨的外移是最重要的。如果自恨占据主导地位，同时还处于发展阶段，那么在他看来，别人都是可耻的，都应该受到谴责。无论出了什么问题，都是别人的错，他们应该受到批评，他们应当改造自己，他们都不值得被信任。由于他们都是品德败坏、容易犯错的凡人，所以他要像神一样对他们负责。如果"消极"的外移作用占据了主导地位，那么他就会觉得自己受到了别人的谴责和指摘，别人随时都会压制他、辱骂他、威胁他、恐吓他；他为人们所厌弃，谁都不愿意和他相处；他要尽力满足别人的希望，他要去取悦别人。

在扭曲神经症患者对别人的看法的诸多因素中，影响力最大且最难发现的要数"外移作用"。因为，根据他的自身感受，别人呈现出来的就是他从外移作用的角度观察到的样子，他的反应也是由此产生的。他并不觉得自己给别人强加了什么。

对外移作用做出辨别是非常困难的，因为有些反应是"需要"所导致的，或者是"需要"被阻碍所导致的，外移作用和这些反应很容易混淆。例如，认为对别人发脾气是"对自己的愤怒"的外移，这样的概括性观点就难以获得支持。只有对特定的情形进行分析后，我们才能辨别一个人是在对自己发脾气，还是因"需要"受阻而对别人发脾气。当然，也可能两者皆有。当我们分析自己或别人的时候，要注意这两种可能性，不能偏向于任何一方。只有采用这个方法，才能了解我们的人际关系会怎样受到"外移作用"的影响，以及影响的程度。

但即使我们已经了解到自己在人际关系中把一些无中生有的看法强加到别人身上，外移作用也不会因此被阻止。如果我们想要对这种"外移作用"的过程有所感知，并将其抛弃，就必须将那些无中生有的或扭曲的看法"收回"，并从自身查找原因。

"外移作用"可经由三种方式对别人的形象进行扭曲。其一，赋予别人本来没有或很少有的特征。在神经症患者看来，别人可能是理想化的，非常完美，没有任何缺点，享有神一样至高无上的权力；也可能是卑鄙无耻的。也就是说，他既有可能将别人视为巨人，也有可能将别人视为侏儒。

其二，使人忽视别人本身的优点或缺点。他把自己对于剥削和说谎的禁忌转移到别人身上，因而无法察觉别人剥削和说谎的不良企图。或者，他把自己对积极情感的禁锢转移到别人身上，因而无法感受到别人的善意和真诚。这样一来，在他眼里，别人都是虚伪的，他必须小心提防，生怕被别人的阴谋所欺骗。

其三，他会经由这种外移作用而对别人真正具有的品性相当敏感，所以，一位自认为具有基督般美德，却意识不到自己严重的掠夺倾向的患者，会迅速察觉到别人的虚伪态度，尤其是在善良和爱的方面。而另一位患者，本身存在着不忠和奸诈的恶习，却对别人身上的这种品性相当敏感。我关于外移作用的扭曲能力的观点似乎与此是矛盾的，那么这是否意味着外移作用会产生两种结果——使人变得盲目，或者变得敏感？我对此持否定态度。他之所以会对某些品性非常敏感，是因为这些品性伤害了他的人格。这使得他无限夸大了这些品性，导致在他看来，具有这些品性的人不再是人，而成为某种外移倾向的象征。因此，由于对全部人格的观察视角存在着片面性，人格势必会被扭曲。显然，我们很难辨别这些外移作用，因为患者长期躲藏在"事实"背后，他认为自己的一切观察都是正确的。

上述因素——神经症的需要、他对待别人的方式以及他的外移作用——都使他无法与人正常交往，至少无法与人密切交往。神经症患者本人对此并不了解。即便他了解到这一点，他依然会觉得自己是正确的，自己的需要及其带来的要求也都是合理的。因为他的外移作用只针对别人身上的某些特定态度，所以他认为自己并没有这些困难，相反，他觉得自己是个好相处的人。对此，我们虽然可以理解，但它确实是一种错觉。

（当他是家中最神经质的一员时）只要条件允许，他的家人总会尽力与他和谐相处，但家人的努力也会因他的"外移作用"而受到阻碍。因为，别人的努力和他的外移作用在性质上并不存在任何联系，所以，他们对此也无可奈何。例如，对于性格刚烈的好斗者，人们通常会表现出妥协和宽容，并且按照他的意愿安排好他的饮食起居等等。但他们的举动会导致他的自责，于是，他开始憎恨别人，以此来抵消自己的负罪感。

在扭曲作用的影响下，神经症患者对他人表现出更多的不信任。虽然在他看来，自己对别人的观察是非常敏锐的，自己对别人的评价是非常正确的，但事实上，这些看法最多也只有部分的真实性。如果一个人真的能够把自己与别人区分开，并且不会因为任何强迫症的要求而改变对别人的看法，那么"观察"和"批判力"是无法使他对别人失去信任的。即使神经症患者认为别人普遍不可信，但只要经过训练，他同样能够对别人的行为进行正确的描述，甚至能够描述出神经症的一些反应。但如果他盲从于扭曲作用所导致的一切"不可信"的感觉，那么他在人际关系中必定会表现出"猜疑"的心理。这样一来，他根据观察和总结对别人做出的评价也就无法长久维持了。在这一过程中，掺杂了太多的主观因素，使他的态度迅速发生转变。他会向自己敬重的人发起攻击，或者不再关心他们，而突然对另一些人给予高度的赞扬。

这种猜疑心理的方式有很多，其中有两种比较常见，并且与特定的神经症结构关系不大。其一是不知道自己对别人的态度，其二是不知道别人对自己的态度。他可能把别人称为"朋友"，但这个词已经失去了原本的含义。"朋友"所说的话、所做的事，以及所忽略的东西，一旦产生争论、谣言和误会，那么不仅会引起他短暂的猜疑，而且会动摇他们之间的关系。

第二种对他人的普遍猜疑，便是对信心或信任的猜疑。无论是过度信任还是过度不信任，都会表现出这种猜疑。此外，它还表现在不知道别人有哪些方面是值得信任的，以及可以信任到什么程度。如果这种猜疑心理非常强烈，那么他甚至无法感知别人会做出好事还是坏事，即使他们之间非常熟悉也同样如此。

在猜疑心理的影响下，他必定会有意无意地做最坏打算。这是因为自负系统加强了他的恐惧感。这种恐惧感与不确定感之间的关系非常密切，因为即使他确实遭到了别人的严重威胁，但只要他对别人的印象没有发生扭曲，那么恐惧感也不会随之激增。通常情况下，我们对别人有恐惧感，是因为对方有能力伤害我们，而我们无力抵抗。自负系统会导致这两个因素的强化。即使他表面看来非常自信、非常强大，但本质上却是脆弱的。这主要源于他通过自我脱离、自卑，以及由此产生的内在冲突来实现对自我的削弱（这些冲突会将他割裂，导致他向自己发起攻击）。此外，还源于他日益严重的易受攻击性。在诸多因素的影响下，他变得越发脆弱。他的自尊很容易受到伤害，还会产生罪恶感和自卑感。因此，他的"要求"势必会遭遇挫折。他的内心难以平衡，易受扰乱。最后，由于外移作用以及其他诸多因素导致的敌对情绪，使得别人在他眼里显得更加可怕。无论他与人交往的方式是攻击性的还是讨好性的，他总是怀着防人之心，这些都可以借助恐惧感做出解释。

对目前提到的这些因素进行深入研究，我们就会发现，它们与基本焦虑的组成要素存在相似之处。在此，我要再次强调，基本焦虑体现了对暗含敌意的世界的孤独感和无助感。事实上，其主要原因是人际关系受到了自负系统的影响，即强化了基本焦虑。我们认为，对于成年神经症患者来说，这就是基本焦虑，但从其原有的形式来看，它又不是基本焦虑，而是长期的心灵内过程所获得的增加物发生变化的产物。它演变成了一种混合形式的待人态度，对它起主导作用的是更为复杂的因素。比如说，基本焦虑会促使小孩子找寻方法来应对别人，而成年的神经症患者已经找到了这一方法，即我们提到过的"主要解决方式"。事实上，自谦、放弃和夸张等解决方式都是新的解决方式，其结构与亲近、疏离、对抗等早期的解决方式不同，尽管它们之间有着相似之处。虽然前者也能对人际关系起到决定性作用，但它们所针对的基本上还是心灵内的冲突。

综合这些现象，我们发现，尽管自负系统导致基本焦虑的强化，但由于它所产生的需要也强加给别人一种过度的重要性，因此，在神经症患者看来，别人借助以下方式变成了极其重要甚至不可缺少的角色：他需要别人为他自夸的虚伪情感作证（尊崇、爱或赞美）。神经症的自卑感和罪恶感使他急于做出辩解。但"自恨"不仅导致了这些"需要"的产生，而且使他确信这种辩解无法通过自己来实现，而是要借助别人的力量。他要向别人证明自己的价值，他要让别人知道他是个大好人，是个成功人士，是个幸运儿，他很有才，很有权力，很聪明，他乐于助人，愿意为所有人服务。

此外，不管是为了追求荣誉，还是为了辩解，他都可以通过别人来获得动力。在这一点上，自谦型的表现最为突出。这一类型的人几乎无法独立做事，也无法为自己做事。然而，如果没有对别人进行攻击或反抗的动机，如果不想给别人留下深刻的印象，那么富于攻击性的人还会这么积极主动吗？甚至就连反叛型也需要有别人来作为反叛对象，才能释放自己的能量。

最后一点同样具有重要意义，即神经症患者需要借助别人的帮助来抵抗他的自恨。事实上，从别人那里，他得到了对自己理想化形象的肯定以及自我辩解的可能性，这些都能帮助他抵抗自恨。此外，在诸多明显或不明显的方式中，他都需要通过别人来缓解自恨或自卑所导致的焦虑。特别是他的外移作用就是自卫的手段，但如果没有别人，他就无法运用这种手段。所以，自负系统导致他的人际关系中出现了极为不和谐的现象：在他看来，自己与别人太过疏远，他因此而不安，对别人充满了猜疑和敌意，但又离不开别人。

通常情况下，爱情关系会反映出人际关系中的所有阻碍因素。从目前的研究来看，我们无须对此加以证明，但我还想做些补充，因为很多人都错误地认为，只要夫妻之间的性关系足够和谐，那么他们的爱情就是完美的。性关系的和谐确实可以暂时缓解紧张感，甚至对夫妻关系起到一定的维系作用，但如果夫妻关系有着神经症的基础，那么这种方式就无法提供健康的发展方向了。因此，探讨婚姻或其他类似关系所导致的神经症问题，对于我们目前所说的原理并无价值。但从性和爱对神经症患者的意义和功能来看，心灵内过程也会带来一些特殊影响。在此，我想针对这一影响的本质提出一些观点，以此作为对本章内容的总结。

由于个人解决方式的不同，对于神经症患者而言，爱情的意义也有所不同，因此很难得出定论。但有一个普遍存在的阻碍因素，即他坚信自己是不可爱的，也没有人爱他。在他看来，即使别人喜爱他，也是因为他的相貌、声音，或是为了答谢他的帮助，或是为了从他这里得到性满足，而非喜爱他本身，因为他本来就不可爱。如果实际情况与此矛盾，他就会借各种理由否定事实——这个人或许太寂寞了，需要找个人来依赖，或许只是出于同情，等等。

但即使对这个问题有所认识，他也不会想办法解决，对他来说，应对的方式有两种，但它们都很模糊，且自相矛盾，可他并没有注意到这一点。一方面，即使对爱情缺乏热情，他依然会有一种错觉：他会在某个特定的时间和地点，邂逅一个让他钟情的人。另一方面，他表现出来的态度与对待自信时的态度是一致的：他认为可爱的特性与既有的可爱品质没有任何关系。此外，他还将可爱与个人品质相分离，认为它不会随着今后的个人发展而改变。所以，他带着一种"宿命论"的态度，认为自己的"不可爱"是一种神奇却无法改变的事实。

自谦型的人最容易怀疑自己是不可爱的，而且这类人非常注意培养自己的可爱之处，至少在相貌上要做到这一点。但尽管他对爱情有着浓厚的兴趣，却从不深入思考这个问题：他究竟因为什么而坚信自己是不可爱的呢？

主要有三个原因。第一，神经症患者爱的能力已经受到了损伤。在本章中我们曾讲到很多因素，例如过度关心自己，心理过于脆弱（对他人的批评或攻击非常敏感），对他人的恐惧等，这必然会导致爱的能力受损。尽管我们可以认识到"感到可爱"与"能够爱"之间的关系，但这种关系还有着深刻的含义。事实上，如果我们具有完备的能力去爱，就不会为自己是否可爱这个问题而烦恼。这样一来，"别人是否真的喜欢我"也就不重要了。

第二个让神经症患者感到自己不可爱的原因是自恨以及自恨的外移。无论是否真的自恨，只要对自己感到不满意，他就会怀疑别人是否真的喜欢自己。

这两种因素在神经症中是普遍存在的，而且非常突出，这也意味着"不被人喜欢"的感觉在治疗中很难消除。我们可以在患者身上发现它，还可以检测出它对爱情生活的影响，但我们能做的也只是降低这些因素的强度。

第三个因素是间接发挥作用的，但也有必要提出来。爱情能给予神经症患者的要比他们希望的少（患者想要的是"完美的爱情"），而且，患者所期待的一些东西与爱情无关（例如，爱情无法治愈自恨）。由于他所得到的爱无法满足他的心愿，所以，他很容易感到自己并没有"真的"被爱。

对爱的期望有很多种。一般来说，这种满足是很多神经症患者的需要，它们往往本身就是相互矛盾的。例如，自谦型患者希望通过爱来满足自己的全部需要，这使得他们不仅渴望爱，而且急需爱。由此我们可以发现，爱情关系中也存在着一般人际关系中存在的不和谐的问题：需要的越多，能够满足的越少。

把爱与性区分得一清二楚或看得过于紧密（弗洛伊德持此观点）都是错误的。然而，由于在神经症中，性兴奋或性欲往往会脱离了爱的感觉，因此，我觉得有必要谈一下性在神经症中扮演的角色。性在神经症中有着自己的作用，显然，作为一种工具，它可以实现与异性的接触，也能满足肉欲。此外，完善的性功能可以增强人的自信。对于神经症来说，这些作用更加明显，且非常重要。消除性方面的紧张情绪只是性行为的作用之一，它还可以缓解多种与性无关的紧张心理。

从"受虐行为"来看，它还被用来消除自卑。而在"施虐行为"中，它通过对别人施加性方面的贬低和折磨，成为一种缓解焦虑的普遍方式。他们对这种关系并不了解，甚至身处紧张和焦虑的状态中却丝毫没有察觉，或者只能感到性欲和性冲动在持续增强。我们在分析中可以清晰地观察到这些现象。例如，有位患者，当他感到自恨时，就会渴望和女人发生性关系，或是出现此类幻觉。当他讲述自己的自卑感受时，就会幻想虐待比他更弱的人。

此外，在性中，占据主导地位的是自然属性，即建立亲密的人际关系。众所周知，对于孤独者（与人断绝联系的人）而言，性关系是他与人交往的唯一方式，但性并不意味着亲密。性关系可能是仓促发生的，双方并不清楚彼此有什么共同语言，也没有建立起相互的信任。当然，在此后的交往中，或许会发生情感上的联系，但可能性不是很大。因为开始时的迫切需求通常意味着他们受到了过度的抑制，从而无法建立起正常的人际关系。

最后，性能力与自信的关系演变成了性能力与自负的关系。性对象的选择、性经验及其类型、性的作用（令人迷恋或兴奋）都会关系到"自负"，而非享受与期待。在爱的关系中，个人因素越是减少，单纯的性因素就越是增多，则潜意识中对"可爱"的关注就会转变为有意识地对吸引力的关注。

在神经症中，"性能力"的作用逐渐增强，但这并不一定导致性行为的频繁程度高于常人。当然，这也是有可能的，但与此同时，他需要承受更多的抑制。无论怎样，由于他和正常人之间存在差异，所以很难将两者做比较。即便在"正常"情况下，两者在性欲的频率和强度、性兴奋以及性的表达方式上也是极为不同的。然而，有一点差异非常明显，它与我们曾探讨过的关于想象的问题非常相似，即性被用来为神经症的需要服务。所以，性的重要性被严重夸大了。此外，由于同样的原因，性的作用会轻易受到阻碍，导致恐惧、禁忌、同性恋，甚至性变态等问题。最后，由于神经症的需要和限制对性行为（包括性幻想和手淫）及其方式起到了决定作用（至少在某种程度上起到了决定作用），因此，它们往往具有强迫症的特征。这些因素会导致以下情况的出现：他并非因为想要发生性关系而发生性关系，而是因为觉得自己应该讨好对方，因为他必须感到被需要和被喜爱，因为他要缓解自己的某些焦虑感，因为他必须证明自己的能力和地位，等等。也就是说，他的性关系并不是由真实的感情和愿望决定的，而是由某种驱动力决定的，用以满足某种强迫症需求。即使他并非真的想要贬低对方，但对方也已经失去了人的特征，而沦落为一种性"物体"（弗洛伊德语）。（参见英国哲学家约翰·麦克穆雷的著作《理性与情感》，他从性道德的角度，提出真情实感是性关系的价值标准。）

对于这些问题，神经症患者的处理方式烦琐而多样，在这里，我无法描述出所有的可能性。毕竟，爱和性方面的障碍只是所有神经症障碍中的一种，但其表现却很复杂，因为个人的神经症性格并不是决定这些表现的唯一因素，他曾经或现有的伴侣也是因素之一。

这样的限制毫无必要，因为通过分析，我们已经知道，人们对伴侣的选择是无意识的，这一观点可以反复得到印证。但我们依然趋向于另一个极端，以为每一位伴侣都是我们自己的选择，其实这种想法是错误的。关于这一点，可以从两方面得到验证。首先需要确定是谁在做出"选择"。明确地讲，所谓"选择"就意味着有选择的能力，而且知道选择的对象的能力。而神经症患者的这两个能力都被削弱了。只有当我们提到的那些因素没有导致他对别人的印象发生扭曲时，他才能做出选择。可见，"选择"二字的含义与实际情况存在差异，由于它的意义过于狭隘，因此不合适在这里使用。对他来说，"选择伴侣"意味着因神经症的需要、自负、支配或剥削的需要、背叛的需要而受到了吸引。

这样一来，该意义便受到了限制，但即便如此，神经症患者"选择"伴侣的机会依然罕有。婚姻对他来说是必须完成的任务。他与自己乃至别人之间处于疏离的状态，因此他只会恰巧与一位熟人结婚，或是恰巧与一个想跟他结婚的人结婚。由于自卑，他感到自己地位卑贱，因此他认定自己无法亲近那些对他有吸引力的（如果只从神经症的角度看）异性。他原本就不认识多少合适的对象，再加上心理上的局限，所以，他根本没有多少机会去"选择"。

这里面所涉及的原因非常复杂，在此，我不想过多探讨这些原因导致的种种性关系或性经验，而是需要指出神经症患者在性爱方面的总体态度。他或许希望清除生活中的爱情，或许对爱情的含义进行淡化或否定。可见，他对爱情并无多少渴望，在他看来，爱就是弱势的表现，因此，他蔑视它、回避它。

放弃、超脱型的人对爱情的排斥是以平静而坚决的方式实现的。这类人的个体差异也导致了他们对性的态度存在着差异。在个人生活中，他或许清除了爱和性的一切可能性，这样一来，他的生活就似乎与爱和性完全无关了，而且，对他来说，爱和性也已经毫无价值了。对于别人的性经验，他既不羡慕也不反对。可是，如果别人为性而烦恼，他却能够表示理解。

还有一些人可能在年轻时曾有过性关系，但这些性经验并没有将他们"要与人隔绝"的盔甲刺穿，因此它们没有任何意义，而且转瞬即逝，不会引起他们对性的欲望。

对于另一种超脱者来说，性的体验是愉悦的，也是重要的。他可能会和许多女人发生性关系，但他非常谨慎，有意无意中总在提醒自己不要产生依恋和感情纠葛。这种短暂的性接触之性质是由多种因素决定的，自谦倾向或夸张倾向的广泛性也与此有关。他的自我评价越低，那么他的性对象的教养和社会地位也就越低，例如娼妓。

此外，有些人是偶然地结了婚。如果婚姻对象的性格也孤僻，那么他们就会维持一种对等而又疏离的状态。如果他们之间没有什么共同点，那么他便可以做出忍让，担负起丈夫和父亲的责任。而如果对方脾气暴躁或有施虐倾向，那么他就会悄然后退，尽力摆脱这种关系，否则就只能在关系中崩溃。

自负报复型的人用更具破坏力的方式将爱毁掉。他对待爱的态度就是毁谤和揭露。他的性生活主要表现为两种可能：一是为了缓解精神压力，这样的性生活是贫乏的。另一种对他来说很重要，即满足他肆意施虐的欲望。在这种情况下，他可能会热衷于性虐待（他能够从中感到兴奋和满足），也可能在性方面非常保守、拘谨，但会在其他方面虐待对方。

另一种关于爱与性的倾向，也是从现实生活中将爱（有时也包括性）排除掉。但在他的想象中，爱的地位却是至高无上的，这就使爱有了一种高贵完美的感觉，与之相比，现实的爱显得非常浅薄了。霍夫曼在《霍夫曼故事集》中对这种现象有过精彩的描述。在他的笔下，爱就是"为了与上帝同在而追逐无限"。这是一种根植于灵魂之上的妄想，"人类的天敌非常狡诈，借助这种狡诈……也借助爱，借助自身的愉悦，就能像上帝应允我们的那样，登上我们心向往之的神圣净土"。可见，只有在幻想中才能达到爱的境界。他认为，对女人而言，唐璜就是一个色魔，因为"那些不忠于丈夫的新娘，她们的快乐被男友无情地打击，变得支离破碎……"这就意味着伟大战胜了邪恶，诱奸者的地位得到了提高，甚至高于我们狭隘的生活，高于大自然和造物者。

在这里，我们要提到第三种可能性，也是最后一种可能性，即夸大爱和性在现实生活中的作用。这样一来，经过美化的性和爱便成为生活的主要价值。在这里，我们要对征服的爱和降服的爱进行区分，自谦型的解决方式导致了降服的爱，关于这一点，我们在相关章节中已经探讨过了。而自恋型的人则具有征服的爱，在某种特殊动机的驱使下，他的"征服"欲就会通过爱体现出来。在自负的驱使下，他要思考怎样"做一个理想的情人"，以及怎样变得"难以拒绝"。有的女人很容易被他掌控，但他对她们毫无兴趣，他的目标是那些难以到手的人，无论出于什么理由。通过性行为，他能够实现征服，而目的一旦达到，他的兴致就会骤然减少。

我无法确定这短短几页的解释，能否表达清楚心灵内的过程对人际关系影响的范围和强度。当我们了解到它巨大的威慑力后，便必须纠正自己的一贯期望：良好的人际关系对于神经症，或对于广义上的个人发展具有有利的影响。这一期望，包括环境、婚姻、性生活以及各个活动团体（社会团体、宗教团体或职业团体）的改变，能够帮助个人改善神经症的问题。在精神分析治疗中，这一期望表现在认为"治愈的关键在于患者与分析师之间能否建立起良好的关系"，儿时的不利因素不包含在这种关系内。（参见1943年《精神医学》上发表的《精神分析疗法中的转移关系》，根据该文的观点，分析中的治愈指的是患者能够意识到以往受到压抑的那部分自我。而只有当分析师与患者能够融洽相处时，患者才会意识到这一点。如果真能如此，那么事实便逐渐"不再被扭曲"，因此，患者便可以从自己与分析师之间的关系中"找回自我"。）这一观点源于某些分析专家所坚持的前提，即认为神经症主要表现为人际关系的障碍，只要拥有了良好的人际关系，病症就会治愈。此外，还有一些期望则不具有这样的前提，而是基于意识到人际关系在生活中的重要地位（这个认识本身是正确的）。

对于儿童和成人来说，这些期望都有其合理性。即使某人表现出狂妄自大、要求特权或受虐感等等，他也会对有利的环境做出敏锐的反应。环境的改善能够缓解他的忧愁，增加他的信心，减少他的敌意。尽管他饱受神经症的折磨，但环境的改善却能帮助他挣脱这种束缚。当然，至于能够改善多少，还要看患者神经症障碍的程度、患病时间的长短、病情特征，以及良好的人际关系影响的强度。

假如一个人的自负系统及其影响并不严重，或者乐观来看，其"自我实现"的愿望仍然具有活力和效力，那么前面所说的对个人内在成长有利的影响同样能够对成人发挥作用。例如，我们经常有这样的感受，如果妻子的神经症经过分析得到了改善，那么丈夫的状态也会随之得到改善。其原因有很多，通常情况下，接受分析的患者（妻子）往往会向丈夫讲述自己在分析中的收获，而丈夫便可以从中找到对自己有利的材料并加以利用。当他亲眼看到一切都是可以改变的，于是，便有了战胜困难的勇气。只要神经症患者能够与正常人长期密切接触，那么即使不接受精神分析治疗，患者也会发生改变。此外，还有很多因素会促使他成长，例如，调整自己的价值观，建立归属感和被接纳的感觉，减少外移作用，正视自己的困难，接受建设性的合理批评并从中受益，等等。

但这种可能性要比我们通常所认为的小很多。如果在分析师看来，患者恢复的可能性非常小，或者感到自己经验不足，那么从理论上我会断言，这样的机会非常少，不能盲目自信。我们常会看到，为了解决内心冲突，有些人固执地使用"应该"系统和"要求"系统，认为自己可以主宰一切，但又很容易受到攻击，他们借助外移自恨，利用征服、降服或自由的需求而与他人建立关系。正常的"关系"本应起到纽带的作用，通过它人与人之间才有了相互欣赏、相互促进和相互交流，但在这里它却成了满足神经症需要的一种途径。对于神经症患者来说，这种关系本质上能够减轻或加重其内心的紧张感，至于到底是减轻还是加重，则要看他的需要是得到了满足还是遭受了挫折。例如，当一个夸张型的人居于领导地位，被讨好献媚的人所包围时，他可能就会自我感觉非常好。而自谦型的人如果受到别人的认可，感到自己对别人有用，那么他就会不再孤单，并且能够愉快地生活。对神经症的痛苦有所了解的人都会认识到这种改善方式所具有的主观价值，但这并不意味着患者得到了"内在"的成长。它们只能证明，即使症状毫无改变，合适的环境也可以令患者感到舒适。

这种观点也适用于以政治、经济、风俗等的变化为基础的非人格的"期望"。显然，集权制度对个人成长会造成阻碍，而且，阻碍人性的发展就是其根本目的。而在民主制度下，个人就能拥有更多的条件来获得自由，因此，这种制度是值得人们为之努力的。然而，外在条件只是给个人发展提供了良好的环境而已，后者并不会随着前者的改善而改善。

这些期望之所以会发生错误，并非因为高估了人际关系的重要性，而是因为低估了内在因素的力量。虽然人际关系的确很重要，但它很难清除个人内心根深蒂固且导致真我丧失的"自负系统"。所以，在我看来，自负系统是人格发展的劲敌。

自我实现并不只是（甚至并不主要是）以发展个人特殊天赋为目的。这个过程的核心是个人潜能的逐步成长，所以，发展建立良好人际关系的能力也包含其中。

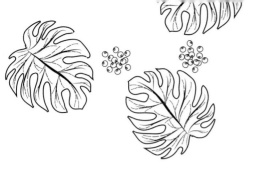

第十三章
神经症障碍对工作的影响

（本章中的很多内容都来源于1948年美国《心理分析》上刊登的论文《工作中的限制》）

我们在工作中总会遇到困扰，导致困扰出现的原因有很多，例如，经济、政治等外部压力，孤独、焦虑、时间紧迫，以及当今常见的——例如，作家由于需要运用全新的词汇来丰富自己的表达而感到困扰。环境因素或许也会造成一种困扰，例如当一个人遇到舆论的压力时，他就会激发起求生的本能，这种能力甚至超过了他的需要，城市中的商人便可很好地证明这一点。但墨西哥人和印第安人却不会因此而困扰。

在这一章里，我不想探讨来自外部的困扰，而只探讨工作中出现的神经症障碍。因此，我将主题限定在以下范围内：工作中的很多神经症障碍都与我们在人际交往中的态度有关，其中包括对待上级的态度、对待下级的态度以及对待同级的态度。尽管我们很难区分这些障碍和工作本身的障碍，但在这里，我们要尽量忽略后者，而将重点放在"心灵内因素"对于工作过程以及工作态度的影响上。最后，神经症障碍对例行工作的影响不是很大，然而，当工作需要个人发挥主动意识、想象力、责任心、自信心以及聪明才智时，这种障碍就会迅速增加。所以，我们讨论的对象就是那些需要发挥才智的工作，从广义上讲，即创造性的工作，例如艺术工作和科研工作，而医生、律师、商人、家庭主妇、教师、母亲以及协会组织者也同样适用。

在工作中，神经症障碍的范围非常广。正如我们所知道的，对于这些障碍，我们未必都有感知，相反，很多障碍都会表现为工作质量下降或生产力缺乏。而其他一些障碍则表现为精神上的痛苦，例如高度的紧张、疲倦、枯竭、恐惧、惊慌、抑郁等痛苦感受。在这方面，只有几个普遍且显著的因素是所有神经症所共有的。除了工作本身所具有的困难外，必定还存在着其他一些困难，尽管它们或许并不明显。

对于创造性的工作而言，自信心是非常重要的。但无论一个人的自信心有多强，他都不可能始终保持同样的自信。当工作遇到困难时，很少能够对此做出正确的评估，而通常要么高估，要么低估，而且，并不存在合适的评估尺度。他为工作设定的条件往往非常苛刻，与一般人的工作习惯相比，他的工作习惯有着更为奇特的分类，其程度也更为苛刻。

由于神经症患者往往以自我为中心，因此对工作本身并不怎么上心。他在工作中遇到的问题通常与工作本身无关，而是与他自己有关，例如，他的进展如何，他应该怎样表现，等等。

即使在合适的工作中，他也无法感到快乐或满足，因为他在其中加入了太多强迫症的因素，导致冲突和恐惧的产生，或者主观地认为这些工作是没有意义的。

我们暂且不谈这些共性，而是深入探讨工作障碍自身的表现方式。我们会发现，各种神经症表现出来的不同之处明显多于相同之处。我已经讲过，每个人对既有的困难及其带来的痛苦有着不同的认识。而每个人得以完成工作的特殊条件也是不同的，长期努力、接受挑战、制订计划、请求支援、分配工作等方面的能力也存在着差异。这些差异源于每个人在解决内心冲突时采取的方法不同，关于这一点，我们将分别进行讨论。

对于夸张型的人来说，无论其天赋如何，他们都会高估自己。他们常会犯这样的错误：在他们看来，只有自己做的事情才是唯一正确的，对此，他们的评价过高。如果有人持反对意见，他们就会认为对方不了解自己（他们感觉自己好像在对牛弹琴），或者认为对方不信任自己，嫉妒自己的才干。而别人的批评，无论是出于严格的要求，还是出于善意的提醒，在他们看来都是恶意的攻击。此外，他们需要打消对自身的任何疑虑，因而不去认真思考别人批评的真实原因，而是一味地拒绝接受批评。他们需要的是赞美（不管以什么形式），而这一需要是没有止境的。他们认为自己有权享受赞美，如果得不到赞美，他们就会大为恼怒。

此外，他们难以认可别人，至少对同龄人或同领域的人是如此。他们可能会尊崇贝多芬或柏拉图，但对于同时代的艺术家或哲学家却缺少尊崇。在他们看来，后者的优秀才华会威胁到他们的独特性和重要性。如果有人在他们面前夸赞某个人，他们就会表现出高度的敏感。

最后，我们要说到这类人身上的一个特点，即渴望掌控一切。这种控制欲使他们暗自认为凭着自己的优越感和意志力，就能在这个世界上无往不胜。有一句著名的警句："只有当机立断，才能一往无前。"我们在美国的很多办公室里都能看到这句话。我猜测，第一个说出这句话的人，肯定是个夸张型的人，或者，至少也是一个能够把想法付诸实践的人。欲证明自己优越感的需要使他们发挥出聪明才智，让他们有动力去尝试别人不敢尝试的事情，这样一来，他们就会低估了自己面临的困难，从而必须承担风险。在他们看来，自己能够迅速谈成生意，一眼就能诊断出病情；稍微给他们一点提示，他们就能完成论文或演讲；在处理汽车故障时，他们的技术一定比其他所有维修工都高明。

他们过于高估了自己的技术和能力，又过于低估了别人以及自己所面临的困难，而且听不进别人的批评。把这些因素综合起来，恰恰证明了他们通常不会去关注工作中的障碍。而自恋型、完美主义型和自大报复型的障碍又各不相同。

自恋型容易受到"想象"的误导，从而表现出以上所有标准。对于所有的夸张型来说，在天赋相同的情况下，自恋型是最容易获得成果且最容易遭遇障碍的。其中一个原因便是他们的精力和兴趣太过分散。例如，一位女士认为自己应该是最完美的女主人、母亲和家庭主妇，应该衣着时尚，在会议中积极活跃，还应该参与政治、撰写书籍。再例如，一位商人管理着多家企业，还参加各种政治活动和社交活动。这些人一旦最终发现自己一事无成，就会认为这是因为自己的天赋过于繁杂。于是，即使他们依然隐藏着自负心理，但他们会对天赋单一的"不幸"之人萌生羡慕之情。事实上，他们的能力或许的确过于分散，但这并不会直接导致他们的失败，问题的关键在于他们没有正确认识到自己能力有限。所以，当务之急是减少自己的活动，但这也仅仅在短期内有效，他们很快就会重蹈覆辙，认为自己能做很多事，而且每一件事都要做得更完美。在他们看来，减少活动就意味着卑微、脆弱以及失败。做个能力有限的人无异于贬低自己，对此，他们是难以容忍的。

有些自恋型的人或许没有把精力分散到多种活动上，而是不断地开始，又不断地放弃。对于一个既聪明又有天赋的年轻人而言，这种做法似乎意味着他需要花费时间来尝试，才能发现自己的兴趣所在。只有对他的人格进行全面的观察，才能验证这种简单的解释是否正确。例如，他可能突然对舞台表现出浓厚的兴趣，想要努力成为一名演员，起初，他看上去似乎前途无量，但很快他便放弃了这个理想。此后，他可能又会去尝试写诗、种地、行医、护理，但无论做什么，都是有始无终，开始时兴致盎然，没过多久就失去了兴趣。

然而，成人也会经历这样的过程。他们或许会写出一部书的提纲，建立一个组织，制订商业计划，开始发明创造，但过不了多久，他们发现自己依然一事无成，也就对此失去了兴趣。他们起初还有着美好的憧憬，认为很快就能取得辉煌的成就，然而一旦遇到困难，他们的兴致便会立刻消失殆尽。但他们的自负却不允许他们承认自己是在退缩，因此，他们要借放弃兴趣来保全颜面。

自恋型的一般特征是由两个因素导致的，其一是他们在工作中不注重细节，其二是他们无法持之以恒地努力。神经症患者中有些是学龄儿童，他们主要表现为第一种特征。例如，他们在写作时能够发挥出丰富的想象力，然而潜意识中却非常抵触写作，因此，他们无法做到细心，经常出现拼写错误。同样的态度发生在成人身上也会影响工作效果。他们认为自己擅长规划和统筹，而让"普通人"去做细节方面的工作。所以，只要他们制订的计划可以实施，便能够顺利地把细节工作分配给别人去做；而只要别人能够按照他们的想法去做，工作就会顺利完成。但假如需要他们亲自完成这项工作，例如服装设计、论文写作或制订规章制度等，那么他们在开始真正的工作（思考、核实、检验、重组等）之前，就会认为工作已经完成了，而且感觉非常满意。在对患者进行分析时也会出现这种情况，除了普遍的"自大"以外，还有一个决定性因素，即他们不敢细致地审视自己。

　　同样的原因也导致了他们无法持之以恒地努力。他们的自负拥有"可以不劳而获"的优越感，这种特殊而不寻常的荣耀充斥在他们的想象中，使得他们厌恶做平凡的工作，认为那是一种耻辱。他们的努力缺少持久性，时而进取，时而懈怠。当情况紧急时，他们于谨慎中又保持了充沛的体力和精神，他们有能力组织一场大型舞会，有能力一口气写完积攒数月的信件……这种爆发性的努力令他们的自负得到了满足，而持之以恒的努力却会玷污了他们的自负。无论是谁，只要不断努力就会成功。因此，他们可以借"未曾努力"来安慰自己："假如我全力以赴了，肯定能够取得伟大的成就。"他们之所以对持续的努力感到隐隐的厌倦，是因为他们沉迷于绝对权力的错觉。如果一个人想对花园进行改造，那么无论他是否愿意，他都能意识到花园不可能一夜之间变得姹紫嫣红，而必须经过持续的栽培和修整，才能慢慢变得美丽起来。只要他曾经细致而专注地写作、办公、教学，必定也会获得同样的经验。人的时间和精力都是有限的，能完成的事情也是有限的。而自恋型的人总是认为自己拥有无限的精力，能成就无限的事业，无法摆脱这种错觉。因此，他们对足以打破幻觉的经验保持着高度的警觉，不愿面对这个事实。如果真的有了亲身体验，他们会感到恼火，认为自己受到了嘲弄和侮辱。

　　总之，我们可以认定，无论自恋型的人能力有多强，他们的真实表现往往无法令人满意。他们的神经症导致他们完全不懂得怎样工作。与此相反的是完美主义类型的人，在工作中，他们习惯于循规蹈矩，小心谨慎地完善每一个细节。因为过于墨守成规，所以，他们无法充分发挥创造性和主动性。这样一来，他们工作时必然节奏缓慢、效率低下。他们对自己要求非常严苛，竭尽全力以致筋疲力尽（完美主义的家庭主妇尤其如此），他们既严格要求自己，也严格要求别人，于是，别人就会有被束缚的感觉，特别是当他们处于领导地位时，这种情况就更为严重。

　　我们再来看自大报复型的人，他们也有自己的长处和短处。这一类型在所有神经症患者中最为出色。如果不是因为用"狂热"一词来形容性格冷漠之人有些不太恰当，他们真的可以称得上是工作狂。由于他们野心勃勃，而且工作以外的生活非常空虚，因此，他们认为把时间用在工作以外纯属浪费，每分每秒都要用来工作。但事实上，他们对工作并没有多大的兴趣，甚至可以说，他们对任何事情都没有兴趣，但工作也不会让他们感到疲倦。事实上，他们犹如一台上了油的机器，可以不停地运转。遗憾的是，尽管他们很聪明，工作效率高，具有敏锐的判断力，但他们的工作可能毫无成效。在这里，我所指的并不是这一类型中已经堕落了的那些人——他们无论做什么工作，无论是制作肥皂、刻模板，还是写论文，都只会投机取巧，只关心成就、名誉、胜利等外在结果。然而，即使他们对工作本身感兴趣，也只是停留于表面，无法触及核心。例如，假设患者是一名社工或教师，他所感兴趣的就会是教学方法或社会服务方法，而不是教学对象或服务对象。他无法对自己做出评价，但却会写文章来评论别人。他希望自己能够解决所有问题，以便掌握话语权，但却无法在此之上提出自己的意见。也就是说，他感兴趣的只是对事物的主导权，而非如何丰富其内容。

因为自大，他对任何人都不信任，他也没有足够的创作能力，于是就会在无意中照搬别人的看法。可是，别人的东西到了他的手里，却不能焕发生机和活力。

他能进行翔实的规划，在这一点上，他和大多数神经症患者是不同的，他有预见未来的能力（他认为自己的预见都是正确的），所以，他善于出谋划策。但有些因素却导致他在发挥这种能力时会遇到障碍。由于自大和轻视别人，在他看来，只有他才能胜任工作，这必然会让他在分配工作时遇到困难。他还有一种特权思想，在工作中唯我独尊，缺少奖励机制，惯于使用威胁和剥削的方式。他不喜欢调动别人的积极性，甚至会打击别人的热情。

由于已经制订了长远的规划，因此，他经得起短暂的失败。但在严酷的考验面前，他依然会惊慌失措，将自己禁锢在胜利与失败之间。所有失败的可能性都会令他恐惧。但他认为自己"应该"战胜恐惧，所以，他无比厌恶自己的懦弱。此外，在某些环境中（例如考场上），他会对拥有裁定权的人感到非常愤恨。他的这些情绪都被压抑着，内心的混乱会引发一些身心症状，例如心悸、头痛和肠绞痛等。

与夸张型相比，自谦型在工作中遇到的障碍截然相反。他们对自己的要求并不高，对自己的工作能力和工作的价值评价过低。他们常常感到自责，怀疑自己的能力，并且因此备受折磨。他们毫无信心去挑战看似不可能的事情，"我不行……"成了他们的口头禅。他们总是感到工作很辛苦，即使事实并非如此。

为别人工作能够让自谦型的人感到舒适，表现也会很出色。例如，社工、护士、家庭主妇、秘书、名师的学生、管家等。这两种特点都表明了自谦型存在的障碍。他们在与人合作和自己单独工作时表现出了巨大的差异。例如，一位人类学家从事野外调查工作，与当地的农民在一起时，他能够表现出聪明才智，然而，需要系统性地汇报自己的研究成果时，他却会陷入迷茫之中。一位社工能够很好地指导别人工作，或是为客户提供服务，但当他需要独自对工作进行总结和评估时，他就会感到非常恐慌。一名学艺术的学生，当他在老师身边时，他的绘画水平会发挥很好，但独自一个人时，就会把所学的知识都忘了。此外，这种类型的人所处的地位或许低于他们的实际能力，但他们并不因此感到屈才。

由于各种原因，他们也会自己做一些事情：可能是晋升到了需要写作或演讲的职位；可能是远大抱负（即使他们不会公开承认这一点）驱使着他们去做独立性更强的工作；最后但并不少见的是，既有的才华会激励着他们表现得更加出色，这是最常见且最充分的理由。然而，正当他们试图跨越其人格的"退缩过程"所设置的局限时，困难便会浮出水面。

一方面，他们和夸张型一样有着完美主义倾向，不同的是，夸张型的人在取得成就时会感到非常欣喜，而自谦型的人会挑剔自己的不足之处，不停地自责。甚至在取得了一定的成果后（成功地举办了一次宴会，或是成功地进行了一次演讲），他们依然会责怪自己漏洞太多，责怪自己没有表达清楚想说的意思，责怪自己显得过于顺从或过于鲁莽等等。这样一来，他们便陷入了一场无望的战斗中。他们追求完美，但又不断地贬低自己。此外，还有一个特殊的原因强化了他们对完美的要求。他们鄙视野心和自负，所以，在他们看来，追求个人成就是一种罪恶，要想把自己从这种罪恶感中拯救出来，就必须取得终极的完美成就（如果不能成为完美、出色的音乐家，那就只好去擦地板了）。

另一方面，如果触犯了这些禁忌，或者他们发现自己触犯了这些禁忌，他们就会面临着自我毁灭。这和我曾提到过的竞赛过程非常相似，假如他们意识到自己即将取胜，他们可能就会退出比赛。所以，他们会处于进退两难的境地，既要攀上峰顶，又要放低自己。

当自谦倾向和夸张倾向之间的矛盾已经有所表现时，这种"进退两难"的情况就会变得更加明显。例如，一位画家被一个漂亮的东西吸引，立刻构思出一幅美丽的画面。于是，他开始动笔把它画下来，初稿非常棒，这让他兴致勃勃，但接下来，可能是因为他难以承受开始得如此顺利，可能是因为预想的完美效果没有表现出来，他立刻开始自责起来。他想修改画面，但结果却更糟。这让他感到非常恼火，尽管他还在修改，但色彩变得更加黯淡了，整个画面都死气沉沉的。很快，这幅画就完全被毁掉了，他只好带着失望的心情放弃了努力。没过多久，他开始创作一幅新的画作，并且再次上演这个痛苦的过程。

同样，一个作家或许在一段时间内创作非常顺利，直到他意识到这种顺利。此时——他自然不知道这种满足感意味着危险的降临——他开始变得挑剔起来。或许是因为他不知道该让主人公在特定的场合做何表现，又或许只是因为破坏性的自卑放大了困难的程度，使他面临阻碍。无论如何，他感到非常疲惫，写作时不在状态，甚至会因为恼怒而撕碎手稿。他或许会做噩梦，梦见自己被逮捕，和一个疯子关在一起，而那个疯子企图杀死他。这个梦境意味着他对自己非常愤怒，想要消灭自己。（在《工作中的限制》中，我引用了这两个例子，但当时我只提到对于无法达到预期的"优秀"的反应。）

从这两个案例中（类似的案例还有很多），我们可以发现两种明显的倾向：急于创作的心态和自毁的心态。现在，我们来看一看这类人：他们具有明显的自谦趋向，而夸张的驱动力却受到了抑制。他们缺乏前进的动力，自毁的倾向表现得并不突出。他们的冲突处于隐蔽状态，在工作中，他们的内心过程繁复而漫长，因此，其中所涉及的因素很难处理。尽管由工作障碍所导致的痛苦非常严重，但其可能无法被直接理解。只有在了解了整体人格结构后，我们才能清晰地认识到这些障碍的性质。

在从事创造性的工作时，这类人会发现自己很难集中精神。他们的内心非常混乱，对问题无法进行深入的思考，各种琐事分散了他们的注意力，使他们烦躁易怒，经常用胡乱涂抹、玩游戏、打电话、修指甲、打蚊虫来消磨时间。他们厌烦自己，因此努力工作，但很快就会感到疲倦，于是只好停止工作。

在不知不觉中，他们会遭遇两种长期障碍：其一为自我贬低，其二为无法处理一般问题。我们已经知道，他们之所以自贬，是因为他们有压低自己的需要，这样才不会违背对一切"为所欲为"之事的限制。他们的精力在不断的自责、自疑以及自损中逐渐消耗殆尽，但他们却对此浑然不知（例如，有位患者把自己想象成两个面貌丑陋的驼背侏儒，唠唠叨叨，互相对骂）。无论读到了什么、看到了什么、想到了什么，他们都会很快忘记。他们甚至记不得自己曾经写过的东西。他们为写论文准备了充足的资料，可是，当他们需要用到这些资料时，却总是找不到它们。同样，当他们受邀在研讨会上发言时，起初会感觉无话可说，仿佛受到了胁迫；只有慢慢来，才能够逐渐开始针对主题发表自己的看法。

换句话说，他们需要压低自己，阻止自己开发才能。这就导致他们在工作中总是感到自己毫无用处，情绪非常压抑。在夸张型的人看来，自己所做的一切都是非常重要的，尽管从客观来看其实是相反的情况。而自谦型的人却时常感到内疚，觉得自己做的事情不值一提，尽管从客观来看同样是相反的情况。他们表现出一个显著的特点，即认为自己"不得不"工作。其实，他们还不像放弃型的人那样对"强迫"非常敏感，但只要发现自己有了追求成就的倾向，就会觉得自己野心太大、为所欲为。无论干什么，他们都带着这样的感觉。他们甚至觉得自己什么都做不好，至于原因，一方面是对完美的被迫追求，另一方面，他们觉得为所欲为的行为是对命运的一种狂妄的挑战。

他们之所以工作能力差，主要是因为他们限制了一切带有强制、攻击和征服意味的事物。通常情况下，提起限制攻击性，我们就会联想到他们对于任何事情都没有要求，他们不想去支配别人，这种态度也体现在他们对待精神问题或物质问题的方式上。就像他们对没气的轮胎和卡住的拉链无能为力一样，对自己的主张也是无能为力。他们的障碍并非在于没有成果，事实上，他们也会有非常好的创意和想法，但因为受到了限制而没能很好地把握住，他们也从不深入地思考和整理它们。一般来说，我们不认为这些心理过程具有攻击性和声张性，虽然字面上的表述带有这种意味。因此，只有当我们认识到"限制攻击"的心理会压抑它们时，我们才会对这一事实有所了解。自谦型的人并不是没有勇气提出自己的意见，只不过在表达之前，"限制"就会捷足先登，使他们不敢看清自己的结论和想法。

这些障碍导致他们的工作迟迟没有进展，或者完全没有成效，浪费了大把的时间。基于这一点，我们想起了爱默生说过的话："为什么我们一事无成？因为我们贬低了自己。"如果痛苦的问题被牵扯进来，就这个问题来讲，在强迫的压力下，他们便有了圆满完成这件事情的可能。不仅工作质量要符合他们严格的要求，而且工作方式也要尽善尽美。例如，如果有人问一名学音乐的学生："你的学习有计划吗？"他会感到非常紧张，只能回答说："我不清楚。"而对他来说，所谓计划无非就是端坐在钢琴前，坚持八小时的练习，而且要废寝忘食。因为这要付出极大的毅力，所以他无法坚持下来，于是他就会攻击自己，认为音乐对他来说只是一种爱好，其实自己对音乐一窍不通，也终将无所成就。但事实却是他学得非常专心，认真研究乐曲，练习指法。也就是说，他已经足够努力了。根据这些严格的"应该"，我们很容易就能想象到自谦型的人会因工作无效而多么的自卑。最后，我们对这种障碍做一个整体性的总结：即使他表现得非常好，并且取得了好成绩，他也"不应该"对此有所意识，犹如他的左手不应该知道右手在做什么一样。

当他准备开始创造性的工作时，会感到非常的孤独和无助。例如，在写论文时，他痛恨对于主题的主宰感，因此无法进行构思。于是，放弃了事先列出提纲或整合材料，就这样在毫无准备的情况下开始了写作。事实上，这种方式或许适合别人。例如，夸张型的人会毫不犹豫地采取这种方式，即使是刚刚完成的初稿，他也会感到非常精彩，并且不会再做修改。但自谦型的人恰好相反，初稿不会令他感到满意，无论是思想、文体还是结构，他都会认真进行修改和润色，任何细节都不放过。他纠结于词汇是否运用得当、文章脉络是否清晰、语言是否流畅等，并且能够察觉一切细微的瑕疵。这样的严格要求是有必要的，但他在潜意识中会产生一种自卑感，这对他的工作造成了不小的影响，以致他无法继续下去。他或许会告诫自己："看在老天的分上，快点写吧，后面还要进行修改呢。"但这样也是于事无补的。他可能会重新写上几句，或者把相关的零散想法记录下来。当大量的时间被浪费掉后，他才开始反问自己："你究竟要写什么呢？"这时，他才把提纲大致拟定一下，然后再一步一步写下去。冲突导致的压抑和焦虑减少了，论文即将完成，然而，就在准备发表或印刷时，他的焦虑感又突然出现了——他担心论文不够完美。

在这个痛苦的过程中，两种相反的原因会导致急性的焦虑：事情遇到了困难，他会感到焦虑；事情进展顺利，他同样会感到焦虑。遇到难题时，他可能会休克、昏厥、呕吐、四肢无力。但如果一切进展顺利，他又会对工作进行破坏，甚至比平时的破坏性还大。例如，一位患者已经开始减少了自我限制，但他对事情的反应依然倾向于自毁。当论文即将完成时，他突然发现刚刚写完的几段文字看上去很熟悉，于是他想到这些内容他肯定早已写过了。他立刻在书桌上翻找，最终找到了那些草稿，他确实写过这些内容，而且写得不错。然而，这些草稿是前几天写下的，就在这么短短的几天内，他就忘了这件事，因此浪费了时间做重复的工作。他对这种遗忘感到非常吃惊，开始思考自己为什么会遗忘，他回忆起这些草稿写得非常顺利，他当时甚至觉得自己有希望借此来克服自我限制，迅速地完成论文。虽然这些想法具有事实依据，但由于他无法容忍这一切，于是便开始了"自毁"。

了解了自谦型的人在工作中所面临的严重问题后，我们便可以清晰地认识到他与工作之间有着怎样的关系。

首先，工作对他来说是困难的，在一项工作开始前，他就有了一种恐惧或焦躁的感觉。由于其中涉及内心冲突，因此他会感到无法完成这项工作。例如，有位患者，每当开会或需要演讲时，他就会感冒，或者每当需要他登台时，他就会感到恶心，甚至当他准备上街为圣诞节购买礼物时，他就会感到浑身无力。

他往往会把工作拆成好几部分来完成，因为他在工作时总是处于非常紧张的状态，而且这种紧张感很容易陡然剧增，所以，他无法长时间承受这样的压力。不仅是脑力工作，无论从事什么样的工作，他都会出现这种状况。在整理抽屉时，他会先整理一个，然后拖延很久才整理另一个。在院子里挖土、除草时，他干了没多久就会停下来。在写作时，即使他已经写了半个小时或一个小时，他也一定要停下来。然而，当他与别人合作完成一项工作，或者为别人工作时，他就能坚持完成，不会中断。

最后，我们了解到他在工作时为什么不能专心。在他看来，自己对工作缺少兴趣，这很好理解，因为他就像是被逼着学习的小学生一样，这经常让他感到愤怒。实际上，他的兴趣或许是真诚的，只是工作的过程比他想象的更令他愤怒。我们已经知道，他的注意力有些不集中（例如分心去打电话或写信），此外，由于他要取悦别人，也需要被别人喜欢，因此他总是尽力满足家人或朋友的要求。虽然他这样做的原因与自恋型不同，但他的精力依然会因此而分散。特别是在他年轻时，性和爱对他有着强迫症的吸引力，尽管爱情关系并未给他带来多少快乐，但它意味着他的一切要求都有希望得到满足。所以，有一点是不容置疑的，假如他难以承受工作中的困难，便会转向追求爱情。但有时他会经历一种奇怪的循环：一项工作结束后，他会立刻沉浸于爱情中，这种表现时常带有依赖性；而当工作出现问题时，他又要从爱情中挣脱出来，重新开始工作，就这样循环不止。

总之，自谦型的人不适合独自进行创造性的工作，否则很容易失败。他不仅长期身处困境之中，而且时常感到焦躁，压力很大。这种创造性的工作造成的痛苦有着不同的程度，但各种痛苦几乎是接连产生。在一项计划的初期，他可能感到非常高兴，并且会全面地思考这项计划，此时，矛盾的"内心指使"尚未发挥作用。此外，当一项工作即将完成时，他会短暂地感受到满足和快乐，但很快这种满足感就会消失，对外在的成就和赞赏也不去理会，甚至并不觉得这项工作是由自己完成的。在他看来，即使内心的困扰很多，但完成工作并不值得受到肯定，因此，他认为沉浸在成就感和赞扬声中是一种耻辱，甚至记住这些困难也是一种耻辱。

这些困扰很容易导致一事无成。他可能从一开始就不敢独自工作，或者会中途放弃。工作中的障碍很有可能影响工作质量。但做好工作的可能性还是有的，毕竟他有天赋，也有毅力，这些都是有利条件，虽然效率低，但他依然完成了很多持续性的工作。

与夸张型和自谦型相比，放弃型的人的工作障碍具有完全不同的性质。虽然他与自谦型一样，都低估了自己的实际能力，但自谦型的低估是出于安全的考虑，他要依赖他人进行工作，而且这样能让他感觉自己是被需要和被喜爱的。此外，对限制自负和攻击性的坚持也是其主要原因。而放弃型的人之所以低估自己，是因为他可以由此从积极的生活中挣脱出来。对于他来说，取得工作成果所需的条件也与自谦型不同。孤僻的性格使他可以独立完成工作，同时，由于对强迫症过于敏感，所以他很难为别人工作。他不适合接受规则或法律的约束，但他又会调整心态，去"适应"这样的环境。他会忍受那些难以接受的条件，因为他的希望和意愿都处于被压抑的状态，而且他厌倦变化。他不希望自己陷入冲突之中，他缺乏斗争精神，所以，虽然他在情感上与别人隔离，但表面上依然能够与大家和谐相处。可是，即便如此，他也无法取得成果，无法感到快乐。

从个人兴趣来讲，如果非得工作，他会选择做自由职业者，虽然这样也容易被别人的期望所胁迫。例如，自谦型的人会借助外在的压力来缓解内心的压力，因此，他希望工作能有一个截止日期。假如没有截止日期，他就会认为自己是在被迫修改工作成果，而且永远没有结束的时候。而一旦有了截止日期，他就能降低标准，并且得以完成工作，可见，他是为了别人而工作。但在放弃型的人看来，截止日期意味着"强迫"，这让他十分抵触，并且会导致潜意识中的反抗心理，从而使他无精打采、懒散低迷。

对于"强迫"，他有着多种敏感反应，以上只是其中的一个例子。其他还包括对他的建议、对他的期待、对他的要求、需要他做的事，以及一切他必须面对的事情——例如，只有工作才能获得成就。

懒惰可能是他遇到的最大的障碍，我们已经讨论过它的意义和表现。其渗透力越强，患者也就越容易让工作停留在想象中。懒惰导致他的工作没有成效，但这种没有成效与自谦型的没有成效不同，其中既有原因的差异，也有表现的差异。自谦型受到矛盾的"应该"的驱使，就像笼中的鸟儿一样焦躁地跳来跳去。而放弃型则缺乏动力，萎靡不振，身心迟钝。他做事拖沓，需要把事情记录下来以防遗忘。然而，当他在做自己的事情时，情况就会截然相反，这一点也与自谦型完全不同。

例如，一位医生在工作中离不开记事本，他需要把患者的情况全部记录下来，还要记下需要参加的会议、需要完成的报告、需要写的信件、需要开的药物，只有如此，他才能尽职尽责。但下班后，他却会兴致勃勃地去读书、弹琴，写一些有关哲学的文章，在他看来，做这些事才是享受。只有在属于自己的空间里，他才能感受到自我的价值。显然，为了保证真我的完整性，他必须与人隔绝。对于自己感兴趣的事情也是如此，他既不打算发表著作，也不想当钢琴家。

这类人不喜欢迎合别人对他的期望，越是如此，就越要减少为别人做事的机会、与人合作的机会，以及有时间限制的工作。对于生活，他没有太高的要求，他只想做自己喜欢的事情。在自由的环境里，他的真我就会活跃起来，这令他很适合做有建设性意义的工作。于是，他有机会发挥自己的创造力，但这也需要足够的天赋。很多人都梦想去航海，但并非人人都能实现，也不是每个人都能成为高更。如果缺乏适宜的内在条件，风险就会出现——他会成为一个粗暴的个人主义者，只喜欢过与众不同的生活，只喜欢做出人意料的事情。

对于浅薄生活型的人而言，工作不是问题，但往往会逐渐堕落。他不仅抑制了"追求自我实现"与"实现理想化的自我"，而且将其抛弃，这样一来，他的工作就失去了意义，因为他缺乏开发潜质与追求远大目标的动力。工作就这样变成了一场灾难，"好时光"由此中断。有时，他也会按照别人的期待完成工作，但他的自我感觉并没有参与进去。有时，他也会把工作当作一种工具，以此获得声誉和利益。

弗洛伊德认为，许多神经症障碍会在工作中表现出来。而且，他把恢复患者的工作能力当作精神分析治疗的目标之一。但他把工作的动机、目标和态度与工作能力区别开来，并且忽略了工作的条件和工作的特点。因此，他只能看到工作过程中比较明显的冲突和障碍。关于这一点，讨论得出的结论之一便是：这种对工作障碍的看法过于形式主义。我们只有把提到过的所有因素都考虑进去后，才能对广泛存在的障碍有所理解。换言之，工作中的特点与障碍是（且只能是）整个人格的表现。

当我们考虑到工作中的所有因素后，还有一个因素也会凸显出来。我们已经认识到，不能以一般的方式来考虑工作中的神经症障碍，换言之，不能只考虑神经症本身的障碍。就像我曾说过的，只能谨慎、保守、有所限制地对所有神经症进行一般的描述。只有区分了不同的神经症结构导致的不同障碍，才能准确地了解特定的障碍。每一种神经症的结构都会导致各自的障碍，这种关系非常确定，当我们了解了某一种结构时，就会对可能出现的障碍特征有所预测。而且，我们在精神分析治疗中并不针对所有的神经症患者，而只针对个别的对象，所以，这种精准的关系能够帮助我们迅速发现个别的障碍，并且对患者本人有更全面的了解。

要想把神经症障碍在工作中所导致的痛苦表述出来，是非常困难的，这些痛苦未必都能被意识到，很多人甚至都不知道自己正身处困境之中。患者的宝贵精力必定会因这些障碍而浪费掉，他不敢做力所能及的工作，无法发挥自己的智慧，最终还会毁掉自己的工作成果。对他个人来说，这意味着他无法满足自己对于生活的需求。如果把所有患者的个人损失加在一起，我们将会发现，工作中的障碍给人类带来了多么巨大的损失。

这种损失是真实存在的，我们无须进行争论，但即便如此，还是有人对神经症和艺术之间的关系感到迷惘。确切地说，是对神经症和艺术家的创造力之间的关系感到迷惘。有人或许会提出这样的疑问："姑且相信神经症会导致痛苦，特别是工作中的痛苦，但是，艺术创作不恰恰需要这种痛苦吗？大部分艺术家不都是神经症患者吗？如果对艺术家进行精神分析治疗，不就等于减少了他们的创造力，甚至破坏了他们的创造力吗？"如果将这些问题进行分类处理，具体探讨其中的因素，我们至少能够有所了解。

人们的天赋和神经症没有关系，这是毫无疑问的。从近代的教育成果来看，经过适当的鼓励，多数人都能画画，但这并不意味着每个人都能成为伦勃朗（荷兰画家）和雷诺阿（法国画家）。事实证明，优秀的天赋未必能够展现出来。从这些实验中我们可以看到，神经症必定会阻碍天赋的发挥。一个人越是不敏感，他受到的威胁反而越小，他不会听从别人的调遣，也不会追求正确和完美，这样一来，他的天赋就能够发挥出来了。通过心理分析我们可以看出，神经症因素是创造性工作的一大障碍。

截至目前，对艺术创作的过度担忧，有可能导致对天赋的模糊认识，或是对天赋的低估，换言之，即低估了某种特定环境下的艺术表现力。然而，由此又引发出第二个问题：倘若神经症与天赋的确没有关系，那么不就等于承认艺术家的创造力就是神经症的表现了吗？要想回答这个问题，首先需要确定，对于艺术创作来说，哪些神经症因素是有利的。显然，自谦型对艺术创作无益。事实上，假如一个人具有自谦型的倾向，那么他根本不会对艺术创作感兴趣。他深信自己的翅膀（自身的能力）已经被神经症折断了，这样的阻碍使得他没有勇气展现自己。只有明显的夸张型，以及具有反叛倾向的放弃型，才会害怕心理分析会磨灭他们的创造力。

自谦型的人究竟在担心些什么呢？我认为，在他们看来，即使征服欲是神经症的表现之一，但他们仍然将其视为一种驱动力，并借此战胜创作中遇到的困难，表达创作的热情和冲动。他们认为，只有割断自己与别人之间的连接，不被别人的期望所干扰，他们才能顺利地进行创作。一旦失去了掌控感，哪怕只是失去了一点点，他们便会陷入深深的自疑和自卑之中。而反叛型不仅会自疑，而且觉得自己必定会变成听话的机器，从而丧失创造力。

　　这些担心都是可以理解的，因为从实际的可能性来看，他们的内心还存在着他们所担心的其他极端。然而，这些担心的感觉是错误的推理所导致的。此时，患者处于神经症的冲突中，在不同的极端之间摇摆不定，只能"非黑即白"地思考问题，无法从根本上解决冲突。经过适当的心理分析，他们就能意识并体会到这种自卑和服从倾向，但他们不会把这种态度保留下来，而是会克服各种极端中存在的强迫症因素。

　　此时，一个更为深入的矛盾出现了，这个问题比其他问题更重要，值得我们思考。经过精神分析治疗，神经症的冲突如果能够被解决，患者的心情得到改善，变得愉悦开朗，这样，是否就消除了他们的紧张情绪了呢？他们是否对现状感到满意了呢？这样是否会导致创作的冲动也随之消失了呢？这个问题具有双重意义，我们不能对其中任何一项予以忽视。在这里存在着一种争议：艺术家进行创作时，是否需要内在的痛苦和紧张来激发创作的冲动呢？对于这种说法的正确与否，我不置可否，但我认为，如果这种说法是正确的，那么，一切痛苦都是神经症冲突所导致的吗？我认为，即使没有神经症的冲突，生活本身照样存在痛苦，艺术家对此体会更深，对于美丽与协调，对于痛苦与不协调，他们都有着敏锐的洞察力，而且他们对情感的感受力也是非常强的。

　　此外，在这个争论中还有一个特别的观点，即神经症冲突可以构成创造力。这一观点源于我们对梦境的体验。我们知道，在梦境中，潜意识的幻觉会创造出解决内在冲突的方法。由于梦境中的形象简明扼要，能够概括中心问题，这一点与艺术品很相似。所以，在同等条件下，具有天赋的艺术家能够运用自己的表达方式，将同样的情景通过作品表现出来，例如音乐、诗歌、绘画等。

然而，对于这个假设，我们还要做出一些限定。在梦境中，人们会得到各种解决方式，其中既有神经症的，也有建设性的，包含的范围很广。艺术创作的价值必定与此相关。可以说，即使一名艺术家所表达的仅仅是某一种神经症的解决方式，但由于有很多人都会使用这种方法，因此，他依然会去寻找知音。但我还是想搞清楚，以画家达利和小说家萨特为例，我们暂且不去分析他们卓越的艺术才华和心理学方面的理解力，只从他们的作品来看，其表现力会因此而减弱吗？请不要误会，我不是说在小说或戏剧中不能出现神经症的问题，相反，当人们对神经症问题一筹莫展之时，借助艺术表现（涉及神经症问题）就能对神经症的存在和意义有所认识。我并不是说心理问题小说和戏剧的结局都应该表现喜悦之情，例如，小说《推销员之死》就没有喜剧式的结尾，但也没有令我们感到困惑不解。小说描述了某种生活方式，揭示了社会问题，作品中的主人公沉溺于幻想的世界（自恋型的解决方式），无法面对和解决自身存在的问题，对此，小说进行了全面的描述。假如我们不了解作者的立场，不了解作者是否在倡导某种神经症的解决方式，那么，这部作品就会让我们感到迷惘。

从以上探讨中，我们还可以为另一个问题找到答案。由于神经症的冲突或解决方式有可能损害艺术的创造力，或者使艺术创造力失去灵性，因此，通常情况下我们不会贸然得出结论，认为神经症的冲突和解决方式会引发创造力。从大多数艺术家的情况来看，这些冲突和解决方式并没有带来好的结果。尽管有些冲突对创造力有一定的激励作用，但也有些冲突抑制或减弱了艺术家的创造力。在这些冲突中，怎样划定有效的界限呢？起决定作用的是"量"吗？我们当然不能认为艺术家的冲突越多，对艺术创作就越好。但冲突多了就不好吗？只有少量的冲突才是有益的吗？果真如此的话，我们又该怎样区分"少"和"多"呢？

显然，当我们思考"量"的因素时，或许会感到不知所措。这时，我们可以尝试着换个角度，对神经症的或建设性的解决方式及其含义进行探讨。无论艺术冲突的性质怎样，他都不会在其中迷失。他要拥有建设性的素质，并由此影响到他的欲望，以此来摆脱冲突或防御冲突。也就是说，无论冲突如何，他必须保持真我的活跃，保持真我的作用。

经过研究我们发现，认为神经症对艺术创作有价值的观点毫无依据。唯一的可能就是艺术家的神经症冲突或许会对他的创作欲望和动机产生激励作用。此外，冲突和为避免冲突所采取的解决方式，可能会成为他的创作主题。例如，一位画家要在画面上表现山的景色，他会把自己内心挣扎的体验融入其中。但这需要他的真我活跃，赋予他敏锐的感受力和自发的欲望，这样才能有利于创作。但在神经症中，这些能力因为脱离真我而面临险境。

有一种观点认为，神经症的冲突是艺术家必不可少的创作动力。现在我们已经发现这种观点是错误的。即便它的确是一种动力，那也是暂时的，只有艺术家对真我的追求以及为此付出的精力才会引发创作冲动和创造力。如果将这些精力简单地从生活中转移到一件需要证明的事情上，即证明他是他所不是的形象，那么对他的创造力必然造成损伤。相反，在分析中，如果艺术家再次有了追寻自我实现的驱动力和欲望，那么他的创造力便会恢复。同时，如果这种驱动力被及早发现，所谓神经症对艺术家价值的争论也就根本不存在了。事实上，神经症不会促成艺术创作，神经症和艺术创作之间没有任何关联。"艺术是艺术家的自我表现，艺术创作来自艺术的自发性……"（参见约翰·麦克穆雷的《理性与情感》。）

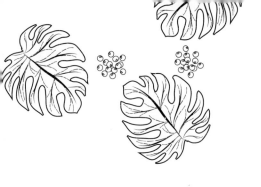

第十四章
精神分析治疗的策略

虽然神经症有时会导致急性的障碍，有时看上去也能保持平静的状态，但本质上它既非静态也非动态。这个过程是靠自身动力发展的，通过它自身无情的逻辑逐渐渗入全部人格。在这个过程中，冲突不断产生，同时也需要解决冲突的方式。但个人找到的解决方式都过于粗浅，因此新的冲突也在不断出现，随之又要寻找新的解决方式来保证生活的顺利进行。所以，这个过程会导致他逐渐疏远真我，对人格的发展不利。

我们要对神经症的严重性有所认识，这样才能避免盲目乐观，避免幻想其能够轻易获得治愈。其实，所谓的"治愈"就是减轻症状，例如消除失眠（有多种原因会导致失眠）和恐惧。但我们却无法"治愈"错误的发展道路。在这里，我们不讨论精神分析关于治疗目标的各种方式。显然，任何一位分析师的治疗目标都是以个人观念和他对神经症性质的看法为基础。例如，我们认为导致人际关系障碍的主要原因就是神经症，那么我们在治疗中就会帮助患者改善人际关系，以此作为治疗的目标。而当我们认识到心灵内在过程的性质和重要性，就能更加全面地设定治疗目标。我们要协助患者找回自我，并朝着自我实现而努力。自我实现的核心就是建立良好人际关系的能力，其中也包含了创作的天赋和自我负责的能力。分析师需要始终牢记治疗目标，因为它决定了工作的内容和工作的心态。

要想对精神分析治疗中遇到的困难进行大致的评估，就必须了解这个过程将给患者带来什么影响。简言之，就是要克服所有阻碍其发展的需要、驱动力和态度。要想发展潜能，并且获得发展潜能的机会，那么从初始阶段就必须舍弃自己的错觉和幻想的目标。要想控制敌对情绪，树立自信心，就必须放弃错误的自负。要想感受到自己的真实情感、愿望、理想和信念，就必须放弃"应该"的强迫力量。要想整合自己的人格，就必须勇敢面对内在的冲突。

以上所说都是正确的，分析师对此也非常清楚，但患者可能不这样想，他认定自己的解决方式和生活方式都正确无误，而且只有按照他的方式才能满足自己的需要，才能得到安宁。他内心的价值和坚定都是自负所致，假如没有这些"应该"，他的生活将陷入混乱。旁观者从客观的角度会发现这些价值都是虚假的，但患者却坚持他的观点，因为他必须依赖这些价值。

此外，患者还会坚持他的主观价值，否则他的精神世界就会受到损害。简言之，他要找到解决内在冲突的方式，而这种方式应该是"征服""自由"或"爱"。在他看来，这样的方式是正确、明智的选择，也是唯一安全可靠的方式。他从中获得了统一感。而如果面临冲突，他就会感到恐惧，仿佛被分割开来。自负不仅使他感到自己有价值、很重要，还使他避免陷入自卑和自负的险境。

在分析中，不同的患者由于人格结构的不同，用以对抗了解冲突和自恨的方式也不同。夸张型的人不愿了解自己的恐惧感和无助感，以及对爱怜、喜欢、同情和帮助的需求。自谦型的人会迫切地转移视线，避免看到自己的自负和自私。放弃型的人会表现得彬彬有礼但又非常懈怠，或者做出不屑一顾的样子，以此来回避冲突。无论哪一种患者，对冲突的规避都表现出了双重性：他们不希望冲突表露出来，同时也不去深入探究冲突。有的人以理性的方式规避冲突，有的人则比较注意预防，下意识地不愿去思考，或是坚持潜意识中的某种嘲讽的想法（倾向于否定价值观）。混乱的思维和疑虑使冲突变得更加不清晰，以致他根本感受不到那些冲突。

患者在努力避免自卑和自恨的体验，主要是避免意识到那些没有实现的"应该"。所以，在分析中，他会尽力回避这些缺点，因为对他的"内心指使"来说，这些缺点都是不能原谅的罪恶。对于这些缺点的任何暗示，在他看来都是不公正的指控，他要进行防御。这种防御无论是争斗还是缓解，所造成的影响都是一样的，即防止对真相的审视。

恐惧和焦虑的主观感受会给患者带来危险，所有患者都需要保护主观价值和规避风险，从这里也不难看出，虽然他有良好的用意，但无法配合分析师的工作，这也说明了他进行防御的原因。

他之所以防御，是因为要维持现状（这便是"阻抗作用"的定义，我在《自我分析》第十章中提到过这一点）。从分析中可以发现，这个特点非常明显。例如，在对放弃型的患者进行分析时，在分析的初始阶段，患者会保持自己的超脱（断绝人际关系）和"自由"，他的策略是不期待、不争斗，这决定了他参与分析的态度。但自谦型和夸张型的患者在分析的初始阶段会对分析有抵触情绪。正像他们在生活中对绝对的成功、征服以及爱情的追求一样，在分析中，他们依然会追求这些目标。一切有碍的东西都要经过分析被清除掉，这些障碍包括：他们对成功和永不言败的热情，对诱惑的屈服，特殊的意志力以及不容冒犯的气势等。可见，这些不仅是患者的防御问题，也是分析师和患者之间的对立问题。尽管双方都会谈论演变、发展和成长的问题，但其含义却各不相同。分析师关注患者的真我，而患者却关注理想化的自我。

这些阻碍会影响到患者寻求精神分析治疗的动机。抑郁、工作压力、恐惧、头痛以及性方面的困扰，加上种种的挫败，这些障碍都会导致人们对精神分析治疗的需求。此外，寻求精神分析治疗的原因还有无力克服生活中遇到的痛苦，例如，丈夫或妻子对婚姻的不忠或离家出走等。还有可能是因为他们模糊地意识到有些困扰在妨碍自己的发展。所有这些构成了寻求精神分析治疗的理由，但这些理由似乎还不足以令他们要求深入的分析。根据以上原因，我要提出疑问：谁是受困者？仅仅因为患者渴望幸福和成长，所以受困的就是患者自己吗？抑或是患者的自负心理？

当然，我们无法对此做细致的区分，但要知道，自负在引发巨大痛苦方面起到了重要作用。例如，有些患者可能难以忍受"广场恐惧症"，因为他们"主宰一切"的自负因此受到了挫折。有些患者要求公平公正，如果她们被丈夫抛弃，就会感到巨大的伤害和不幸（在她们看来，自己作为一个贤惠的妻子，理应得到丈夫的忠诚）。有关性的问题不会给普通人带来困扰，但却会让要求自己必须正常的人感到难以容忍。发展一旦遭遇阻力，个人就会感到非常痛苦，因为不劳而获的优越感似乎消失了。我们从以下事例中可以看出自负的表现，当自负受到伤害时，人们可能会产生一些小困扰，例如害羞、不好意思、害怕讲话、手发抖等，于是便会去看医生。然而，对于一些大的障碍，他们却毫不在意。事实上，在精神分析治疗的过程中，这些大的障碍也会被他们忽略。

此外，当受到自负的阻碍时，有些人可能不会去向分析师求助，事实上，这些人非常需要帮助，他们也能得到有效的帮助，但自负要求他们独立和自我满足，而向他人求助就是一种耻辱，他们不应该寻求帮助，无论出现什么困扰和问题，他们都要自己去克服，换句话说，他们的自负也表现在对自我的征服上，自负不允许他们拥有任何一种神经症的困扰。只有当亲友出现神经症的问题时，他们才会去求助于分析师，而对于自己的问题，则会以间接的形式提出来。可见，因为自负，他们不能正视自己的问题，所以不去求助分析师。但这并不意味着所有特别的自负都不允许向分析师求助。在内在冲突的解决方式中，每一种因素都会压制寻求精神分析治疗的动机。例如，严重的放弃型会在遇到困扰时选择忍耐和等待，而自谦型则把求助视为禁忌，因为那是自私的行为。

即使患者对分析寄予希望，但还是会遇到阻碍。我们在探讨工作中的一般障碍时已经涉及这个问题。在这里，我想再次强调一下，他一方面希望分析在不改变自己心理结构的前提下消除障碍的因素，另一方面又要求通过分析实现理想自我的所有权利。此外，这些希望不仅关系到分析的目标，也关系到实现目标的方式。对于分析，他缺少理解，其中的原因有很多。当然，如果对于心理分析没有深入的接触，任何人都难以恰当地评价分析工作。就像面对任何新工作一样，只要没有自负的阻碍，患者必定会学习相关的知识。夸张型的人总是低估自己遇到的障碍，觉得以自己的智慧和能力可以轻易地解决这些困难；而放弃型的人则因为懈怠而显得无动于衷，像个旁观者一样耐心地等待着分析师用神奇的手段治愈他。如果患者的自谦倾向占据主导地位，这就意味着他的处境困难，需要得到帮助，他非常渴望分析师用神奇的魔法拯救自己。当然，这些希望和信念都隐蔽在理性的期望之下。

这种期望的阻碍作用非常明显。不管是患者对分析师的期望，还是对分析结果的期望，都会对他在分析中必备的精神动机造成伤害，导致分析过程变得神秘。毋庸置疑，合理化的解释都是无效的，因为不能触及他的内在需求，而这些需求决定了合理化背后所隐藏的要求和"应该"。只要患者具有这些特点，就会求助于短期治疗。但患者往往忽视了这样一个事实，即短期治疗只能改善一部分症状，从而误以为自己很快就会恢复正常，并且达到完美的境地。

在分析工作中，这些阻碍的表现形式多种多样。对分析师来说，尽快了解这些表现形式是非常重要的，但我在这里只提出了其中一部分，并且不准备对此过多探讨，所以，我们关注的重点不在于分析的技巧，而在于精神分析治疗中的基本因素。

患者或许会变得喜欢讽刺、挖苦、攻击、争论。表面上，他可能彬彬有礼，但这其实是他自我保护的方式。他可能会逃避，会忘记或抛弃主题。他可能会三心二意，讨论问题时不认真思考，仿佛这些问题与他没有丝毫的关系。他或许会因为自卑或自恨而开口诅咒，以此警告分析师，阻止分析师的工作。这些情况可能会在分析过程中出现，也可能会发生在患者与分析师之间。对患者来说，相比其他人际关系，分析关系在某种程度上应该更轻松一些，因为分析师要专注于理解患者的问题，所以对患者的反应会比较少。但这种关系也有其困难之处，因为患者的焦躁和冲突会全部表现出来，但它依然属于人际关系的一种，而且患者在其他人际关系中的障碍也会对分析关系造成影响。例如，患者对成就、自由和爱情的强迫症需求，在很大程度上决定着关系的发展，并且使他对引导、拒绝和强迫非常敏感。由于他的自负必定会在这一过程中受到损伤，因此他很容易产生屈辱感。在分析过程中，他同样会因为自己的要求和期望而产生挫败感和受虐感。如果他的自责和自卑被激发出来，他就会有被控和被蔑视的感觉；如果自毁的情绪爆发，他就会对分析师发起攻击。

最后，患者往往高估了分析师的能力，认为分析师不仅训练有素，而且能够治愈他。无论患者多么深谙人情世故，但依然会把分析师视为魔术师——在善恶之间，具有超凡的能力。这种态度源于患者的恐惧与希望的结合。在患者看来，分析师能够伤害他，抑制他的自负，引发他的自卑，但也能帮助他痊愈。总之，这位魔术师既能让他下地狱，也能让他上天堂。

我们可以变换多种角度对这些防卫的意义进行评估。在对患者进行分析时，这些防卫所产生的阻碍作用给分析师留下了深刻的印象，患者因此难以进行反省和改变。此外，正如弗洛伊德发现并提出的抗拒作用，它能够引导我们了解问题。当我们了解到患者对保护和增强主观价值的需求，以及规避的危险时，我们就会清楚究竟是什么重要的力量在对他们起作用。

此外，尽管患者的防卫态度导致治疗上的混乱，而且分析师也希望减少这些防卫态度，但在分析过程中，与具有这种防卫态度相比，没有这种防卫态度则更危险。分析师会尽可能避免过早做出解释，但分析师不是全能的上帝，也阻止不了这种事情的发生——患者有时会出现更令人不安的因素，而分析师却无力解决。分析师觉得自己的分析对患者没有害处，但患者却会表现出烦躁的反应。也可以说，分析师并没有进行某些讨论和解释，但患者却会展开怪诞而无益的梦境和联想。所以，即使防卫会起到阻碍作用，但它依然具有积极意义，这是直觉的自我保护的表现，由于自负系统导致了不稳定的内心状况，所以这种表现是必定存在的。

分析过程中引起的焦虑会令患者感到恐惧，他会认为这是受损的表现，但有时也有例外。焦虑的重要性只有经过前后联系才能进行评估。这可能意味着患者几乎能够面对自身的冲突和自恨了，但此时他却感到难以忍受。他会使用自己一贯的方法来缓解焦虑，以此应对这种情况。如同原本的通途一下子变得不通了，在感受和体验中，他一无所获。同时，焦虑越迫切，也越有可能产生积极的效果，这或许意味着患者觉得他的力量已经足以支撑他冒险面对自己的问题了。

精神分析具有悠久的历史，曾多次受到倡导。印度哲学与苏格拉底都认为，这是一条在自我了解的基础上重新调整的道路。它的创新之处在于获取自我了解的方法不同于以往，对此我们要感谢弗洛伊德的功劳。分析师帮助患者，为他们提供建设性的力量，同时对障碍进行抵制。尽管建设力的引导作用和阻碍力的破坏作用会同时出现，我们还是需要对两者分别加以讨论。

关于本书的各个主题，我曾做过系统的演讲，当我结束了第九讲，准备谈到治疗的时候，有人向我发问。我是这样回答的：我讲的所有内容都与治疗有关。所有精神方面涉及的内容，都能使每个人有机会发现自己的问题。于是，我在这里再次提出这样的问题：患者需要了解什么，才能清除他的自负系统，以及由此引发的所有其他的影响？简单来说，本书中我所谈到的所有内容他都需要了解，包括他的需求、冲突，他对荣誉的渴求，他个人特定的解决方式，以及这些因素对他的人际关系和创造力的影响。

此外，对患者来说，仅仅了解这些个别因素还不够，他还要了解这些因素之间的关系以及相互之间的作用。其中的关键在于自恨和自负是不可分割的，他必定两者兼备。对于任何单一因素，他都要从全部人格构成的角度来看待。例如，他必须意识到，某种自负导致了他的"应该"，如果不能满足"应该"，他就会出现自责，这些自责又使他产生了保护自己不被自责攻击的需求。

我们不仅要了解这些因素的理论知识，还要深入地认识它们。

麦克穆雷说："集中关注一个目标，忽略与之相关的人，这就是'理论知识'的特点，我们通常称之为对象性或客观性，事实上，它与个人无关……"理论知识只能让我们了解到某种事物所反映的信息，但无法认识和理解该事物。科学不会教你怎么认识你的狗，而只是将狗的一般知识传达给你。要想认识和理解它，你就需要在它生病的时候好好照顾它，或者和它一起玩球，教它在房子周围活动等。当然，科学传达给你的有关狗的一般知识，也会帮助你了解它的一般特性，但那是另外一回事。科学关注的是一般性，也就是事物的普遍特点，而不是个别事物或者某一事物的特殊性。但现实中的事物一定是特殊的、个别的。而对事物的兴趣则决定了我们认识事物的特殊方式。（参见约翰·麦克穆雷的《理性与情感》。）

然而，对自我的认识包含了两件事。第一，患者知道自己有很多虚假的自负，自己对挫折和批评非常敏感，自己有自责倾向，自己有多种冲突，但仅仅知道还不够，他需要明白这些因素是怎样对他发挥作用的，以及在他过去和现在的个人生活中，这些因素有什么具体的表现。例如，仅仅知道一般性的"应该"，以及认识到"应该"在他身上发挥了作用，这远远不够，对此无须证明。关键的是，他需要了解这些"应该"的特殊内容，认识到这些"应该"为什么对他如此重要，同时还要了解"应该"对他的生活产生了怎样的特殊影响。但因为种种原因（他之需要脱离自我、隐藏潜意识中的借口等），患者可能表现为态度不明朗，或者不愿加入个人情感，所以有必要对"特殊"和"具体"加以强调。

第二，对自身的认识不能局限于理性层面，虽然这种方式可能会是一个切入点，但最终必定要成为一种情感体验。事实上，这两种因素是相互交融的，因为一般的自负难以被感知，人们只能通过特殊的事物才能体验到自己独特的自负。（在心理分析史上，"理智的认识"最初被认为是一种有效的治疗手段。当时，它意味着重现儿时记忆。但人们高估了理智的作用，以为只要认识到一些倾向是非理智的，便可以解决问题。此后，人们又趋于另一极端，认为在情感上体验到某种因素是最为重要的，并且以各种形式强调这一点。其实，这一转变意味着分析师的进步。分析师们似乎都需要亲自再次发现情感体验的重要性。参见《心理分析的发展》《惊讶与心理分析师》《心理治疗的标准变化》。）

所以，患者既要了解自身的力量，还要对这些力量有所感知，这一点之所以非常重要，是因为单纯从字面上来看，纯理性的"理解"并不包括理解（根据韦伯斯特的说法，"理解在于成为事实的行为或过程"。）的含义——它并不真实，并未为他所有，并未对他产生影响。即使理性的观察能够得出正确的结论，但这犹如一面只会反射光线的镜子，他无法将其运用于自己，而只能运用于别人。或者在很多方面，理性的自负可以将一切迅速掌控——他因为发现了别人所规避的东西而感到骄傲，他试图控制、改变甚至扭曲这些特定的问题，以致他的报复和受辱感变成了合理的反应。或者他觉得自己只靠理性就可以解决一切困难——只要知道了，就是解决了。

此外，只有感受到潜意识或半意识的感觉或驱动力在非理性状况下的所有影响，我们才能对自身的潜意识力量的强度和强迫症有所认识。患者或许承认他因为单相思而感到失望。事实上，他可能有一种"不应该被拒绝"的自负，也可能因为征服对方身心的自负遭遇了挫折，于是引发了屈辱感。但仅仅感受到这些还不够，他必须体验到屈辱，并且体验到自己被自负所掌控。从当时的情况看，只是简单地认识到"他的自责和愤怒超过了应有的反应"是不够的，他需要感受到愤怒的巨大震慑力，或者深刻体验到自责。只有如此，他才能意识到潜意识过程中的巨大能量，并且获得更多的动力去认识自己。

不仅要体验既有的情感，还要体验那些已经知道但没有感知到的驱动力或情感。例如，我们曾经提到过这样的案例，有位女士在爬山时，中途因为遇见一条狗而感到恐惧，这种感觉非常强烈。只有当她意识到这种恐惧来自自卑时，才能克服这种心理。虽然她没有体验到自卑感，但她的发现就意味着在特定的环境下她会产生恐惧心理。如果她对自卑没有深刻的认识，新的恐惧还会出现。只有当她完全感受到自己企图战胜所有困难的无理要求时，才能借助自卑的感受消除所有的恐惧。

截至目前，我们有可能突然被潜意识的驱动力或情感体验所吸引，如同得到了某种启示一般。这种情况在分析过程中经常出现。例如，患者会意识到某种带有报复性色彩的愤怒，还意识到自负的受损与此有关，但他或许并没有察觉情感受到的伤害，也没有感受到报复情感的力量。另一方面，他可能首先感受到超出当时情况所应有的愤怒和屈辱。在他看来，这些情感是他对某个未能兑现的心愿的反应。分析师向他暗示这些情感是没有道理的，虽然他也有所了解，但还是坚持认为这是正当反应。他会逐渐认识到那些不合理的期望。接着，他会去了解那些不合理的期望，发现它们并非无害，而是非常苛刻的要求。他会及时发现它们的范畴和性质。随后他会感受到，当遇到挫折时，他的愤怒有多强烈，以及他对愤怒的抑制有多强烈。最后，他清楚了那些情感所具有的力量。但这与他"宁死也不放弃要求"的感觉依然相差甚远。

最后，再举个例子，他或许已经知道了自己倾向于逃避，或者他已经清楚自己有时会欺骗或嘲讽他人。如果他能够看得更广一些，他会发现自己是如此羡慕那些懂得逃避的人，或者当受骗、被愚弄的是他自己时，他有多么恼怒。他会逐渐地意识到，自己对吹嘘和欺骗的能力有多么骄傲。有时他甚至从内心深处觉得这是非常诱人的能力。

如果患者没有感觉到这种冲动、感情、期盼，也没有其他的感受，那又会是什么结果呢？毕竟我们无法人为地将感情引导出来，但假如分析师和患者都相信，无论是哪种感情，都应该以原本的形式表现出来，那么将对精神分析治疗非常有帮助。分析师和患者会注意到纯粹的思考和情感参与之间的区别。此外，还有一些妨碍情感体验的因素会引起他们的注意，这些因素存在着强弱、种类和程度等方面的区别，分析师需要明确这些因素是妨碍了所有的情感体验，还是只妨碍了某些特定的情感体验。最重要的是，患者可能对任何事物的体验都非常有限，也无法做出相应的判断。一位患者一直认为自己是最善解人意的，当他突然意识到自己也会非常专横、令人生厌，他便会马上做出判断：必须立刻停止这种错误的态度。

　　表面上看，这种反应似乎是立场鲜明地对抗神经症的倾向，仿佛要把这种倾向纠正过来。但事实上，在这种情况下，患者依然陷入恐惧和自责的原动力之中，于是，在尚未意识到和体验到这些倾向的强度时，他们就迫切地要清除这些倾向。还有一些患者，他们拒绝接受别人的帮助，更不会借助别人达到自己的目的。但他们发现这种过度谦虚只是一种伪装，实际上，他们追求的只是个人私利，如果自己的需求没有得到满足，他们会非常恼怒。当他们和那些比他们情况好的人相处，或者和那些比他们更具优势的人相处时，他们会感到非常不舒服。于是，他们立刻做出判断，认为自己极其可恶。这样一来，他们便阻止自己去深入了解和感受那种被抑制的攻击倾向，从而无法认识到强迫症的"无私"与同等强度的贪欲之间的冲突。

　　有些患者对自己进行了反思，发现了很多内在的冲突和问题，然后，他们或许会说："我已经完全了解自己了，所以，我应该可以更好地掌控自己了，可是，我的内心深处依然有不安和痛苦的感觉。"此时，他们对病情的判断通常都是片面或浅薄的，并且局限于表面化，没有形成广泛而深刻的认识。但当一个人体会到了在自己身上发挥作用的重要力量，同时发现这种力量对他的生活产生的影响时，这些认识能否为他提供帮助？能否让他得到解脱？或者解脱到什么程度？当然，他有时会被这些认识所困扰，有时则会因这些认识而得到慰藉。但他的人格会从中受到怎样的影响呢？这个问题可能有些宽泛，甚至找不到一个令人满意的答案。但我认为，我们或许都高估了它的疗效。同时，我们需要清楚治疗的媒介是什么，所以，我们要试着探讨这些认识所导致的变化，即它们的可能性和不足之处。

任何人都无法不经重新定向而了解自己的自负和解决方法。对于自己曾经的一些想法，他开始有了新的认识，发现它们仅仅是幻想而已。他开始怀疑他对自己的要求以及对别人的要求（不包括建立在不稳定基础上的要求）是否真的现实。

他开始意识到，那些引以为傲的品质其实自己并不具备，或至少具备得没有那么多，例如，他曾经为自己的"独立性"感到骄傲，但现在意识到这并非真正的内在自由，而只是对强迫的一种敏感反应。他曾经自认为是诚实的，不会行骗，但事实并非如此，现在，他已经看到了自己在潜意识中的伪装。他自以为对主宰地位有着自负，但在实际生活中，他连自己的家庭都主宰不了。他自以为给了别人很多的爱（他是如此的伟大），然而这是因为他对于受尊敬和受爱戴有着强迫症需求。

最后，他对自己的价值观和目标的正确性产生了怀疑。或许他的自责并非源于道德？或许他对世风的嘲讽并不能说明他具有远见卓识，而只意味着变通的退缩，以避免面对自己的信仰？或许对别人的提防并非处世精明？或许脱离群体使他得不偿失？或许一切的最终答案并非爱或成功？

这些变化都可谓是现实测验与价值测验之间的程序。经过这些程序，自负系统的基础会发生动摇。使患者重新定向便是治疗的目的，而要想实现这个目的，就必须经过这些程序。截至目前，它们都是打破幻想的过程。但假如建设性的过程没有出现，而只有打破幻想的过程单纯发挥作用，那么同样无法得到彻底而持久的效果。

在精神分析学发展的初期，精神病学家提出可以采用分析的形式进行精神治疗，当时就有很多人建议，要借助这种形式总结出一套综合性的理论。他们似乎已经认识到，有必要将一些事物进行分离和割裂，随后由治疗者为患者提供正面的、积极的信息，以此作为患者在生活中必须遵守和执行的准则。虽然这些建议或许源于对心理分析的错误认知，也或许它们本身就是错误的，但它们都是建立在良好直觉的基础之上。事实上，对于我们这一派而言，这些建议要比弗洛伊德的理论更有助益，因为弗洛伊德并不像我们一样清楚治疗的过程：为了使建设性因素得到发展而放弃阻碍性因素。而早期建议之所以不正确，是因为它将一切责任都推给了治疗者。他们忽略了患者自身的建设力，而认为治疗者以人为的方式突然介入能够改变患者的状况，让患者过上积极的生活。

有一则古代医学名言这样讲，人的身体和内心都有一种治愈力。假如一个人出现身心问题，那么医生只需要帮助他消除损害力、唤起治愈力就可以了。在这个过程中，消除幻想的治疗价值在于：阻碍力量的逐渐减弱，可以使真我的建设性力量得到发展。

此时，分析师的工作与分析自负系统截然不同。分析自负系统需要良好的技术素养，还要了解潜意识中可能存在的复杂性。此外，分析师还要具备联想、理解和发现的天赋。为了帮助患者找到自我，分析师还需要通过经验了解到一些方式，例如，真我会以梦境或其他方式体现出来。由于这些方式并不明显，由此得到的认识也就十分重要。他还要知道，患者需要在什么时候以怎样的方式将意识参与到这个过程中。但最关键的是，分析师自身要具有建设性，并且明确最终目标，即帮助患者找回自己。

患者从一开始就受到了治愈力的影响。但在分析的初始阶段，这些力量尚不具备足够的活力，只有将其激活，才能唤起气势来对抗自负系统。因此，在开始进行分析时，分析师要意志坚定，积极地开展工作。无论出于什么原因，患者必定会对所要清除的障碍非常关注，通常情况下，他希望改变一切，例如，改善婚姻状况、改善性功能、改善与子女的关系、改善阅读能力、改善专注力、改善社交能力等。对于分析，或者对于自己，他存在着知识层面的好奇心。他想给分析师留下深刻的印象，希望对方了解自己的内心世界，让对方知道他对自己病情的变化已经有所认识。他希望做一个完美的患者，或是想取悦分析师。他希望通过分析师和自己的努力产生神奇的治疗效果，所以在开始分析时，他会积极主动地配合分析师的工作。例如，他明确地意识到了自己过于顺从，对别人给予的关注过于感激，于是，这些症状很快就得到了"治愈"。虽然这些动力无法帮助他应对分析中的困扰阶段，但应对初始阶段已经足够了。无论如何，分析初期一般不会遇到很大的困难。在此期间，他也学到了很多与自己有关的知识，并由此产生了一种可靠的兴趣。分析师不仅要利用这些动力，还要了解其本质，同时，要在适当的时机做出判断，发现不可靠的动力，将其转化为分析对象。

最理想的情况就是在分析的初始阶段就唤起真我，但这种努力是否有意义、是否可行，还要看患者的兴趣。只要患者的主要精力还放在自我理想化上，并且依然在贬低真我，那么所有的努力都将是无效的。但是，由于我们的经验还很有限，因此，或许还有很多我们未曾发现的可靠方法。患者的梦境在分析的初期和后期有着重要的价值。在此，我不想过多探讨关于梦的理论，但有必要简单介绍一下我们的基本信念：在梦中，无论是以正常的方式，还是以神经症的方式，我们都会更加接近真实的自我，梦意味着我们正在努力解决自己的冲突；虽然建设力在不同的条件下是难以察觉的，但在梦中却能发挥作用。

甚至在分析的初始阶段，患者就能从具有建设性的梦境中了解到自己的内心世界，对他来说，这个世界只属于他自己；从情感的角度讲，这个世界比他幻想的世界还要逼真。在一些梦境中，患者以象征手法表达了对自己的同情；有的梦境则蕴含着伤感、怀旧和渴望；有时，他在梦中为生存而抗争；有时，他在梦中是个设法越狱的囚徒；有时，他在梦中精心栽培植物，或者发现自己的房间通往未知的密室。分析师会帮助他解读这些梦境的象征意义，还会让他注意梦中出现的那些他在现实生活中回避的情感或愿望的意义，并且问患者：相比伪装出来的快乐，梦里的忧伤是否更加真实？

有时候，其他方法也行得通。患者会开始因为对自己的情感、愿望和信念了解之少而感到诧异。分析师将对这种迷惑感表示肯定。由于对自身情感、信念和愿望的感知是与生俱来的，因此，不管他使用怎样的方法，"与生俱来"这个词似乎都是最贴切的，尽管这个词常被滥用。于是，当他发现自己这些与生俱来的能力没有发挥作用时，他必然会感到诧异。如果患者没有表现出这种诧异，那么分析师会在适当的时机引导他发现这个问题。

这些似乎并不重要，但在这里，患者不仅认识到了"智慧源于诧异"这一普遍真理，而且，患者已经开始意识到了自己与真我之间的疏远。这种冲击甚至大于一个生长在集权环境下的青年，当他了解到民主环境下的生活方式后所受到的冲击——他可能立刻全然接受这一信息，也可能抱有疑虑，因为他曾经并不相信民主的存在。但即便如此，他依然会逐渐意识到自己错过了什么。

这种适时的探讨是很有必要的。只有当患者对"我是谁"这个问题发生兴趣时，分析师才能积极采取措施帮助他去了解自己所忽视的真情实感。例如，一位患者发现了自身的某种冲突，虽然这个冲突微不足道，但已足以使他感到无比的诧异和恐惧，他担心这个冲突会令他毁灭，令他发疯。此前，分析师已经从诸多角度分析过他的问题，例如，只有当一切都在理性的掌控中时，他才会有安全感；或者，他害怕受到任何微弱冲突的侵袭，使他无力对抗他所认为的充满敌意的外部环境。而这一次，分析师可以引导患者关注"真我"，让他认识到，他之所以会被一种冲突震撼，或许是因为冲突本身非常强烈，也或许是因为他的真我太过单薄，不足以应对冲突。

我们来举例说明，一位患者在两位女性之间不知如何选择。经过分析，他逐渐明白，无论面对怎样的情况，他都难以做出决定。不管是有关女性的还是有关思想的，不管有关工作的还是有关生活的，都是如此。在这个问题上，分析师依然可以从不同的角度来进行分析。第一，如果患者总体上没有明显的困难，那么就要找出与某个特定的决定有关的因素。当"无从选择"的情况稍有缓解时，就要对患者说明他的自负——想要拥有一切，就好像一个人既想拥有一张饼，又想将它吃掉。

在他看来，选择就是倒退，是一种可耻的行为。第二，分析师可以从"真我"的角度提示患者，因为他距离真我太远，所以才失去了方向和喜好，从而无法对自己的决定负责。

此外，患者可能会抱怨自己过于顺从。他经常做自己不喜欢的事情，仅仅是为了符合别人的期待。分析师可以视情况多角度地解决这个问题。例如，我们认为他或许存在以下心理：他要避免冲突，他不珍惜自己的时间，他非常自负，认为自己可以支配一切。但分析师只需要问他："你扪心自问过吗，你究竟想要什么？你觉得什么才是正确的？"通过这样的方式，可以间接地激活真我，此外，患者可能由此展现出思想和意识上的独立性，更愿意对自己负责，更想了解自己的真情实感，更加关注自己的"应该"、伪装以及外移作用。这是一个很好机会，分析师可以将其利用起来，鼓励患者充分表现。在每一次的分析中，分析师都可以运用各种方式鼓励患者对自己进行分析。此外，分析师可以告知患者这些方式会怎样改善他的人际关系，例如，他将不再依赖别人，不再恐惧别人，从而能够善待别人，对别人充满同情和慈悲。

患者有时不需要鼓励，因为他觉得自己在任何情况下都具有生命力和自由。他有时会贬低这些方式，这意味着患者正在回避真我，因此分析师有必要为他分析这种心理。此外，分析师还会问患者，为什么这一次他会比以往更加积极主动。通过这样的提问，分析师可以了解到是什么因素令患者勇于回归自我。

当患者有了坚定的立场后，便可以对抗自己的冲突了。这并不意味着冲突至此才明朗化，事实上，分析师早就对此有所察觉，甚至患者对冲突的症状也有所感知。而其他神经症问题也是如此。要想了解这些冲突，就需要从神经症所引发的行为和表现入手，在整个分析的过程中循序渐进地达到目的。但如果患者依然保持着与自我的疏远，那么他就无法体验到这些冲突是自己所导致的，也不可能与之抗争。正如我们所了解到的那样，诸多因素使得认识冲突的过程呈现出破坏性，在这些因素中，最明显的就是与自我的疏远。要想理解这种联系，最简单的方法就是以人际关系中的某种冲突作为例子。例如，患者与另外两个人的关系比较密切——他的父母或者两位女友，当这两个人朝相反的方向对他施加影响时，他对自己的信念和情感的了解就会减少，于是，他很容易受到控制，任由两方来回拉扯。在这一过程中，他的精神会出现错乱甚至崩溃。而如果他有坚定的立场，就不会受到这样的影响，从而免于受到伤害。

患者会逐渐意识到自己冲突的方式有着很大的区别。第一，他们或许会了解到自己的情感在某些特定的场合会被割裂，例如对父母或伴侣存在着矛盾的情感，或者对性行为和某些观念存在着矛盾的态度。例如，一位患者意识到自己对母亲没有好感，但同时，母亲又是他最爱的人。可见，他已经对自己的冲突有所认识，即使这种冲突只关系到一个人。但事实上，他只是借助这种方式来了解冲突：一方面，他觉得母亲既辛苦又不快乐，他对母亲有一种愧疚感；另一方面，母亲在情感上对他的要求非常强烈，他因此对母亲不满。其实，这两种反应都是可以理解的。第二，对于爱和同情的相关问题，他有了更加清晰的认识，他觉得自己应该让母亲感到快乐和满足，他应该是个好儿子，遗憾的是他做不到这一点，所以他认为自己有罪，他要努力做出补偿来赎罪。这样的"应该"（随后我们就能看到）不仅出现在这种场合，而是在任何环境下，他都要求自己做到完美无缺。于是，冲突中的另一因素便显现出来，他希望不被别人打扰，他要远离人群，谁也不能对他有所期待，如果有人打扰了他，或是对他提出了要求，他会非常厌烦。因此，他对冲突的认识过程是这样的：开始时，他认为情感矛盾的根源在于母亲，后来，在特定的关系中，他意识到了自己的冲突，最终发现主要冲突在于自身。由于他的内心存在冲突，所以这些因素对他生活的方方面面都产生了影响。

在初始阶段，一些患者可能只是察觉到了自己人生观中的矛盾，例如，自谦型的人突然觉得自己对别人非常鄙视，或者待人并不友善。或者，他可能突然意识到自己过于要求得到特权。尽管在开始时他对这些矛盾并不在意（更别提冲突了），但他逐渐认识到，这些要求与他的过分谦虚相矛盾，也与他自认为"喜欢所有人"的态度相矛盾。因此，他暂时会感受到某种冲突，例如，假如他帮助别人的举动带有强迫症，又得不到对方爱的回报，那么他就会有受骗的感觉，并且非常恼怒。他无比震惊，但这种感觉很快就消散了。然后，他对利益和自负的限制态度越发明显，而且他表现得非常粗暴无礼，这同样令他感到诧异。由于慈悲的自负受损，他逐渐意识到自己对别人心存嫉妒，并且发现了自身的贪婪或吝啬。对于这一发展过程，我们可以称其为"对自身矛盾逐渐熟悉的过程"。从某种程度上讲，当他意识到矛盾并感到诧异时，其态度变得缓和的原因就在于此。特别值得关注的是，从全部分析来看，他的发展非常活跃，他会变得更加坚定，不会彻底动摇，只要能够直面这些问题，也就可以解决这些问题。

　　一些患者可能察觉到了自身存在的冲突，但冲突的面貌在其内心尚不明朗，冲突的意义也尚不明确，所以，他们还无法理解这些冲突。他们会谈及理想与情感之间、工作与爱情之间的冲突。这种表达很难触及冲突本身，因为爱情和工作并非难以相容，理想和情感也并非难以共存。无论如何，分析师无法直接解决这些冲突，只能认识到在这些领域中必然存在着冲突，因此，分析师可以搁置这些冲突，先尽力理解患者的具体问题。同时，在初始阶段，患者可能没有将其视为个人冲突，而是归咎于外部环境。例如，女性可能会把爱情与工作之间的冲突归咎于社会环境中的传统观念。她们认为，女人很难同时扮演好妻子、母亲和职业角色。经过分析，她们会逐渐发现，在这种冲突中，其自身的因素远比外部环境的因素更为重要。简言之，在工作中，她们或许会表现出神经症的"凌云壮志"和对成就的需求，但在情感方面，她们却有着病态的依赖性。尽管事业成功的需求可能受到了抑制，但其依然是她们对工作成果的衡量标准。从理论上讲，她们已经努力将自谦倾向贯穿于爱情生活中，将夸张倾向投入工作中。然而，这种二分法并不现实。从分析中可以明显地看到，求胜的欲望也会在爱情关系中体现出来，而对自身的克制也会在工作中体现出来，最终，她们因此而越发郁郁寡欢。

此外，在患者的价值观和生活方式中也存在着一些冲突，对于这些冲突，患者会做出坦率的描述。起初，他会表现出明事理、和善与顺从的特点，甚至显得非常卑贱。接着会表现出对名誉和权力追求，例如，他希望征服女性，希望获得社会声望，并且可能暗藏着冷酷和报复的心态。他有时感到难以任由自己怨恨别人，但当冲突还不足以困扰到他时，他却有着粗鲁和愤怒的报复心态。可以说，他既希望通过分析获得一种任何感情都无法阻挡的报复力，同时还希望自己能够超然物外，但他却无法发现这些感受、驱动力和信念之间的冲突，而是自认为比那些道德品质低下的人具有更宽广的信念和情感，于是，分离化达到了极限，但分析师却无法直接解决这些问题，因为只要患者依然对这种分离作用有需求，他对价值和真理的感知就会大幅减少，他会丢掉证据，逃避自己的责任。所以，无论是夸张倾向还是自谦倾向，都会变得越发显著，但它们还不足以为患者提供更多的帮助，他必须通过分析进一步了解自己潜意识中的欺骗心理和躲避心理。此后，他还需要深入了解自己牢固的外移作用、想象中的"应该"，以及借助不可靠的理由来对抗自责的心态（例如，我已经尽力了，我生病了，我被很多烦心事所困扰，我不知道，我孤独无助，情况已有起色，等等）。这些措施使他感到了内心的安宁，但随着生活的继续，他的道德情操也会被削弱，他因此无力与自己的冲突和自恨相抗衡。要想解决这些问题，就必须付出长期的努力，但在此期间，患者也会越发坚强，能够鼓起勇气直面冲突并与之对抗。

总之，冲突具有割裂的特点，在分析之初非常模糊。即使我们对这些冲突已经有所了解，但也只是了解了它们在特定情况下的样子，或者只能模糊、大概地了解它们。或许它们会暂时出现，但由于停留时间过短，因此我们无法从中发现新的意义。它们常被区隔开来，这方面的变化会这样体现出来：患者会逐渐意识到一些冲突，随后发现这些冲突只与他自己有关，然后，他深入洞察冲突的本质，从而不仅了解到其表象，并且看清了这些冲突的本来面目。

分析工作是一项艰苦的劳动，容易令人厌倦，但却具有解放的意义。我们一旦丢弃了刻板的解决方式，分析冲突就变得容易多了。由于价值所限，个人特定的主要解决方式被逐渐弱化，最终崩溃。此外，不完善的人格也被察觉并得到了发展。当然，最先被察觉的依然是最严重的神经症驱动力，但这也是有益的，举例来说，自谦型的人只有先意识到自己存在着以自我为中心的自私心理，然后才能有机会以正常的方式坚持自己的观点。他首先要感受到神经症患者的自负，随后才能逐渐感受到真正的自尊。而夸张型的人只有体验到自己的顺从，以及对别人的需求，然后才有机会具备真正的谦恭和柔情。

假如分析工作能够顺利进行，那么患者就会更直接地解决更为普遍的冲突，即自负系统与真我之间的冲突，也是发展自身天赋与实现理想化自我之间的冲突。这些能量的积累，使得主要的内在冲突变得明朗起来，此时，分析师需要密切关注患者的冲突，因为患者很容易将其忽略。由于多种因素的聚集，形成了一个最有利且最混乱的分析阶段，这一阶段在持续时间和程度上存在差异。患者内心的激烈争斗呈现出混乱的局面，其表现强度与所面临的困境的重要性相符，从本质上讲，它体现了这个问题：他是否希望继续保持自己的错觉、要求和虚假的自负？抑或承认自己也是凡夫俗子，也有着普通人的缺点和个人特有的问题，但依然有可能继续成长和发展？在生活中，这或许是最艰难的选择了。

起伏和摇摆不定是这一阶段的特点，它表现出了连续性和快速发展的趋势。有时候，患者在前行，其方式有很多，他变得热情活跃，而且更加主动。他开始意识到自己应该去做职责范围内具有建设性的事情，应该更加友善待人。他越发能够独立地认识到"脱离自我"导致的诸多问题。例如，他意识到自己曾经因为没有站在特定的立场考虑问题，所以导致对别人的误解。他还意识到，他为自己做的事情实在太少了。他想起过去的欺骗和残忍的行径，并且萌生悔意，但不会产生过于压抑的罪恶感。他发现了自己的优点，注意到了自己的专长，并且对自己顽强的奋斗精神感到满意。

他的梦境也体现了他对自己的真实看法。例如，一位患者的梦中出现了夏季的别墅，这反映了他的状况。这座别墅长期无人居住，以致非常荒凉，但别墅本身还是完好的。他在梦中还发现自己企图挣脱自责的束缚，最后，他终于幡然醒悟，他梦见自己变成了一个大男孩，在和另一个男孩玩耍，他将对方折叠后塞进手提箱中，他对那个男孩没有敌意，也无意伤害他，但由于他的疏忽，那个男孩在箱子中窒息而死。患者在梦中下意识地想逃跑，正巧遇到一名官员，这名官员耐心地向他解释了事实真相和结果。

这个积极阶段过去后，就会出现一系列波动，自卑和自恨再度上演，构成其主要因素。这些情感具有自毁的特点，可能直接被感受到，也可能通过报复性冲动被外移，这些报复性冲动包括受辱感以及虐待或受虐幻想。患者在朦胧中或许能感受到自恨，而且由于自毁的冲动，他还会感到非常焦躁。他用来抵抗焦躁的方法，例如暴饮暴食、性行为，以及对朋友的强迫症需求，都会重新活跃起来。

病情好转导致的改变引发了这些混乱，要想维持精神分析治疗的效果，就必须了解症状"复发"的原因，以及"好转"的可靠性，从而做出准确的判断。

患者可能会高估自己的进步，似乎忘记了罗马不是一天建成的。既然自己做出了很多过去无法想象的事情，那么在他看来，自己俨然已经成为自愈方面的完美典范，甚至是最正常的人。当然，他最想实现的还是做真正的自己。但他也试图把握这些进展，以此作为实现理想化自我的最后时机。于是，问题便短暂地出现了，因为他的目标依然具有巨大的力量。轻度的兴奋感使他暂时忘记了面临的困难，甚至以为当前的问题都已经得到了解决。但因为他总体上觉得自己已经不同于以往，所以这种情况不会持续很长时间。他必定会发现，虽然他处理问题比过去更有效，但依然有很多问题存在。而且，由于他坚信自己已经达到了最好的状态，因此，他会发起更激烈的反抗。

　　还有一种患者，他虽然有些好转，但持谨慎的态度，有保留地向分析师承认自己的感受。他以巧妙的方式淡化好转的结果。但当他发现了自身的问题，或者遇到一些无力处理的外部情况时，病情就会复发。在这个过程中，除了没有荣誉化的幻想，其他部分和第一类的过程相同。以上所说的两类患者都不肯承认自己的缺点，也不承认遇到的困难，换句话说，就是不承认自己的优势不足。他们否定的态度可能会外移。例如，他们会认为：我可以随时接受自己，如果我不够完美，就会遭到别人的厌恶；当我慷慨而有成就时，别人就会喜欢我。

　　至此，造成急性损伤的因素，是患者依然无力应对的困难。最后一种反应的原因并不在于"未解决"的困难，而在于带来积极进步的特定行为。这些行为或许并没有多么异常，患者可能只是同情自己，第一次发现自己既不出色也不卑下。他发现了真实的自己——普普通通，有进取心，但又经常遭受挫折。他明白了是自负导致了自我厌倦，换言之，他不一定非要成为天才或英雄才能获得自尊。这种态度变化也会反映在梦境中。有位患者梦见自己变成了一匹纯种马，但腿瘸了，身体沾满了污泥。他想："即便如此，我依然喜欢它。"但此后，患者的情绪变得低落，且无力工作。原因在于反叛的自负占据了主导地位。他感到无比的自卑、痛苦和愤怒，在他看来，自己将目标定得过低，陷入自我怜悯中，于是他开始憎恨自卑，认为这是一种耻辱。

　　通常，只有当患者经过深思做出了决定，且独立地采取了建设性的行动后，才会出现这种反应。例如，一位患者意识到自己的工作非常重要，因此在拒绝别人的打扰时，不会再产生恼怒感或罪恶感。另一位患者与配偶结束了婚姻关系，因为她终于明白，过去他们之间的关系是建立在自己和对方的神经症需求之上的。现在，这种关系对她已经毫无意义，如果继续下去也会对双方不利。她的态度很决绝，并且尽量避免伤害对方。在这两个案例中，患者都曾经觉得自己能够掌控某些特别的情况，并为此感到满意，但不久他们再次感到了恐惧，他们为自己的独立性感到担忧，担心自己不讨人喜欢，担心自己会带有攻击性和侵略性，他们很自责，认为自己太过自私，于是便暂时躲避在过度谦虚的安全态度中。

最后再举一例，这个案例需要复杂的治疗过程，因为它包含了一个比其他案例更加深刻的积极步骤。在这个案例中，患者的兄长经营着父亲留给他们兄弟俩的事业，并且可谓事业有成。兄长个性正直，有能力，但喜欢支配别人，具有典型的自大报复特征。在兄长面前，我的这位患者便相形失色了。他盲目崇拜兄长，在兄长的高压和保护之下生活。经过分析，他表现出了冲突的另一面。他开始对兄长无礼，甚至公然挑起竞争，并且时常表现得极具攻击性。于是，兄长也以同样的方式对待他。两人的反应彼此助长，很快，兄弟之间的关系便出现了裂痕。办公室里的气氛变得非常紧张，合作者与员工纷纷站到了自己偏向的一边。开始时，这位患者还很高兴，因为他终于有勇气反抗兄长，也终于能够保护自己了。但他逐渐意识到自己也像兄长一样怀有报复心，并且试图打压兄长的嚣张气焰。经过几个月的精神分析治疗，他终于对冲突的整体状况有了深刻的认识，发现了很多比愤恨和争斗更重要的问题。他不仅意识到自己对紧张气氛负有责任，而且愿意积极地承担起这个责任，于是，他决定和兄长进行一次坦率的谈话，尽管他很清楚这并不容易。但在随后的谈话中，他只是坚守自己的观点，没有想要报复，也没有受到威胁。就这样，他为兄弟二人今后的合作打下了比以往更为正常的基础。

一切进展顺利，他感到非常愉快。但近几天他却有些不安，还感到恶心和眩晕，于是他只好在家卧床休息。他想过自杀，但他没动手，这时，他明白了人们自杀的原因。他想解开这个问题，于是反思了一下与兄长对话的动机，还对自己在谈话中的行为进行了反思，但反思的结果却是没有发现任何会导致不安的理由，他为此感到迷惘。到了次日早晨，他又感到非常安宁，也能安心入睡了。但醒来时，他对兄长的憎恨再次涌上心头，因为他再次想起他在兄长那里所受的羞辱。在对他的困扰进行分析时，我们发现他在两方面遭到了打击。

　　欲与兄长谈话的驱动力和将谈话付诸行动的驱动力都与他迄今所遵循的价值观相反。从夸张驱动力的角度来看，他早已怀有报复之心，而且觉得自己应该报复成功，所以，他狠狠地责骂自己的谄媚和纵容，同时，从他现存的自谦倾向来看，他依然是顺从、谦恭、低调的，他会嘲讽自己："小弟还想超过兄长？！"假如现在他只占顺从或自大一方，那么将来必定会有困扰，尽管不太严重，但也不是小问题。而且，企图挣脱冲突的人对自谦倾向和报复倾向的残余势力非常敏感，换句话说，只要他体会到了残余势力的威力，就会出现自责的反应。

　　显然，即使他没有谄媚的行为，没有企图报复，他依然会产生这些自责。但他已经决心远离这两种倾向，他要采取积极的举措。他的行动具有建设性，他发现了自己生活中的内情，换句话说，他开始意识到在这种困境下他所要承担的责任。对他来说，这不是一种压力或负担，而是他生活中重要的组成部分。他就是他自己，情况也就是这样，他只需要坦诚以对。他已经认可了自己在这个世界上所处的位置，以及他由此必须承担的责任。

　　此时，他的力量已经足够支撑他踏上实现自我的道路，但他还没有开始面对真我与自负系统之间的冲突，而这一步迟早要发生。这种冲突会突然摆在他面前，于是他便出现了像过去一样的强烈反应。

　　在这种反应的控制下，患者对所发生的事情自然无从知晓。他只是觉得情况越发不妙，有一种无望感，也许自己的改善只是错觉？也许自己已经没救了？他有时想放弃分析——他从未有过这样的想法，即使在混乱的阶段也没有过。这让他的内心非常迷茫，感到一切都是那么的绝望。

　　事实上，这些情况下所发生的一切都具有建设性意义，这意味着患者正在自我理想化和自我实现之间进行艰难选择，他的表现是积极的。另外，这种现象最能体现出这两种驱动力是无法和谐相处的，如同导致反应出现的建设性动力与发生在反应中的内在抗争难以和平共处一样。患者之所以出现这些反应，并不是因为他能够更现实地认识自己，而是因为他愿意承认自己存在不足之处；并不是因为他能主动地做出决定并为自己做事，而是因为他愿意关注自己真正的喜好并承担起其中的责任；并不是因为他能切实地提出要求，而是因为他愿意接受自己在生活中所扮演的角色了。简言之，这些反应就是成长中必须承受的痛苦。

但只有当患者意识到其建设性的意义后，这些反应的好处才会彰显出来。因此，最重要的是，当出现表面的复发时，分析师不要被其迷惑，要看到这些变化的实质，并且引导患者认清它们。只要抓住规律，就能对这些反应做出预测，因此，出现几次反复后，当患者处于好转期时，分析师就要提醒患者可能出现的反应。这虽然不能阻止复发，但患者了解了这种可预测性后，当这些反应再次出现时，他就不会感到无助了。这能帮助他采取更客观的态度观察这些反应。最重要的是，当患者面临困境时，分析师要成为患者坚定的支持者。如果分析师判断正确、立场坚定，在患者遇到考验时，就能给予及时的帮助。这种帮助不是一般的安慰，而是要让患者明白这样的事实：战斗已经进入决胜阶段，要坚定目标，树立必胜的信念。

如果患者理解了所有反应的意义，他就会变得比过去更强大，这些反应也就相应地逐渐淡化。同时，好转期也变得更富有建设性意义，患者更有可能在自己的能力范畴内得到发展和改变。

只要患者能够独立进行分析，那么，无论做什么工作，无论工作量有多大，他都在接近成功。就像恶性循环时，患者的神经症在逐渐加重，而此时，循环则朝向了相反的方向。例如，如果患者降低了对完美的追求标准，对自己的责难也会随之减少。这样一来，他就能更诚实地对待自己，在进行反思时也不会再有恐惧感。患者对分析师的依赖心理也会随之减少，逐渐对自己更有信心。此外，外移自责的需求也会减少。所以，他不再感到自己受到胁迫，换言之，他不再与人为敌，并且还能善待他人了。

此外，患者也有了信心和勇气发展自己。在对反应进行讨论时，我们的关注点要集中在冲突导致的恐惧上。假如患者理解了他的生活方向，那么恐惧感就会消失。这种方向感会巩固他的稳定感和统一感。但是，在发展中还存在着另一种恐惧，我们对此还不甚了解。这种恐惧是真实存在的，如果它得不到神经症的支持，那么患者就无法应对生活。毕竟，神经症患者是靠魔法生活的，当他倾向于自我实现时，就意味着他将放弃自己的魔法，转向依靠自己的智慧。但是，如果他意识到即使没有这些幻觉，自己也能生活，而且生活得更好，他就会对自己充满了信心。

另外，向着实现自我迈进的每一步都使他产生一种成就感。开始时，这种感觉是短暂的，但随后就会经常出现，并且能够持续很长时间。

即便在初期，这也比他的任何想法以及分析师所说任何话都更让他有信心，他感到这种选择与他的生活是相符的。对他来说，这就是最大的激励，也是最大的动力，他因此得以对自身的发展进行探讨，努力去实现真正的自我。

治疗过程中存在着很多困难，会对患者达到上述阶段造成阻碍。只要成功地完成了治疗，患者在对待自己和对待工作上，都会发生明显的好转。但这并不意味着分析工作就可以结束了，因为这只是深层改变的确切表现，而且只有分析师和患者自己能够意识到这一改变，这些改变包括价值、方向和目标的初步转变。患者的神经症患者的自负以及掌控、顺从和自由的幻觉失去了价值，此时的患者内心变得强大，其巨大潜力也将被发掘出来。但他还有很多工作要做，他要解决隐藏的自负、虚伪、需求和外移作用等。但因为患者的基础已经趋于稳定，所以他有能力洞悉暗藏的东西，而这些东西就是发展的阻力。他愿意揭穿它们，解决它们，但这种"愿意"并非（或者极少是）依靠魔法来消除兴奋和狂躁。他已经承认自己只是一个凡夫俗子，自己也会有困扰，而且他意识到分析自己是他生活中重要的组成部分。

从积极的角度来说，分析的过程关系到自我实现所包含的一切。对患者个人而言，这就意味着努力对自己的愿望、情感和信念产生更深刻、更清晰的体验；努力唤醒自己的智慧，以便服务建设性的目标；努力辨明生活的方向，从而更好地对自己负责，更好地独立决策。在人际关系方面，则意味着能够更好地与人相处，尊重他人的权利和特点，与他人进行合作，互相帮助（不以帮助作为达到目的的手段）。在工作方面，则意味着工作本身比满足虚荣心和自负更为重要，也意味着以发展自己的特殊天赋为目标，加倍努力获取更多成就。

他便是以这些方式取得了逐步的进展，但他迟早会采取超出个人利益的步骤。他不断地成长，克服了神经症的自我中心，对自己的生活有了更多的了解，对世间万物也有了更广泛的认识。他曾强调自己独特的重要性，但现在他慢慢意识到，自己只是人类乃至宇宙的一部分，所以，他愿意并且能够承担起自己的责任，而且还要尽其所能做出更多的贡献。正如那位年轻商人的案例，他对自己所服务的团体的了解，可能关系到他在家庭、社会以及政治环境中的地位。这种了解的过程非常重要。他的眼界拓宽了，他认识并接受自己在世界上的位置，这令他的内心变得安稳。这种感觉源自某种归属感，而这种归属感又源自他的积极参与。

第十五章
对神经症的理论思考

　　在前几章，我们讨论了一些观点的演变以及对治疗的意义，这些构成了本书神经症理论的来源。在此，我要详述我个人的观点和神经症全部理论的发展。

　　有些理论家对弗洛伊德的本能理论进行了摒弃，我的观点与之相似。首先，我在人际关系中发现了神经症的核心。总体来说，一些传统环境因素会导致神经症，特别是对儿童成长的阻碍。由于在人际关系中没有建立起基本的信赖关系，儿童会产生焦虑心理。在我看来，基本焦虑就是一种与人敌对的孤独无助的感觉。为了淡化基本焦虑，就会产生一些包括亲近、抗拒和疏远他人在内的强迫症行为，尽管这些行为是自发产生，而且彼此融洽，但强迫症行为却会引发冲突。我认为这些冲突就是基本冲突，这些冲突性的需要与他人有关，是冲突态度导致的结果。所以，最初的解决方式就是纵容这些需要和态度，以及对其他方面的抑制，以便实现自身的统一。

　　这样的结果有些过于宽泛，因为心灵内的过程与人际关系的过程有着密切的联系，所以我不能忽略它们。我们可以从多方面进行解释。简言之，神经症患者有着被爱的需要或其他与别人有关的需要，他们必定在自身培养了能够支持这些需要的特质，如果不考虑这种特质，那么我们就无从探讨他们的病态需要。

在《自我分析》中，我列举了很多神经症倾向的案例，其中有些具有心灵内的价值，例如，利用理性或意志力以求征服的强迫症需要，或追求完美的强迫症需要。在探讨克莱尔的病态依赖时（参见《自我分析》），对于本书中所介绍的一些心灵内因素，我曾做过简单的探讨，但在那本书中，我探讨的重点是人际关系中的因素。因为当时我认为，神经症障碍主要表现在人际关系上。

此后，我的理论逐渐超越了这一定义，首先便是发现"自我理想化"会导致人际方面的冲突。我在《我们内心的冲突》一书中曾提到过"理想化自我"这个概念，但当时我还无法对这个概念做出全面的解释。当时，我只是认为它是解决内心冲突的一种尝试，而它特殊的整合功能正说明了人们对它固守不放的原因。

但在随后的几年中，"理想化"成为问题核心，并由此产生很多新的观点。事实上，它为本书论及的整个心灵内过程开辟了道路。根据弗洛伊德的观点，我了解了这一领域的存在。但我对弗洛伊德的大部分观点都无法认同，所以，这个领域对我来说依然陌生。

现在，我逐渐发现，神经症患者的理想化形象既造成了对自己价值和意义的信仰错误，而且犹如怪兽弗朗肯斯坦，会将患者的所有精力吞噬。它最终还掌控了患者发展及认识自身潜能的驱动力，这就意味着他不再愿意克服困难、解决问题，不再愿意激活他的潜能，他所追求的只是实现理想化的自我。这不仅会导致通过成功、权力、胜利来取得世俗荣耀的强迫性驱动力，还会导致使他致力于将自己塑造成残暴统治者的内在系统，同时，它还会导致"神经症患者的自负"和"神经症要求"的发展。

详细描述了理想化形象的原始概念之后，另一个问题又产生了。我集中观察了人们对待自己的态度，发现很多人会憎恶自己、蔑视自己，这种憎恶、蔑视的强度和无理性与他们的自我理想化相同。起初，我以为这两种极端是彼此孤立的，但最终发现它们不仅关系密切，而且在本质上还属于同一过程的两面。本书的主题就是这样产生的：神一般的自我必定憎恶真我。从本质上看，如果这个过程是一致的，那么对于上述的两种极端现象，我们就比较容易进行治疗了。这样一来，神经症的概念便转变为：个人与自己以及与他人关系中的障碍。

尽管这个主题在一定范围内仍然是核心，但近年来它出现了两个发展方向。很多人都被"真我"的问题所困扰，我也同样如此，于是，我开始重视这个问题，并由此了解到内在的心灵过程（这个过程的起点就是自我理想化）就是一种逐渐脱离自我的过程。从最后的分析中，我发现，自恨便是对真我发起的攻击。我认为，自负系统与真我之间的冲突是内在冲突的主要方面。这就延伸了神经症冲突的定义，我曾认为它是两种互斥的强迫性驱动力之间的冲突，但此时我注意到，神经症冲突不仅限于此。自负系统的阻碍力与真我系统之间的建设力构成了主要的内在冲突，这是正常发展与理想化自我的完美性驱动力之间的冲突。由此可见，"实现自我"便是治疗的主要目的。从我们的临床经验来看，上述的心灵内过程是正确的。

随着研究的深入，我们的知识也在不断增长。我的兴趣也转移到了神经症的不同类型及其分支上。起初，我认为它们的不同之处在于内心过程中意识上或治疗上的某些差异，但随后我逐渐发现，它们的差别在于使用不同的伪方法来解决心灵内的冲突。这些解决方式暂时地为神经症的分类提供了新的基础。

当人们得出了某种理论的结论时，会希望将这个结论与同一行业的结论做个比较，看看别人是如何看待这些问题的。由于时间和精力所限，我无法在工作的同时兼顾阅读别人的著述，所以，我只能将自己的观点与弗洛伊德的理论进行对比，解读其中的相同点和不同点。这部分工作看似有限，其实也并不容易。我们不能幻想仅仅通过个别的观点就能把握弗洛伊德理论的精华。而且，从哲学的角度来看，在对比中很容易出现以偏概全的问题，这是一种不明智的做法。所以，进行详细的对比没有什么意义，尽管对细节的分析能够突显出惊人的差异。

当我回顾与"探求荣誉"相关的因素时，以往在进入一个新领域时会产生的感觉再次出现了——弗洛伊德的洞察力令我无比钦佩。这个领域从前无人涉足，是弗洛伊德为我们开辟了道路，扫清了各种障碍，这不得不令人感动。他有独到的见解，只有个别问题没有解决，也许他觉得它们并不重要。其中一点就是我所描述的神经症的要求。（哈罗德最先发现了神经症的要求在神经症中的重要意义。他认为，人们潜意识中的要求源于内心的恐惧和无助，它们又会导致普遍的限制心理。参见哈罗德的《命运与神经性官能症》。）弗洛伊德发现，许多神经症患者会对他人提出无理而过分的要求，而且这些要求还非常急切。但他认为这只是口欲的表现，他没有意识到这些要求的特征，即一个人认为自己有权让自己的要求得到满足。（在弗洛伊德的理论中，只有病后的"附带收获"这一观点与"要求"近似，但这一观点同样模糊不清。）此外，他也没有意识到这些要求在神经症中的作用。尽管弗洛伊德经常提到"自负"这个词，但他却没有发现神经症患者的自负的特征和含义。但他确实发现了患者总是幻想魔法的力量，沉溺于自我和理想化自我的境界，被自大和美化的限制所迷惑。此外，弗洛伊德还发现了对权力、尊崇、欣赏和完美的追求，以及强迫症的竞争意识和野心。

尽管弗洛伊德发现了这些因素，但他认为这些因素之间没有联系，是彼此独立的。他没有发现这些因素体现了某种权力的倾向。换句话说，弗洛伊德没有发现其中的统一性。

有三个主要原因导致弗洛伊德没有认识到"探求荣誉"的强大能量及其在神经症中的重要作用。首先，与同时期的很多欧洲学者一样，弗洛伊德没有了解到社会条件对人格塑造的影响。简言之，弗洛伊德认为对特权和成功的需求是人类的普遍追求，而对优越、征服和成功的强迫性驱动力则没有引起他的关注。但如果这些野心与人们普遍认为的正常标准不相符，那倒另当别论。他认为，只有这种明显"不正常"的驱动力才会导致严重的问题，或者当它发生在女性身上而违背了普遍的"女性特征"时，才会导致严重的问题。

第二个原因是弗洛伊德用原欲现象，也就是本能冲动来解释神经症的驱动力，这样一来，对自我的荣誉化便成为对自我原欲迷恋的表现（例如，一个人会像高估爱物一样高估自己，一个野心勃勃的女人真的会对阳具产生嫉妒心，对尊崇的需要就是对"自恋满足"的需要，等等）。于是，理论上和治疗上的研究都指向了过去和当下的爱情生活的细节（即性关系），而忽略了自我美化、野心等方面的特征、作用和意义。

第三个原因与弗洛伊德机械的思维方式有关，在他看来，当下的表现仅仅建立在过去的基础之上，此外并没有别的含义，在发展进程中也并没有出现新生事物，我们现在所见都是变相的过去而已。用威廉·詹姆斯的话来说，这就是"对过去的固定物质进行重新分配"。基于这种哲学前提，那么俄狄浦斯情结（仇父恋母）或兄弟姐妹间的竞争没有得到解决，便可用来解释过度的竞争性；而退化至婴儿期的原始自恋，便可用来解释对"无所不能"的幻想，等等。因此，只有使用与婴儿的原欲相关的解释，才能得出"深刻"的结果。

然而，从我的观察来看，这种解释在治疗方面的效果非常有限，甚至对一些重要见解形成阻碍。例如，一位患者感到自己经常被分析师羞辱，与女性接触时也有被羞辱的感觉。他还觉得自己不像是个男子汉。他或许想到自己曾被父亲羞辱，这一情景或许关系到性。过去和现在，与此有关的事情和梦境数不胜数，于是便有了这样的解释：从患者的角度来讲，那些权威人士和分析师都代表着他父亲的形象。因此，患者一旦感到恐惧或屈辱，就会像个孩子一样流露出未被解决的俄狄浦斯情结。

经过这样的分析后，患者可能感觉病症消失了，也不再有委屈和被羞辱的感觉。事实上，他觉得分析很有道理，他学到了很多东西，他认识到羞耻感是反常的。但如果他的自负没有得到解决，那么这种改变就不是彻底的。相反，这种表面的转变或许源于这样一个事实，即自负不能容忍他的反常和幼稚。他或许只是产生了一套新的"应该"——他不应该幼稚，他应该成熟。他不应该有羞耻感，因为这是幼稚的行为，于是，他的感觉改变了，他不再有羞耻感。这种表面的改变实际上会妨碍患者的进步。羞耻感只是受到了抑制，他更加无法正视它。所以，患者的自负没有得到解决，反而被强化了。

从以上所述的学术理论方面的原因来看，弗洛伊德没有意识到"探求荣誉"的影响力。他在夸张驱动力中发现的因素不仅"看似是"，而且"的确是"婴儿期的原欲驱动力。他无法通过自己的思维方式认识到夸张驱动力本身具有一定的影响力，并且非常重要。

通过对阿德勒和弗洛伊德进行比较，我们会发现这种观点愈发明确。阿德勒发现了"对权力和优越感的追逐"，对神经症来说，这种驱动力非常重要。但阿德勒侧重于对优越感和权力的维护，他没有意识到个人痛苦的含义，他研究的只是表面的问题。

弗洛伊德认为自毁本能就是死亡本能，我们发现，这与我所说的自恨极为相似，至少两者都重视自毁驱动力的强度和意义，而且在一些细节上也存在着相同之处，例如，内在限制、自责，以及随之产生的罪恶感等。但即便如此，它们在这一领域内依然区别很大。弗洛伊德认为，自毁驱动力源于本能，因此，它们具有决定性特点。假如它确实是一种本能，那么它必然不会以特定的心理因素为条件，也无法通过改变这些因素来消除自毁驱动力。它们的存在和作用必定构成了人性的一个特征。因此，从根本上讲，人类只能选择让自己遭受苦难以致自我毁灭，或是让别人遭受苦难且将别人毁灭。总之，这些驱动力难以改变，只能抑制或者缓和。此外，如果我们和弗洛伊德一样，也认为人类具有自灭、自毁或死亡的本能，那么我们必定会认为自恨及其所有含义只是这一驱动力的表现，认为一个人因为自己的本来面目而讨厌自己、鄙视自己。事实上，这并不符合弗洛伊德的理论。

当然，弗洛伊德以及他的支持者们已经发现了自恨的表现，但他们还不了解其中一些隐含的形式和影响。在他看来，那些看似是自恨的现象，"其实"只是其他事物的表现，或许只是对他人的一种无意识的厌恨。的确，假如患者处于抑郁状态，那么他就会因为受到了潜意识中他所痛恨的另一个人的攻击而自责，因为他觉得自己对自恋欲的需求遭到了打击。这个问题可能并不常见，但却构成了弗洛伊德关于抑郁理论的主要临床基础。简言之，抑郁者痛恨自己、谴责自己，其实是潜意识里对一个内在的敌人感到痛恨并加以谴责（有些敌意一开始针对的是具有破坏性的人物，后来转化为对自我的敌意）（摘自奥托·弗尼奇尔的《精神症的心理分析理论》）。或者看似是自恨的现象，"其实"是超我的惩罚过程，而这个过程却是心灵化的权威。此外，自毁有可能再次关系到人际交往，即对他人的痛恨，以及害怕他人痛恨自己。最后，自恨被视为"超我"发起的虐待，这是由于退化到了婴儿期原欲的"肛门虐待时期"而产生的。于是，对自恨的解释不仅在原因上与我不同，而且在其本质上也存在差异。

很多分析师严格遵循弗洛伊德的思维方式，但却对"死亡本能"持反对态度（在此仅提其一：奥托·弗尼奇尔的《精神症的心理分析理论》），其理由是我所认同的。但如果放弃自毁的本能特征，仅仅依靠弗洛伊德的理论，要想清楚地解释这种自毁现象是非常困难的。不知弗洛伊德是否因为关于这一点的其他解释还不够充分，所以才提出了自毁本能的观点。

我曾经提到"应该的暴政"，它与超我的需求和限制极为相似。但探讨其中的意义，我们就会发现它们之间的差异。首先，弗洛伊德认为超我代表了良知与道德的正常现象，只有当它表现出残暴和虐待倾向时，才可以被认定为具有神经症的特点。但我认为，不管属于什么类型，也不论达到了什么程度，当这些"应该"或限制具备了同样的特征，就要被纳入神经症的范畴之中，换言之，它们是虚伪的道德和良知。根据弗洛伊德的理论，超我一部分是由俄狄浦斯情结导致的，一部分则来自本能（欲望的力量，但带有虐待和破坏性）。而我认为，所谓"内心的指使"意味着个人在潜意识中试图将自己塑造成神一般完美的人。在这里，我只对这些差异所包含的各种内涵之一进行解释。在我看来，"应该"和限制都是特定的自负所导致的，在此基础上，我们可以发现某种人格结构强烈地需求某一事物，而另一种人格结构则限制该事物的原因。这种可能性会被严格应用于人们对超我的需求或"内心的指使"的各种态度中。弗洛伊德对此也有过论述，他认为，这些态度包括叛逆、讨好、屈从和贿赂等。这些或者为所有的神经症所共有（亚历山大持这种观点），或者与强迫或抑郁的神经症有关。此外，根据我的神经症理论体系来看，对它们的特征起决定作用的是整体特定的人格结构。由于以上这些差异，因此，关于这方面的治疗目标也存在着差异。弗洛伊德的治疗目标为淡化超我的严重性，而我的治疗目标则是使患者放弃"内在的指使"，同时根据自己的真实愿望和信仰确定生活的方向。弗洛伊德的理论并不包含我所认定的这个目标。

总的来说，这两种不同的方式都发现了一些个别现象，并且使用了相同的方式进行描述。然而，对于这些现象的发展变化以及产生的影响，它们却做了不同的解释。假如我们暂时搁置这些个别现象，转而研究它们之间的整体关系，我们就会发现根本无法将这两者进行比较。

在所有的关系中，最重要的就是追求绝对的完美和权力与自恨之间的关系。人们早已明白这两者是密切相关的。我认为，最好的案例就是"魔鬼的协定"这个故事，我们从中可以发现与此有关的寓意。当一个人正处于精神痛苦中时（有时候，这种痛苦会表现为外在的不幸，如斯蒂芬在《魔鬼与丹尼尔·韦伯斯特》中所述；有时候，它是一种暗示，如《圣经》中"基督的诱惑"这个故事；有时候，表面上看并无痛苦，如浮士德沉迷于对"荣誉的至高魔力"的渴求。总之，只有精神受到阻碍或困扰的人才有这种渴求。例如，在《白雪公主》中，魔鬼打碎镜子制造混乱，然后通过镜子的碎片侵害人类的心灵。），一些邪恶的事物会对他构成诱惑，例如巫术、魔鬼、男巫、女巫、亚当和夏娃故事中的蛇，还有巴尔扎克在《驴皮记》中描述的古玩商人、奥斯卡·王尔德在《多利安·格雷的画像》中塑造的外交官亨利·沃敦等。协议条款既包括消除痛苦，还赋予他绝对的权力。此外，这也符合基督教中关于诱惑的一些故事——如果人们能够抗拒这种诱惑，便是经受住了巨大的考验。当然，他们要为此付出代价，即灵魂的丧失（如亚当和夏娃不再拥有纯洁的感情），向邪恶势力低头。撒旦这样对耶稣说道："如果你屈服于我，赞美我，我会给予你一切。"但此举会付出巨大的代价，就像《驴皮记》中描述的那样，要遭受炼狱的折磨。在《魔鬼与丹尼尔·韦伯斯特》中，我们可以看到魔鬼收集的那些美丽的枯萎灵魂，其中便包含了象征意义。

此类主题常常出现在民俗、神话和神学中，虽然它们有着不同的象征，但却有着相同的解释，无论对善恶的划分如何改变都是如此。可见，自古以来，这种观念已经在人们的思想中打下了深刻的烙印。如今，精神医学对心理学的认识日益加深。的确，这与本书谈及的神经症历程明显一致：人们由于精神上的痛苦，于是开始了对绝对权力的追逐，但又出卖了自己的灵魂，由于自恨而遭受地狱般的折磨。

现在，由对这一问题的纷繁杂乱的比喻回到弗洛伊德的理论。我们发觉它并没有引起弗洛伊德的关注，我们也清楚了其中的原因——他不知道"探求荣誉"是由我提到过的多种关系密切的驱动力综合而成的产物，因此并不了解它的力量。虽然他很清楚自毁的后果，但却将其视为自主驱动力的表现，而并未结合其背景进行理解。

换个角度看，本书所讲的神经症的过程完全与"自我"有关。在这个过程中，患者放弃真我，转而追求理想化的自我，不去发掘自己的天赋和潜能，却把精力都放在对假我的追求上。于是，在两个"自我"之间就爆发了一场争斗，我们只能采用最好的也是唯一的方式来缓和两者之间的争斗——在生活和治疗方面积极行动，帮助患者找到真我。从这个角度讲，"自我"的问题对弗洛伊德而言毫无意义。从他对"自我"的观点来看，他认为神经症患者的"自我"就是远离自发力，丧失自己的愿望，缺乏主见，不能对自己负责，一味避免与周围的环境（即现实的考验）发生冲突。如果将这种神经症的自我视为正常的、富有生命力的自我，那么，祁克果和威廉·詹姆斯所看到的真我的所有复杂问题也就不会出现了。

最后，我们通过道德和精神的视角观察这个过程，发现其中包含了人类所有真正悲哀的因素。这些因素导致了人们的破坏力，但历史证明，人类社会在不断进步，人类对自身以及世界有了更深刻的了解，对宗教有了更深刻的体验，激发出巨大的精神力量和道德力量，力争在各个领域取得更大的成就，让生活更加美好。人们以毕生的精力投身于这些事业中，凭借自己的聪明才智，敢想敢做，甚至超越了现实，超越了自己的能力。人无完人，人类也存在不足之处，能力虽然有限，但这也不是恒久不变的。他总是在为了内在或外在的希望而努力，这不是悲剧。但与正常的努力相比，神经症患者的努力体现在内在的心灵过程中，而悲剧就在这里。处于痛苦和压力下的人，却要追求终极与无限，虽然他或许并未受到禁锢，但却未必能达到这两个目标。于是，他在生活中毁灭了自己，将自我的驱动力转而去实现理想化的自我，他的潜能因此而被破坏。

对于人性，弗洛伊德持悲观态度，这导致了他对人性的观点也是悲观的。他认为，人类无论怎样改变，都必定会对现实不满。如果不能破坏自己和文化，就无法超越其原欲的驱动力。无论是与人相处，还是独处，他的生活都将毫无乐趣。他时常折磨自己，或者折磨别人，生活就这样交替进行。弗洛伊德对此坚信不疑，因此，他不认可任何立竿见影的解决方式。事实上，在他的理论中，这两种交替状态产生的弊端必然会体现出来。他所能做的最多也只是对这些原欲进行稳妥的疏导，以求自我控制或提升。

尽管弗洛伊德持悲观的态度，但他并没有发现神经症中与人性相关的悲哀因素。只有当障碍力和摧毁力破坏了人类建设性和创造性的努力时，我们才能发现其中的悲哀。弗洛伊德对人类的建设力并不了解，他甚至否认了建设力的真实性。在弗洛伊德的理论体系中，只有原欲力和破坏力，以及它们的衍生物和结合物。他认为，爱情和创造力是升华了的原欲力，即本能驱动力。简言之，我们认为通过正常的努力可以实现自我，但弗洛伊德却认为这只是自恋欲的一种表现而已。

史怀哲曾用"乐观"这个词代表"肯定宇宙和生命"，用"悲观"这个词代表"否定宇宙和生命"。从这一深层角度来看，弗洛伊德的理论就是一种悲观的论调，而我们的理论（虽然包含了对神经症中的悲哀因素的阐释）则充满了乐观精神。